普通高等院校工程训练系列教材

工程基础训练与劳动教育

主编　张国刚

参编　李晓琴　王玉梅

同意发行

臧正新

2022.4.19

西安电子科技大学出版社

内容简介

本书是按照应用型本科人才培养方案中对劳动实践教学、技术技能及其理论知识的要求编写而成的。全书七个模块，包括钳工操作、车削加工、铣削加工、数控加工、磨削加工——平面磨削、数控电火花线切割加工、综合训练。前六个模块以机械制造过程中基础工种的基础技能为主，重点学习锉削、锯削、钻孔、攻螺纹、钣金等钳工类技能，车端面、外圆、阶梯轴、套螺纹等车工类技能，铣平面、矩形、阶台、槽、角度面等铣工类技能，磨削平行面、垂直面以及用数控机床加工典型轴类、模板类零件等技能。第七个模块以典型机械机构为载体，要求运用所学的基础技能加工出零件，再将零件组装成具有一定功能的机构，以实现全工艺流程的学习，从而达到培养大学生的劳动意识与劳动技能、工程意识与素养和提升劳动实践能力的目的。

本书不仅可作为应用型本科机械和近机类专业的工程基础训练教材，也可作为高等职业院校机电类专业工程基础训练教材和相关人员社会培训教材。

图书在版编目(CIP)数据

工程基础训练与劳动教育 /张国刚主编. —西安：西安电子科技大学出版社，2022.4
ISBN 978-7-5606-6265-7

Ⅰ. ①工… Ⅱ. ①张… Ⅲ. ①机械工程—高等学校—教材 ②劳动教育—高等学校—教材 Ⅳ. ① TH ②G40-015

中国版本图书馆 CIP 数据核字(2021)第 256965 号

策划编辑 秦志峰
责任编辑 秦志峰
出版发行 西安电子科技大学出版社(西安市太白南路 2 号)
电　　话 (029)88202421 88201467　　邮　　编 710071
网　　址 www.xduph.com　　电子邮箱 xdupfxb001@163.com
经　　销 新华书店
印刷单位 西安创维印务有限公司
版　　次 2022 年 4 月第 1 版 2022 年 4 月第 1 次印刷
开　　本 787 毫米×1092 毫米 1/16 印张 12
字　　数 281 千字
印　　数 1～3000 册
定　　价 31.00 元
ISBN 978-7-5606-6265-7 / TH
XDUP 6567001-1

前　　言

应用型本科教育属于较高层次的技术教育，是我国高等职业教育的重要组成部分。应用技术型本科重在“应用”二字，要求以体现时代精神和社会发展要求的人才观、质量观和教育观为先导，在新的高等职业教育形势下构建满足和适应经济与社会发展需要的新的学科方向、专业结构、课程体系，更新教学内容、教学环节、教学方法和教学手段，全面提高教学水平，培养具有较强社会适应能力和竞争能力的高素质应用型人才。要求各专业紧密结合地方特色，注重学生实践能力，培养应用型人才，在教学体系建设中体现“应用”二字，其核心环节是实践教学。本书是为提升实践教学水平，提高学生的劳动实践能力，培养学生的工程意识与劳动意识，养成劳动习惯，结合机械类及近机类专业的职业特点和技能需求编写而成的。

本书在内容上力求突出实用性和可操作性，以能力培养为本，以实际工作任务为导向，以项目为载体，坚持项目化教学模式的原则，将理论和工程实践相结合，以实践为主，理论为辅，理论知识介绍够用即可。侧重实践，强调动手能力的培养，根据实际任务要求，边学边练，由浅至深、由易到难。灵活运用工作过程系统化的科学教育理论，将学生所需掌握的知识和技能充分体现在每一个模块的具体工作任务中。

全书共设计钳工操作、车削加工、铣削加工、数控加工、磨削加工——平面磨削、数控电火花线切割加工、综合训练七个模块，每个模块下设若干个具体的工作任务，每个任务开始均编有完成该任务所需的理论基础知识，将理论和实际工作案例相结合，有无专业基础的读者均能够学习并应用。

本书由张国刚担任主编，李晓琴、王玉梅参编。张国刚负责全书的统稿，并编写绪论、模块二、模块三、模块五和附录；李晓琴编写模块一、模块六、模块七；王玉梅编写模块四。本书在编写过程中得到了天津中德应用技术大学机械与材料学院数控技术教研室老师们的热心帮助和大力支持，在此表示感谢。

由于编者水平有限，加之编写时间仓促，书中疏漏和不妥之处敬请读者指正。

编　　者

2022 年 1 月

目　录

绪　　论

制造业是指对原材料进行加工或再加工以及对零部件进行装配的工业的总称。它是国民经济的支柱产业之一。

机械制造业是制造业最主要的组成部分，是制造业中的核心产业。目前，机械制造业肩负着双重任务：一是直接为最终用户提供机电产品，二是为国民经济各行业提供生产技术装备。因此，机械制造业是国家工业体系的重要基础和国民经济的重要组成部分，机械制造技术水平是衡量一个国家科技水平的重要标志之一，在综合国力竞争中具有重要地位，它的提高与进步对整个国民经济的发展和科技、国防实力产生着直接的作用和影响。

1. 机械制造过程涉及的技术和工艺

产品的制造过程是将原材料转变为成品的过程。它包括生产技术准备、毛坯制造、机械加工、热处理、装配、调试检验以及油漆包装等过程。上述凡使被加工对象的尺寸、形状或性能产生一定变化的过程均称为直接生产过程。而工艺装备的制造、原材料的供应、工件及材料的运输和储存、设备的维修及动力供应等过程，不会使被加工对象产生直接的变化，称之为辅助生产过程。

在生产过程中直接改变生产对象的形状、尺寸、相对位置和性质(物理、化学、力学性能)等，使其成为合格产品的过程，称为工艺过程，如毛坯制造、机械加工、热处理、装配等，它是生产过程的重要组成部分。工艺过程包括热加工工艺过程(铸造)、塑性加工(焊接、热处理及表面处理)、机械加工工艺过程(冷加工)和装配工艺过程。

在机械制造的生产过程中，零件(毛坯)的成形要采用各种不同的制造工艺方法。这些方法利用不同的机理，使被加工对象(原材料、毛坯、半成品等)产生变化(指尺寸、几何形状、性质、状态等的变化)。按照加工过程中质量的变化，可以将零件(毛坯)的制造工艺方法分为三种：第一种是以铸造、锻造为代表的材料成形法，第二种是以焊接、快速成形(3D打印)为代表的材料累加法，第三种是以切削加工和特种加工为代表的材料去除法。

材料去除法是以一定的方式从工件上切除多余的材料，得到所需形状、尺寸的零件。在材料的去除过程中，工件逐渐逼近理想零件的形状与尺寸。材料去除工艺是机械制造中应用最广泛的加工方式，主要包括切削加工和特种加工。

切削加工是通过工件和刀具之间的相对运动及作用力实现的。在切削过程中，工件和刀具安装在机床上，由机床带动实现一定规律的相对运动，刀具从工件表面切去多余的材料，从而使工件的形状、尺寸和表面质量达到设计要求。常用的切削加工方式有车削、铣削、钻削、磨削、镗削等。

特种加工是利用电能、热能、化学能、光能、声能等对工件进行材料去除的加工方法。

特种加工主要是用其他能量而不是机械能去除金属材料；特种加工的工具硬度可以低于被加工工件材料；加工过程中工具和工件间不存在显著的机械切削力。常用的特种加工方法有电火花加工、电解加工、激光加工、超声波加工、水喷射加工、电子束加工、离子束加工等。

随着科技、经济、社会的日益进步和快速发展，日趋激烈的国际竞争及不断提高的人民生活水平对机械产品在性能、价格、质量、服务、环保及多样性、可靠性等多方面提出的要求越来越高，对先进的生产技术装备、科技与国防装备的需求越来越大，机械制造业面临着新的发展机遇和挑战。

2. 机械制造技术的发展趋势

现代机械制造技术发展的总趋势是机械制造技术与材料科学、电子科学、信息科学、生命科学、环保科学、管理科学等的交叉和融合，具体主要集中在以下几个方面。

1) 机械制造基础技术

切削(含磨削)加工仍然是机械制造的主导加工方法，进一步提高生产效率和加工质量是今后的发展方向。高速、超高速切削(磨削)，高精度、高速切削机床与刀具，最佳切削参数的自动优选，刀具的高可靠性和在线监控技术，成组技术，自动装配技术等将得到进一步的发展和应用。

2) 超精密及微细加工技术

各种精密、超精密加工技术，微细与纳米加工技术在微电子芯片及光子芯片制造、超精密微型机器及仪器、微机电系统等尖端技术及国防尖端装备制造领域中将大显身手。

3) 自动化制造技术

自动化制造技术将进一步向柔性化、智能化、集成化、网络化发展。计算机辅助设计(CAD)、计算机辅助工艺规程设计(CAPP)、快速成形(RP)等技术将在新产品设计方面得到更全面的应用和完善。高性能的计算机数控(CNC)机床、加工中心(MC)、柔性制造单元(FMC)等将更好地适应多品种、小批量产品高质、高效的加工制造。精益生产(LP)、准时生产(JIT)、并行工程(CE)、敏捷制造(AM)、计算机集成制造系统(CIMS)等先进制造生产管理模式将主导新世纪的制造业。

4) 绿色制造技术

在机械制造业，综合考虑社会、环境、资源等可持续发展因素的绿色制造技术将朝着能源与原材料消耗最小，所产生的废弃物最少并尽可能可以回收利用，在产品的整个生命周期中对环境无害等方向发展。

3. 工程基础训练与劳动教育的性质与意义

1) 工程基础训练的性质与意义

(1) 工程基础训练有利于学生工程实践能力的培养。大学生在工程基础训练中，使用各种工具进行各种技术操作，了解机械结构、机械制造和装配过程。通过对常规工艺设备的观察、调整与动手操作，可以有效提高学生的工程实践能力。

(2) 工程基础训练有利于学生思维能力和创新能力的培养。工程技术是实践性很强的应用科学，这不仅表现在工程技术的应用价值上，而且还表现在学习工程技术类课程必须具有一定的形象思维能力方面。如果学生没有较强的思维能力，对形象思维要求较高的工程类专业课程，教学效果就不会太好。而在工程基础训练教学中，学生需要接触多种机电设备，了解、熟悉甚至掌握其中一部分设备的结构、功能和使用，从中了解前人辛勤劳动创造的宝贵财富，不断地将抽象信息与来自视觉的多维立体信息进行对比，在潜移默化中逐渐形成将抽象信息变为立体形象的能力，即形象思维能力。学生通过实践掌握一些技术后，根据自己的知识、爱好，设计并制造自己感兴趣的产品，既增强了自信心，提高了学习兴趣，又培养了创新能力。

(3) 工程基础训练有利于学生综合素质的培养。为使学生毕业后能更好地适应社会，仅有专业知识和能力是不够的，还必须具备团结协作意识、质量意识、市场意识、安全意识、健康意识、经济意识、管理意识、社会意识、环保意识、法律意识等。要培养这方面的意识，仅靠课堂上教师的讲解是无法完成的，而在工程基础训练环境中，学生通过现场学习和耳濡目染，这方面的素质就能得到培养和提高。此外，工程基础训练还有利于促进知识向能力的高效转化，使学生的知识得到有机的补充，使大学生素质得到全面提高。

2) *劳动教育的意义*

劳动是一切幸福的源泉。党的十八大以来，习近平总书记高度重视青少年劳动教育，强调“把劳动教育纳入人才培养全过程，贯通大中小学各学段和家庭、学校、社会各方面”。习近平总书记的重要论述为新时代加强劳动教育提供了根本遵循。劳动教育是中国特色社会主义教育制度的重要内容，直接决定社会主义建设者和接班人的劳动精神面貌、劳动价值取向和劳动技能水平。大力开展劳动教育，一方面要教育引导学生崇尚劳动、尊重劳动，懂得劳动最光荣、劳动最崇高、劳动最伟大、劳动最美丽的道理，增强对劳动创造幸福的理性认知和实践自觉。另一方面，要创造机会和条件、创新内容和形式，通过丰富多样的劳动实践，教育引导广大青少年牢固树立以辛勤劳动为荣、以好逸恶劳为耻的劳动观，大力弘扬崇尚劳动、热爱劳动、辛勤劳动、诚实劳动的劳动精神。

劳动是以技术应用和技术创新为核心的实践活动。在大学阶段，劳动教育应注重培养学生的创新意识、创造能力和创业素养，引导学生运用新知识、新技术、新工艺、新方法创造性地解决实际问题，为未来职业发展积累经验、储备能力。

4. 工程基础训练与劳动教育课程的特点、教学方法与过程

1) *工程基础训练与劳动教育课程的特点*

工程基础训练与劳动教育课程本着实用、够用的原则，以机械制造中的主导加工方法——切削加工为主要学习内容，培养学生初步掌握钳工、普通车床、铣床操作等的实践技能与相关理论知识，通过任务驱动的项目式教学，加强学生实践技能的培养；再辅以数控加工(数控车、数控加工中心)、电加工(线切割)、磨削加工作为拓展加工内容，从初步掌握相关项目的工艺分析到零件加工完成的整个过程，培养学生的综合职业能力和职业素养，并使学生了解现代企业管理规范——5S 管理规范等；在动手实践的过程中，培养学生独立学习及获取新知识、新技能、新方法的能力，与人交往、沟通及合作等方面的态度和能力。

工程基础训练与劳动教育改变了本科院校传统金工实习课程学习内容相对较孤立、关联度较低，学生无法形成整体的工程意识的现状。针对不同专业并结合其各自特点，以设计开发典型的工程项目为载体，将各类机械加工工艺通过技能训练的形式结合起来，形成

将技能融入全工艺流程的培养模式。例如，针对机械电子工程专业，在教学内容上设计的综合实训项目是一套典型的杠杆机构，各工种的实训项目为综合实训项目服务，杠杆机构的零件是各工种的实训内容。

2) 工程基础训练与劳动教育课程的教学方法与过程

(1) 将安全生产教育贯穿于整个实训过程，同时注重结合时代特点，选择适当的思政元素，进行爱国教育、劳动教育等方面的思政教育，培养学生的劳动意识和劳动习惯。

(2) 先完成各工种基础技能的训练，然后再加工综合实训项目里的零件。可以利用数控加工(数控车、加工中心)、特种加工(线切割)等设备加工一些项目，最后完成装配环节，实现机械机构的功能。实训教学的各环节都要进行“5S”管理等工程素养教育，使学生在学习过程中逐渐形成工程意识，初步具备工程能力。

(3) 在授课过程中强调学生加强原理知识的学习，对于相关操作从原理上加以说明，避免学生简单模仿，力求做到举一反三，短时间内使学生掌握基础技能，同时注重培养学生的创新意识。强调理论对实践的指导意义，以避免理论知识与实践相脱节，通过实践教学促进学生对专业理论知识进行有针对性的学习。

(4) 采用启发式教学，强调师生共同分析研究。由于每个学生的动手能力有差异，因此要给予学生更多的鼓励，在教学评价上要进行更多的正向评价，给学生以信心，让学生感受到“我会做、我能做、我要做”。

模块一 钳 工 操 作

在科学技术迅猛发展的今天，现代工业的发展使新技术、新工艺不断涌现。但不论新的生产线有多先进，自动化程度有多高，工件传统的加工形式仍是无法取代的。而且，还会因产品质量要求的进一步提高，而对传统的机械加工工艺水平和操作技能提出更高、更新的要求。

在机械制造过程中，钳工、车工、铣工是广泛应用的基本工种，其中钳工技术是广泛应用的基本技术之一。在精密机械制造中，精密加工、装配仍需要依靠工人的精湛技艺；当机械在使用过程中发生故障、出现损坏或长期使用后精度降低、影响使用时，也需要通过钳工来进行维护和修理。

本模块的任务，是使学生掌握钳工应具备的基本专业操作技能，培养学生理论联系实际、分析和解决生产中一般问题的能力。

本模块以实践为主导，结合“机械制造基础”课程的理论知识，可以更好地指导学生进行技能训练，并通过技能训练加深对理论知识的理解、消化、巩固和提高。

通过本模块内容学习，应达到以下具体要求：

(1) 能合理选择和使用夹具、刀具和量具，掌握其使用和维护保养方法。

(2) 熟练掌握钳工的基本操作技能，并能对工件进行质量分析。

(3) 掌握钻床等常用机械设备的主要结构、操作方法和维护保养方法。

(4) 独立制定中等复杂工件的钳工切削加工工艺，并注意吸收、引进较先进的工艺和技术。

(5) 合理选用切削用量和切削液。

(6) 掌握切削加工中相关的计算方法，学会查阅有关的技术手册和资料。

(7) 养成安全生产和文明生产的习惯。

本模块以典型零件为载体，通过五个工作任务的学习，使学生掌握基础的钳工技能。

工作任务一 安全文明生产与操作

训练内容

安全文明生产知识是实训教学顺利进行的保障。

知识与技能目标

理解并严格遵守安全生产和文明生产的内容和要求。

相关理论知识

安全生产的方针是“安全第一，预防为主”。

安全生产的总则是“三个不伤害”，内容包括：不伤害自己，不伤害别人，不被别人伤害。

学生在实训期间必须遵守的安全文明生产规定如下：

(1) 进入实习车间所有学生必须穿工作服，女生还要戴工作帽，长发应塞入帽内，不允许背心、短裤、裙装、拖鞋和戴围巾进入生产实习车间。

(2) 实训车间严禁追逐打闹，不允许跑动。进行现场教学和参观时，必须服从组织安排，注意听讲，不得随意走动。

(3) 学生除在指定的设备上进行实习外，其他一切设备、工具未经同意不准私自动用。

(4) 工具、夹具、量具应放在专门地点，严禁乱堆乱放，钳工台与场地应保持清洁。禁止用工具、夹具、量具敲击工件和其他物品，以防损坏其使用精度。

(5) 台虎钳上不能放置工具、量具，以防滑下伤人或导致工具、量具损坏。用虎钳夹持工件时，只能使用钳口最大行程的三分之二，不得用其他方法加力或敲击。

(6) 使用手锯时，锯齿的方向必须顺着推的方向(朝前)；锯条松紧要合适，过松或过紧都易折断；工件要夹持牢固，否则容易折断锯条，甚至伤人。

(7) 锉刀无柄或柄损坏，都不允许使用；锉刀脆硬，所以不能将它当作手锤或撬棍使用；放置时，锉刀切勿露出钳工台外面，以免掉落折断；锉刀和工件不得沾油污，不得用手摸正在加工的工件表面，以免打滑。

(8) 使用手锤前，应检查手柄和锤头是否牢固；握锤时，不得戴手套；锤头、锤柄不得有油污；挥锤前要环视四周，以防伤人。

(9) 钻床在使用前一定要检查是否能正常运转，调速时必须关闭电源(无极调速的钻床除外)，钻孔时必须佩戴防护眼镜，严禁戴手套进行操作。不允许擅自使用不熟悉的机床。

(10) 不能用手擦除或用嘴吹加工过程中产生的铁屑与粉尘，要用刷子或铁钩子清除。

(11) 实训期间玩手机属于严重的违规行为，不允许在实训车间内玩手机。

(12) 遵守实训教师要求的其他安全注意事项。

(13) 有问题及时向老师提出，待老师批准后方可离开现场。

以上为学生在实训期间必须遵守的安全文明生产规定。安全文明生产是学生在整个实训期间都必须高度重视和严格遵守的一项重要内容，学生必须无条件遵守，且必须承诺遵守以上规定后(需签字确认)方可进入车间进行实训课程学习。如有违反者，教师有权终止其实训学习资格。被终止实训学习资格的学生需重新接受安全教育，待实训教师认可后方可恢复实训课学习。

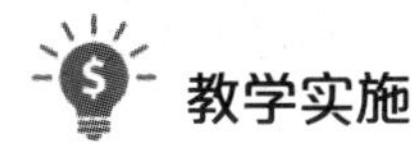

学生抄写相关内容，通过教师的讲解理解安全文明生产是学生在整个学习期间都必须高度重视和严格遵守的一项重要内容。

工作任务二　锉削矩形工件

锉削矩形工件。在钳工操作中，锉削工件外形平面轮廓是较常见的加工操作内容，涉及平面、平行面和垂直面的锉削方法及测量方法。

知识与技能目标

(1) 了解钳工的主要任务。
(2) 了解钳工常用设备的使用方法。
(3) 了解常用锉刀的种类和用途。
(4) 掌握锉削平面的检验方法。
(5) 掌握锉削平面的方法。
(6) 掌握锉削平行面、垂直面的方法。

相关理论知识

1. 钳工的概念及工作任务

1) 钳工的概念

钳工是切削加工、机械装配和修理作业中的手工作业，因常在钳工台上用虎钳夹持工件操作而得名。

2) 钳工的工作任务

钳工作业主要包括錾削、锉削、锯切、划线、钻削、铰削、攻丝和套丝、刮削、研磨、矫正、弯曲和铆接等。钳工是机械制造中最古老的金属加工技术工种。

随着机械工业的飞速发展，许多繁重的工作已被机械代替，但目前那些精度较高、形状较复杂的零件的加工以及设备安装、调试和维修是机械难以完成的，仍需要掌握精湛技艺的钳工去完成。因此，钳工是机械制造业中不可缺少的工种。

2. 钳工常用设备

钳工操作通常是在钳工工作台和台虎钳上进行。图 1.1 所示为安装有台虎钳的钳工工作台。

(1) 钳工工作台简称钳工台，常用木板和钢材制成，要求坚实、平稳，台面高度约 800～900 mm，台面上安装台虎钳和防护网(板)。

图 1.1 钳工台与台虎钳

(2) 台虎钳是用来夹持工件的通用夹具，以钳口的宽度为标定规格。常见规格从 75 mm 到 300 mm，一般常见的多为 100 mm、125 mm、150 mm 等。

① 带有升降装置的台虎钳(如图 1.2 所示)：可以十分轻松地实现高度自动升降，根据使用者身高不同可调整到合适高度；还可以根据工件所处的角度在 0～360° 范围内进行调节。调节台虎钳：松开安全锁紧手柄，打开锁紧装置，气压弹簧向上产生极大弹力，推动台虎钳向上，根据操作者的需要将台虎钳调至合适高度，然后锁紧手柄。此类台虎钳使用方便，但价格较高。

② 普通台虎钳(如图 1.3 所示)：高度无法调节，需要在台虎钳底座下垫上木垫块调节高度，一般多以钳口高度恰好与肘齐平为宜，即肘放在台虎钳最高点半握拳，拳刚好抵下颚为宜。普通台虎钳使用广泛。

图 1.2 带有升降装置的台虎钳

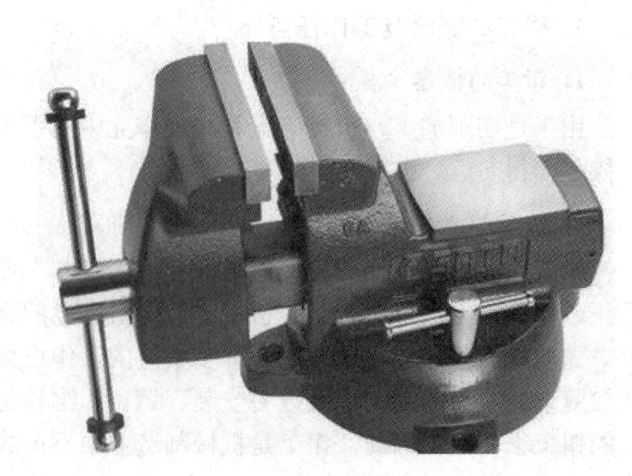

图 1.3 普通台虎钳

(3) 台虎钳的使用注意事项：

① 夹紧工件时要松紧适当，只能用手扳紧手柄，不得借助其他工具加力。

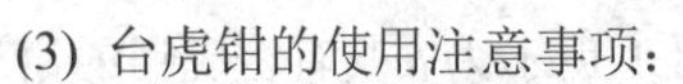

② 强力作业时，应尽量使力朝向固定钳身。

③ 不允许在活动钳身和光滑平面上敲击作业。

④ 对丝杠、螺母等活动表面应经常清洗、润滑，以防生锈。

⑤ 用台虎钳装夹已加工表面时需用软钳口，如图 1.4 所示。

台虎钳的使用

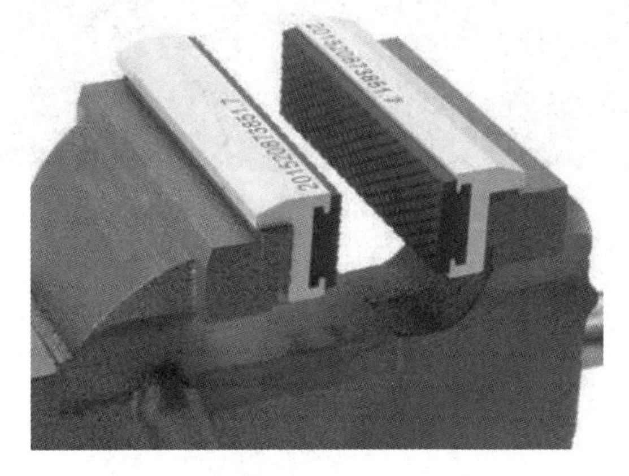

图 1.4　虎钳用软钳口

3. 锉削加工

用锉刀对工件表面进行切削的加工方法称为锉削。锉削可用于对工件毛坯表面及錾、锯之后的表面进行精度较高的加工。锉削尺寸精度可达 IT7 级，表面粗糙度可达 *Ra*0.8 μm。锉削的应用范围较广，可以锉削工件的内、外表面及各种沟槽。

1) 锉刀概述

锉刀采用高碳工具钢 T12、T13 或 T12A、T13A 制成，经热处理后切削部分硬度可达 HRC 62～HRC 72。

(1) 锉刀的构造。锉刀由锉身和锉柄两部分组成，锉刀各部分名称如图 1.5 所示。锉刀面是锉削的主要工作面。锉刀面的前端做成凸弧形，上下两面都制有锉齿，便于进行锉削。锉刀边是指锉刀的两个侧面，有的没有齿，有的其中一边有齿。没有齿的一边叫作光边，它用于锉削内直角的一个面，不会碰伤另一相邻的面。

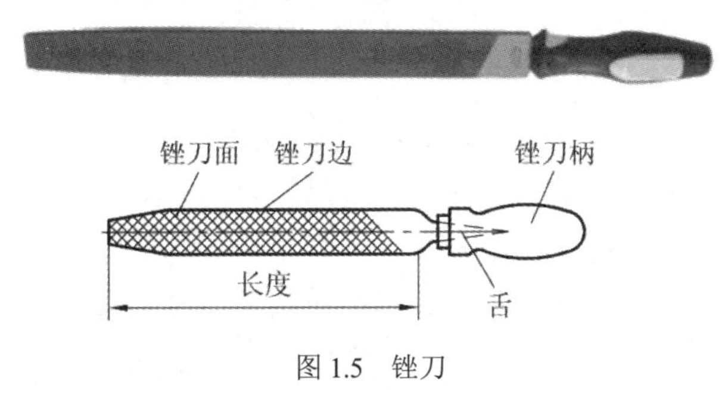

图 1.5　锉刀

(2) 锉刀的种类。钳工所用的锉刀按用途不同，可分为普通钳工锉、异形锉和整形锉三种。

① 普通钳工锉：按其断面形状不同，可分为平锉(扁锉)、方锉、三角锉、半圆锉和圆锉五种，其断面形状如图 1.6 所示。

图 1.6　普通钳工锉刀断面形状

② 异形锉：是用来锉削工件特殊表面使用的，有刀口锉、菱形锉、扁三角锉、椭圆锉、圆肚锉等，其断面形状如图 1.7 所示。

图 1.7　异形锉的断面形状

③ 整形锉：又称为什锦锉或组锉，因分组配备各种断面形状的小锉而得名，主要用于修整工件上的细小部分。图 1.8 所示为整形锉的各种形状。一般以 5 支、6 支、8 支、10 支或 12 支为一组。

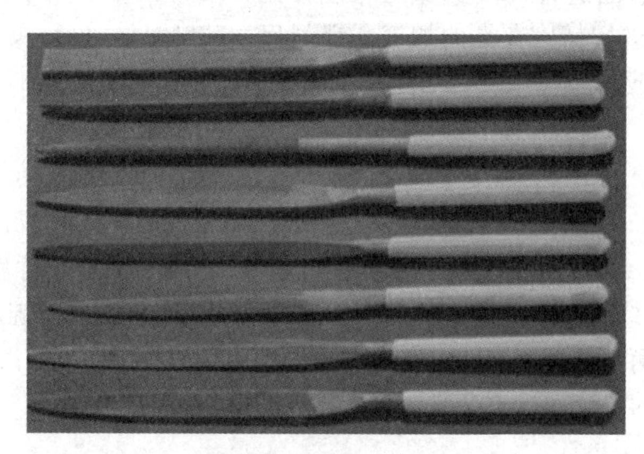

图 1.8　整形锉

(3) 锉刀的规格与选择。

① 锉刀的尺寸规格。普通钳工锉的规格是指锉身的长度；异形锉和整形锉的规格是指锉刀的全长。普通钳工锉以锉身(自锉梢端至锉肩之间的距离)长度表示，有 100～150 mm、200～300 mm、350～450 mm 几种规格。

异形锉和整形锉的全长即为规格尺寸。锉刀的基本尺寸主要包括宽度和厚度，对圆锉而言，指其直径。

② 锉纹的主要参数。

锉纹号——表示锉齿粗细的参数。按照每 10 mm 轴向长度内主锉纹的条数划分为五种，分别为 1 号、2 号、3 号、4 号、5 号。锉纹号越小，锉齿越粗。其中，1 号为粗齿锉，2 号为中齿锉，3 号为细齿锉，如图 1.9 所示。

图 1.9　锉刀纹对比

③ 锉刀的选择。锉刀齿的粗细要根据加工工件的余量大小、加工精度、材料性质来选择。粗齿锉刀适用于加工大余量、尺寸精度低、形位公差大、表面粗糙度数值大、材料软的工件；反之，应选择细齿锉刀。

2) 锉刀的握法

(1) 锉柄的握法。锉刀长度大于 250 mm 的握法如图 1.10 所示，采用拇指压柄法，用右手握锉刀柄，柄端抵在拇指根部的手掌处，大拇指放在锉刀柄上部，其余手指由下而上握着锉刀柄，这种方法使用较多。

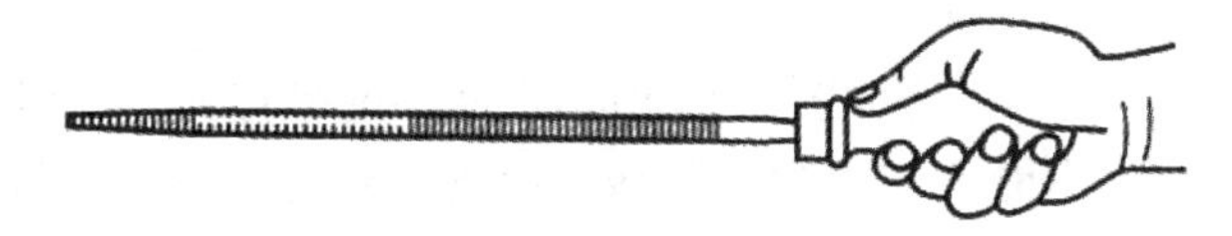

图 1.10　拇指压柄法

长度小于 250 mm 的锉刀以及整形锉刀采用如图 1.11 所示的食指压柄法，右手食指压住锉身上面，拇指伸直贴住锉柄(或锉身)侧面，其余三指环握锉柄。

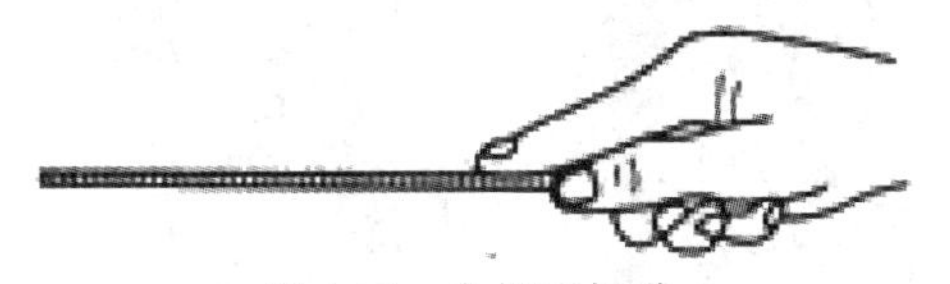

图 1.11　食指压柄法

(2) 锉身基本握法。左手握锉身的基本握法，是将拇指根部的肌肉压在锉刀头上，拇指自然伸直，其余四指弯向手心，用中指、无名指捏住锉刀前端，如图 1.12 所示。锉削时右手推动锉刀并决定推动方向，左手协同右手使锉刀保持平衡。

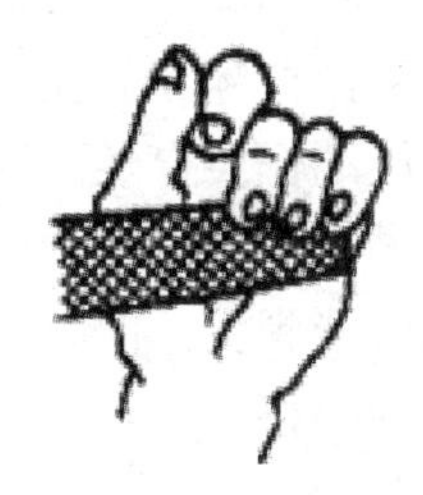

图 1.12　锉身基本握法

根据应用场景的不同，锉身的握法还有表 1.1 所列几种。

表 1.1　锉身的握法

方　法	图　示	说　明	应　用
前掌压锉法		左手手掌自然伸展，掌面压住锉身前半部	一般用于长度为 300 mm 及以上规格的锉刀进行全程锉削
扣锉法		左手拇指压住刀面，食指和中指扣住锉刀端面	应用较广
捏锉法		左手食指、中指相对捏住锉刀前端	主要用于锉削曲面
中掌压锉法		左手掌自然伸展，掌面压住锉身中部刀面	一般用于长度为 300 mm 及以上规格的锉刀进行短程锉削
双手横握法		左手拇指与其余四指的指头相对夹住锉身侧刀面	一般用于精加工横推锉削

3) 锉削的姿势

锉削姿势是否正确对锉削质量、锉削力的运用和发挥以及操作者的疲劳程度都起着决定作用。

(1) 锉削时的站立步位和姿势如图 1.13 所示，两手端平锉刀，右臂自然下垂贴附在身体右侧，小臂与大臂自然弯曲成 90° 角，小臂、手腕与锉刀要形成一条水平直线。

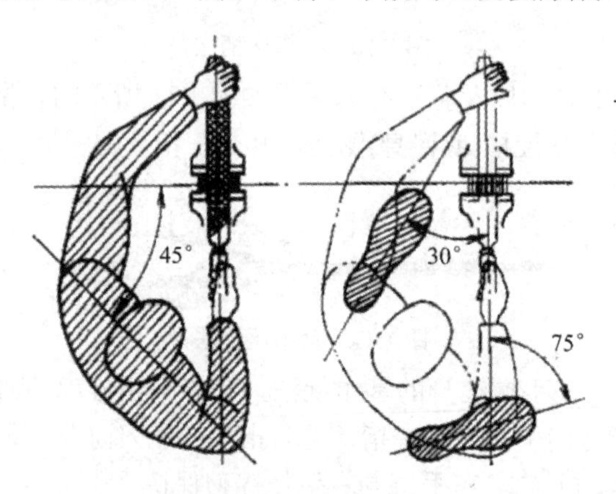

图 1.13　锉削站立姿势

(2) 锉削动作如图 1.14 所示，两手握住锉刀放在工件上面，左臂弯曲；右小臂要与工件锉削面的前后方向保持基本平行，但动作要自然。锉削时，身体先于锉刀并与之一起向前，右腿伸直并稍向前倾，重心在左脚，左膝部呈弯曲状态。当锉刀推至约 3/4 行程时，身体停止向前，两臂则继续将锉刀向前锉到头，同时，左腿自然伸直并随着锉削时的反作用力，将身体重心后移恢复原位，并顺势将锉刀收回。当锉刀收回将近结束时，身体又开始先于锉刀前倾，做第二次锉削的向前运动。

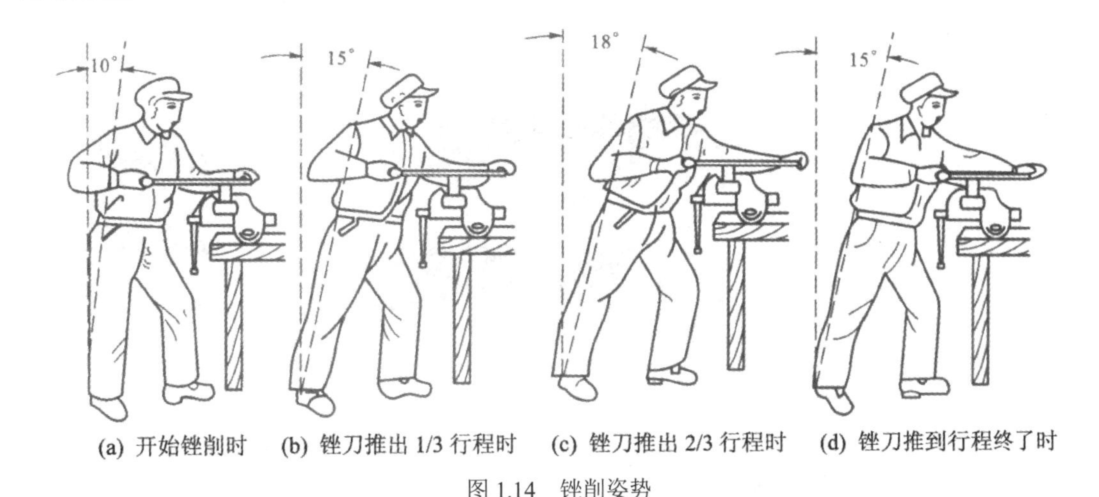

图 1.14　锉削姿势

4) 锉削时两手的用力和锉削速度

要锉削出平面度合格的平面，必须使锉刀保持直线的锉削运动。为此，锉削时右手的压力随锉刀的推动而逐渐增加，左手的压力随锉刀的推动而逐渐减小；回程时不加压力。

锉削速度一般应在 40 次/分左右，推出时稍慢，回程时稍快，动作要自然协调。

5) 平面的锉削方法

锉刀的握法与锉削的姿势

(1) 顺向锉：锉刀运动方向与工件的夹持方向始终一致。在锉削宽平面时，为使整个加工表面能均匀地锉削，每次退回锉刀时应在横向做适当的移动。顺向锉的锉纹整齐一致，比较美观，这是最基本的一种锉法，如图 1.15(a)所示。

(2) 交叉锉：锉刀运动方向与工件夹持方向约成 30°～40°角，且锉纹交叉。由于锉刀与工件的接触面较大，故锉刀容易掌握平稳。同时，从锉痕上可以判断出锉削面的高低情况，便于不断地修正锉削部位，如图 1.15(b)所示。交叉锉一般用于粗锉，精锉时必须采用顺向锉，使锉痕变直、纹理一致。

(3) 推锉：一般用于不便于使用顺向锉和交叉锉的场合或狭长的表面修光、精锉，如图 1.15(c)所示。

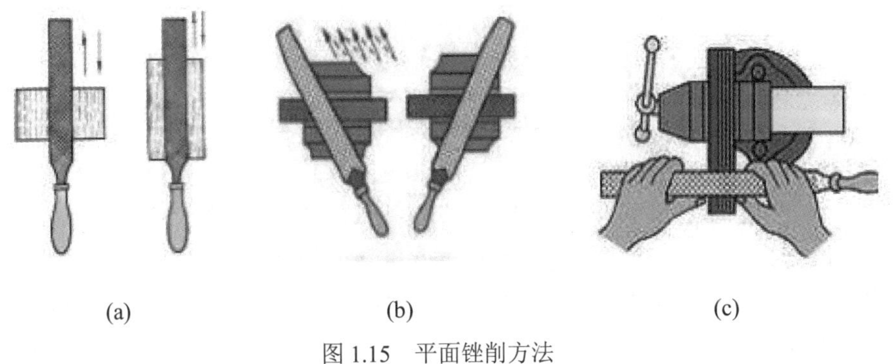

(a)　(b)　(c)

图 1.15　平面锉削方法

6) 锉削常用量具

(1) 刀口尺：主要用于以光隙法进行平面度测量，如图 1.16 所示。刀口尺的常用规格为 75 mm、100 mm、125 mm 等。

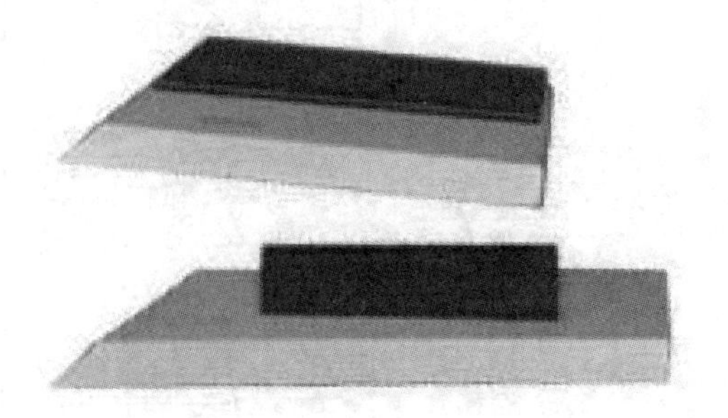

平面锉削的锉削方法

图 1.16　刀口尺

测量时，刀口尺检验工件平面度，按刀口尺纵向、横向和对角线方向逐次检查，如图 1.17(a)所示。若刀口尺与工件平面透光微弱而均匀，则表明平面度合格；若进光强弱不一，则表明工件平面凹凸不平。可用塞尺插入，根据塞尺的厚度即可确定平面度的误差，如图 1.17(b)所示。

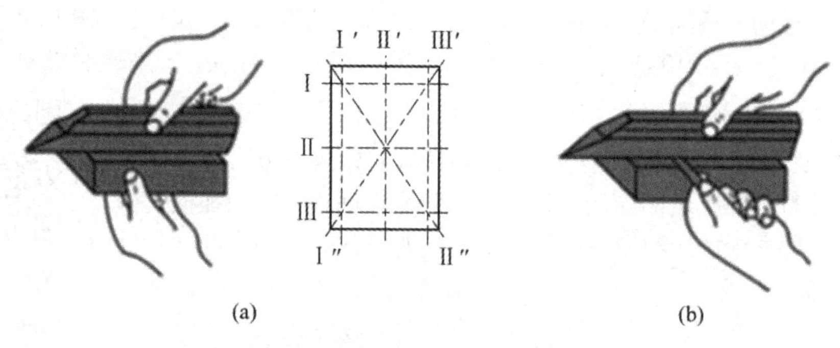

(a)　　(b)

图 1.17　用刀口尺测量工件平面度

(2) 直角尺：主要用于工件垂直度的测量。常用的有刀口直角尺和宽座直角尺，如图 1.18 所示。刀口直角尺测量垂直度的同时还可以测量平面度。

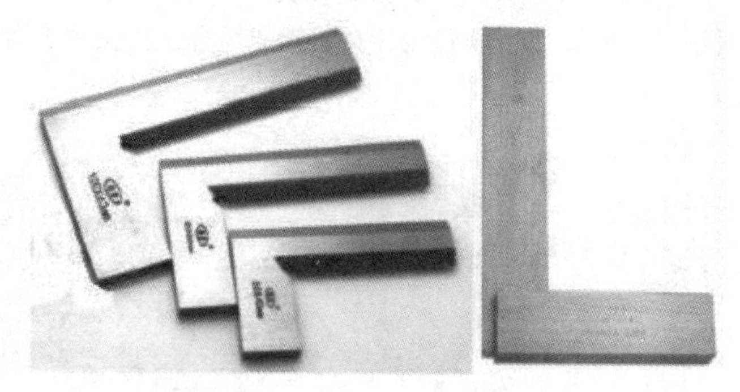

图 1.18　刀口直角尺和宽座直角尺

用直角尺透光法检查工件垂直度前，应首先用锉刀将工件的锐边去除毛刺或倒棱。测量时，要掌握以下几点：

① 先将角尺短边(直角尺基座)的测量面紧贴工件基准面，然后从上逐步轻轻向下移动，使角尺长边(直角尺尺瞄)的测量面与工件的被测表面接触，如图 1.19(a)所示，眼睛平

视观察其透光情况，以此来判断工件被测表面与基准面是否垂直。检查时，角尺不可斜放，如图 1.19(b)所示，否则会得到不准确的检查结果。

② 在同一平面上改变不同的检查位置时，角尺不允许在工件表面上拖动，以免磨损角尺而影响角尺精度。

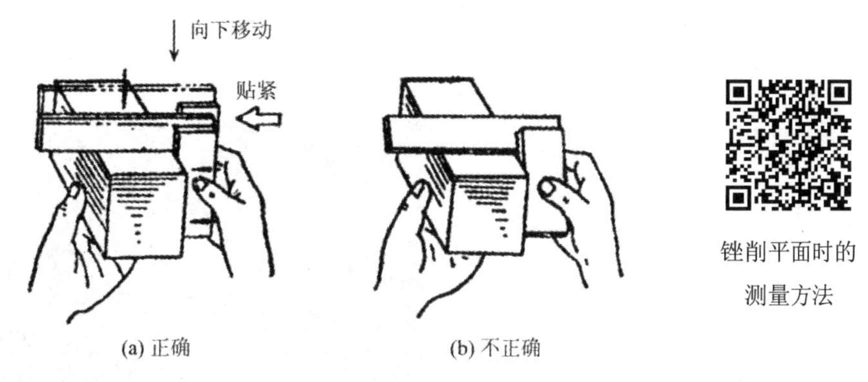

(a) 正确　　(b) 不正确

图 1.19　检查工件垂直度

(3) 塞尺：是由一组具有不同厚度级差的薄钢片组成的量规(见图 1.20)。塞尺用于测量间隙尺寸，一般配合刀口尺和直角尺使用，或单独使用。在检验被测尺寸是否合格时，可以用“通止”法判断，也可由检验者根据塞尺与被测表面配合的松紧程度来判断。

塞尺一般用不锈钢制造，最薄的为 0.02 mm，最厚的为 1 mm。塞尺在 0.02～0.1 mm 间，各钢片的厚度级差为 0.01 mm；塞尺在 0.1～1 mm 之间，各钢片的厚度级差一般为 0.05 mm。

图 1.20　塞尺

(4) 游标卡尺：锉削工件时，工件的基本尺寸通常采用游标卡尺来测量，如图 1.21 所示。游标卡尺还可以用来通过采用多点测量的方式测量工件平行度。

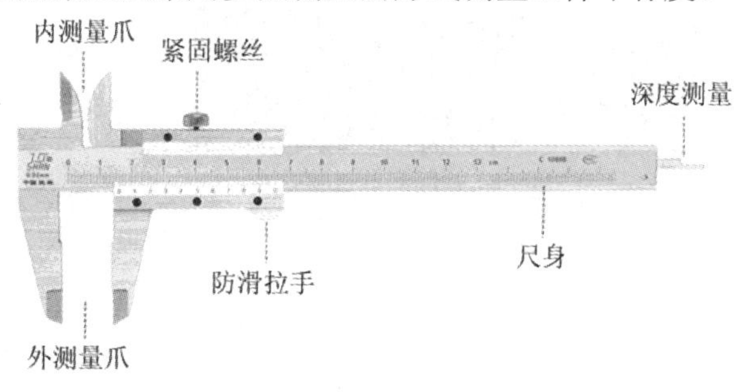

图 1.21　游标卡尺

(5) 高度尺：高度尺也被称为高度游标卡尺，如图 1.22 所示。顾名思义，高度尺的主要用途是测量工件的高度，另外高度尺还经常用于测量形状和位置公差尺寸，在钳工操作中主要用于划线。高度尺一般与方箱在平板上配套使用，如图 1.23 所示。

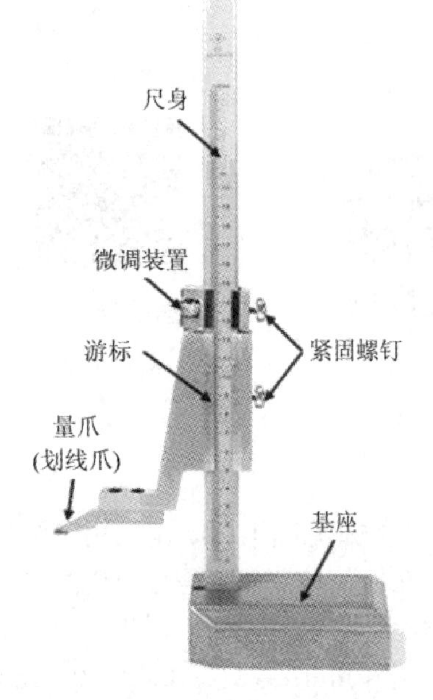

图 1.22　高度游标卡尺

图 1.23　平板与方箱

用高度尺划线时，工件放置在平板上，对于较薄的工件同时还要倚靠在方箱的立面上，将高度尺调整到所需尺寸，左手手指分开同时捏住工件与方箱，保证工件划线时不倾倒；右手握住高度尺，高度尺从工件远端朝操作者方向移动，用量爪在工件划线表面划出刻线，可重复多次，直至线条清晰，如图 1.24 所示。

注意：如果高度尺移动方向是从操作者方向朝远端方向移动，那么高度尺量爪会磕碰到方箱，从而造成量爪和方箱的损伤。

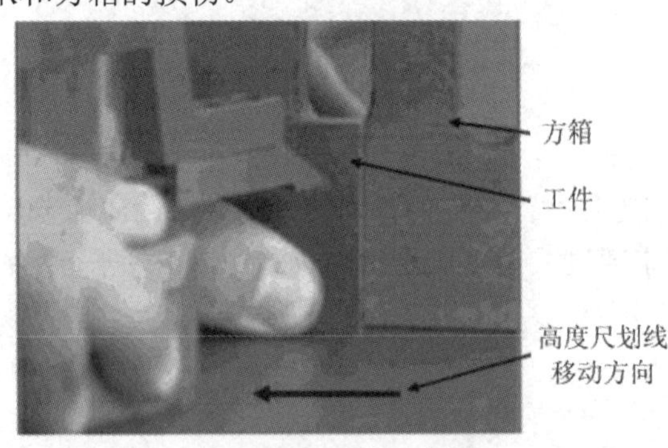

图 1.24　划线示意图

划线

技能训练

锉削如图 1.25 所示矩形工件。

图 1.25 所示矩形工件的加工要点及注意事项

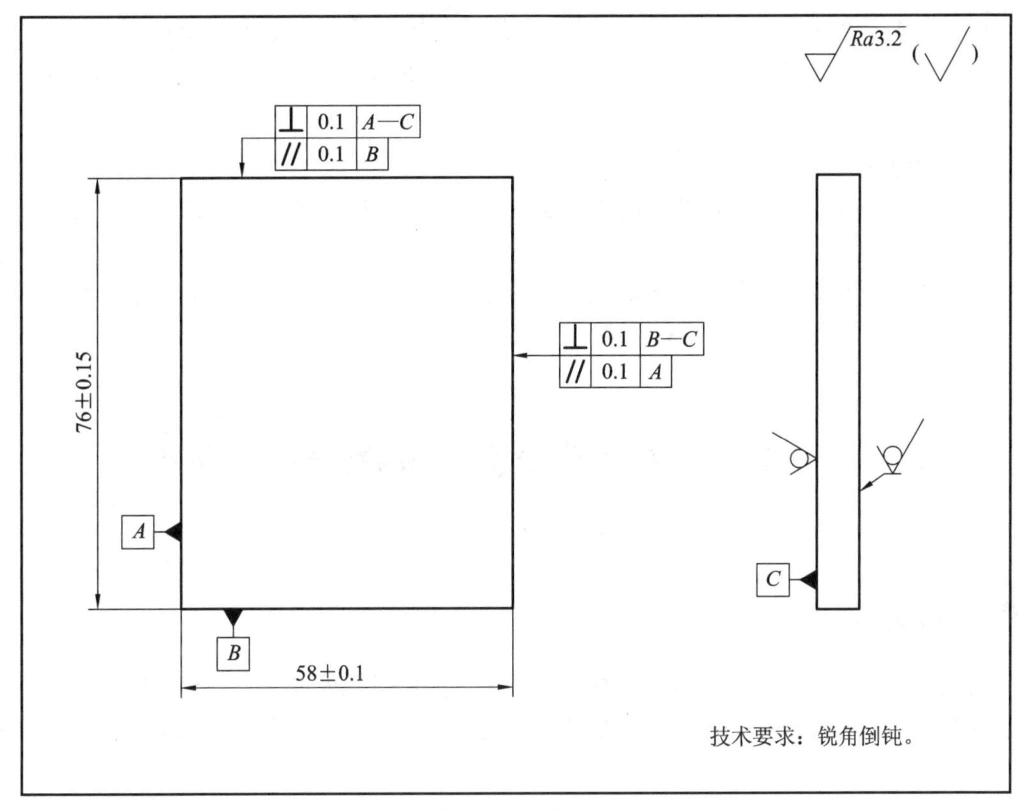

图 1.25　矩形工件

1. 工艺分析

(1) 图样分析。

基本尺寸要求：(76±0.15)mm，(58±0.1)mm，工件厚度两平面不加工。毛坯尺寸为 80 mm × 60 mm × 10 mm。

形位公差：平面之间的平行度为 0.1 mm，垂直度为 0.1 mm。

表面粗糙度：全部表面 *Ra*3.2 μm。

(2) 选择刀具。粗加工用 250 mm 或 300 mm 粗齿锉刀；精加工时用 250 mm 中齿锉刀。

(3) 使用量具。用游标卡尺测量工件基本尺寸和平行度，用刀口直角尺结合塞尺测量工件平面度和垂直度。

2. 加工步骤

(1) 锉削基准面 *B*，保证基准面 *B* 的平面度，同时保证 *B* 面与 *C* 面和 *A* 面(毛坯外形)的垂直度，用刀口直角尺结合塞尺测量。(注：76 mm 尺寸余量较大，可利用此尺寸对两平面进行锉削基本功的练习)

(2) 以 *B* 面为基准将工件放置在平板上，用高度尺在 *C* 面上划出 76 mm 尺寸线。

锉削 *B* 面的相对表面，保证平面度，76 mm 尺寸精度，与 *B* 面的平行度，与 *A* 面(毛坯表面)、*C* 面的垂直度。

(3) 锉削基准面 *A*，保证基准面 *A* 的平面度，同时保证 *A* 面与 *C* 面和 *B* 面的垂直度，用刀口直角尺结合塞尺测量。

(4) 以 A 面为基准将工件放置在平板上，用高度尺在 C 面上划出 58 mm 尺寸线。

锉削 A 面的相对表面，保证平面度，58 mm 尺寸精度，与 A 面的平行度，与 B 面、C 面的垂直度。

3. 注意事项

(1) 锉削时姿势、动作要准确规范，要根据锉削表面情况随时进行调整、纠正，形成肌肉记忆。

(2) 锉削时要随时观察和测量加工面的平面度和与相关表面的平行度、垂直度。

(3) 测量和划线时要及时去掉毛刺。

工作任务三　加工阶台和直角槽(锯削、钻孔)

训练内容

加工阶台和直角槽。阶台和直角槽是构成零件的常见几何要素，在钳工操作中，阶台和直角槽是考查尺寸和配合精度的重要内容，通常采用锯削和钻孔排料去除余料，再采用锉削的方式进行加工。

知识与技能目标

(1) 掌握锯削的方法。

(2) 了解内轮廓排料的方法。

(3) 掌握钻孔的方法。

(4) 强化锉削平行面、垂直面操作。

相关理论知识

1. 锯削

用手锯将材料(或工件)锯出狭槽或进行分割的工作称为锯削。锯削是一种粗加工，加工平面度一般可控制在 0.30～0.50 mm 之间。

1) 锯削工具——手锯

手锯由锯弓和锯条两部分组成。

(1) 锯弓：用于安装和张紧锯条，有固定式锯弓和可调节式锯弓两种，如图 1.26 所示。固定式锯弓只能安装一种长度的锯条；可调节式锯弓的安装距离可以调节，能安装多种长度的锯条。

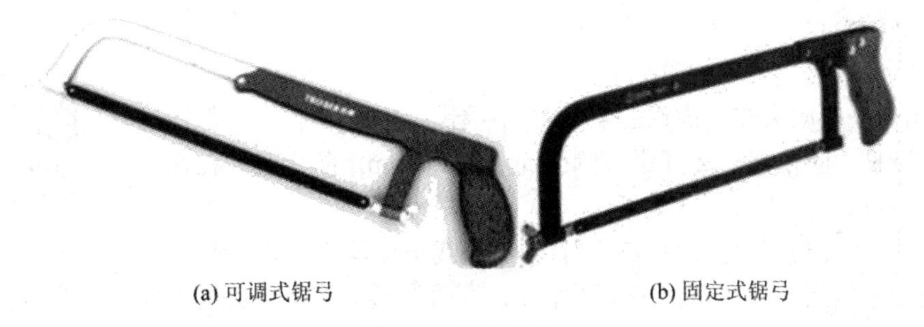

(a) 可调式锯弓　　(b) 固定式锯弓

图 1.26　锯弓的形式

(2) 锯条：一般由高碳钢制成或由碳钢锯身和高速钢锯齿组成。锯条的长度用两端安装孔的中心距来表示，常用的为 300 mm。锯条单面有齿，每个齿都担负切削作用。锯齿的切削角度如图 1.27 所示，锯齿的粗细是以锯条每 25 mm 长度内的齿数来表示的。一般分粗、中、细三种，粗齿锯条的容屑槽较大，适用于锯削软材料或锯削面较大的工件，锯削硬材料或切面较小的工件应选用细齿锯条。为了减少锯缝两侧面对锯条的摩擦阻力，避免锯条被夹住或折断，锯条在制造时，使锯齿按一定的规律左右错开，排列成一定形状，称为锯路。锯路有交叉形(图 1.28(a))和波浪形(图 1.28(b))两种，如图 1.28 所示。

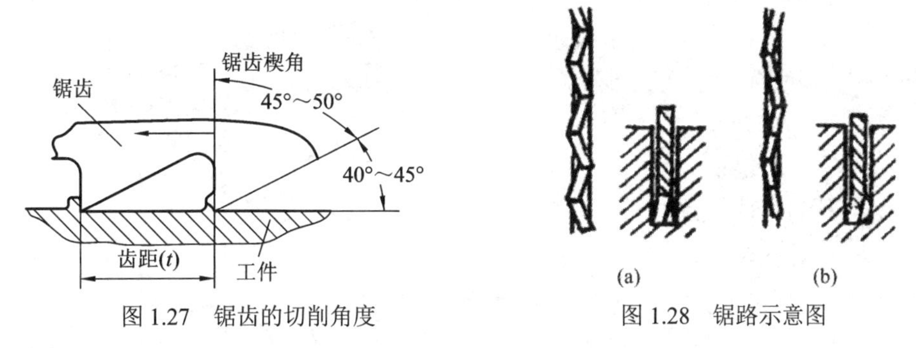

图 1.27　锯齿的切削角度　　图 1.28　锯路示意图

2) 锯削的操作方法

(1) 安装锯条。

① 手锯在前推时才起切削作用，因此锯条安装应使齿尖的方向朝前，如图 1.29(a)所示。如果装反了，如图 1.29(b)所示，就不能正常锯削。

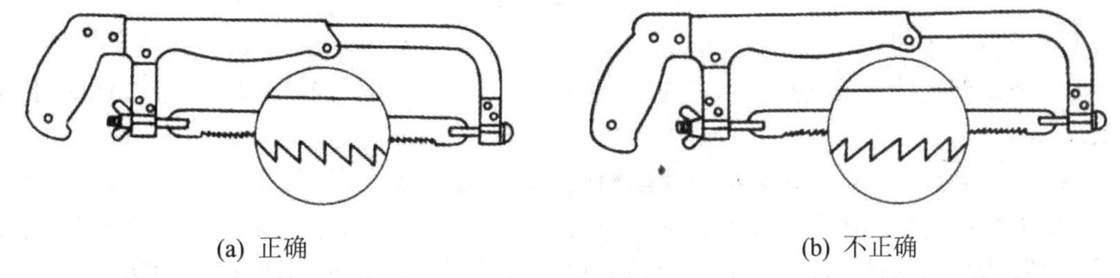

(a) 正确　　(b) 不正确

图 1.29　安装锯条

② 锯条松紧要适度，太松会使锯条在锯削时发生扭曲而折断，同时锯缝易歪斜；太紧则锯条受预拉伸力过大，在锯削中稍有阻力发生弯曲时，容易崩断。其松紧程度可用手扳动锯条，以感觉硬实即可。

③ 锯条安装好后，要保证锯条平面与锯弓中心平面平行，不得倾斜、扭曲，否则，锯

削时锯缝极易歪斜。

(2) 夹持工件。

锯削加工时锯条和工件的安装方法

① 工件一般应夹在台虎钳的左面(右手握锯)，以便操作；工件伸出钳口不应过长，应使锯缝离开钳口侧面约 10～20 mm，防止工件在锯削时产生振动过大。

② 锯缝线要与钳口侧面保持平行(使锯缝线与铅垂线方向一致)，便于控制锯缝不偏离划线线条；夹紧要牢靠，同时要避免将工件夹变形和夹坏已加工面。

(3) 起锯方法：起锯是锯削工作的开始，起锯质量的好坏，直接影响锯削质量。起锯有远起锯和近起锯两种，起锯时操作方法如图 1.30 所示。

① 左手拇指靠住锯条，使锯条正确地锯在需要的位置上，起锯角 θ 约为 15°。

② 右手控制行程要短，压力要小，速度要慢。

③ 远起锯时，朝前正向推锯；近起锯时，朝后负向拉锯，当锯到槽深 1～2 mm，锯条已不会滑出槽外、不会卡住锯齿时，左手拇指可离开锯条，扶正锯弓逐渐使锯痕向后(向前)成为水平时，然后往下正常锯削。

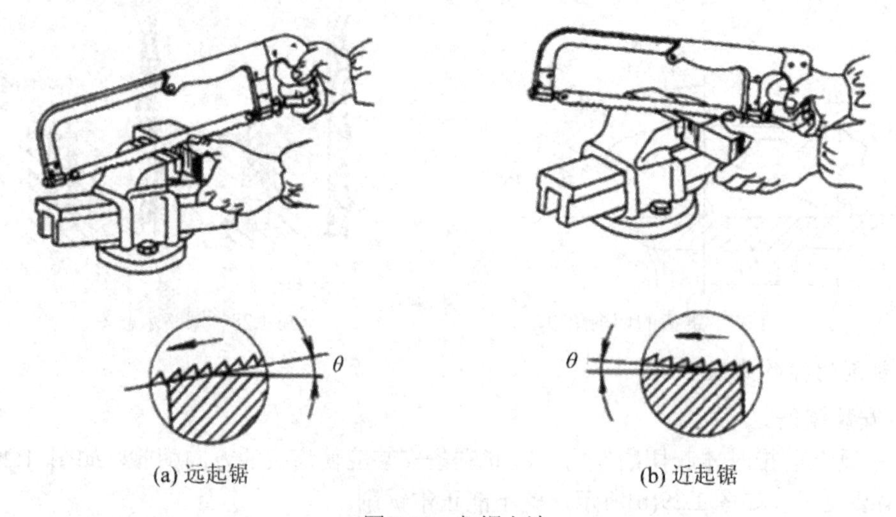

(a) 远起锯　　(b) 近起锯

图 1.30　起锯方法

(4) 锯削的姿势。

① 手锯握法。右手满握锯柄，左手五指张开，轻扶在锯弓前端圆弧部位，如图 1.31 所示。

② 站立姿势和身体摆动姿势与锉削相似，摆动要自然，如图 1.32 所示。

③ 锯削运动时的压力和速度。推力和压力由右手控制，左手主要配合右手扶正锯弓，压力不要过大。向前推锯时施加一定的压力，速度慢些；回锯时不加压力，速度快些。一般情况下，锯削频率应在 20～40 次/分，在即将锯透时要减小压力。

④ 运动轨迹。锯削运动应使锯条的全部或绝大部分有效齿在每次行程中都参加切削，一般采用小幅度的上下摆动式运动和直线运动。对锯缝底面要求平直的锯削，必须采用直线运动。

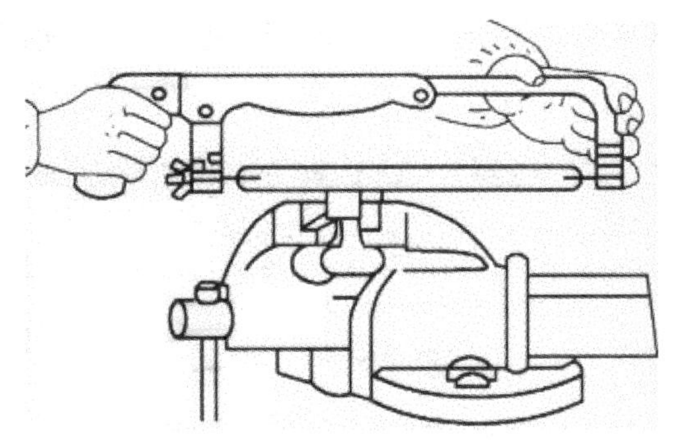

图 1.31　手锯的握法

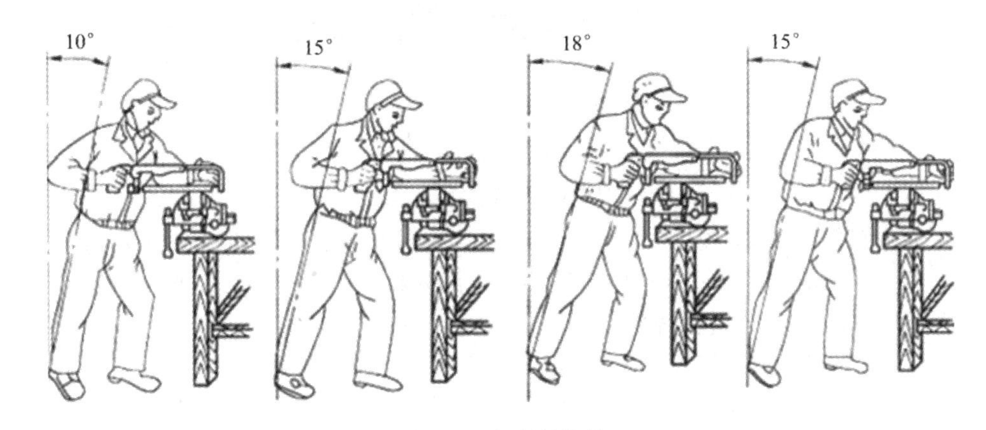

图 1.32　锯削的姿势

3) 锯削注意事项

(1) 锯条要装得松紧适当，锯削时不要突然用力过猛，防止在工作过程中锯条折断从锯弓上崩出来伤人。

(2) 起锯时要留有加工余量，避免损伤工件表面。

(3) 工件将要锯断时，压力要小，避免压力过大使工件突然断开，手向前冲造成事故。一般情况下当工件将要锯断时，可用左手扶住工件断开部分，避免断掉的工件掉下砸伤脚。

锯削加工的操作方法

2. 钻孔

用钻头在实体材料上加工孔的操作叫钻孔。如图 1.33 所示，用钻床钻孔时，工件装夹在钻床工作台上固定不动，钻头一面旋转(切削主运动)，一面沿钻头轴线向下做直线运动(进给运动)。由于钻头的刚性和精度都较差，故钻孔的加工精度不高，一般为 IT10～IT9，表面粗糙度≥12.5 μm。

1) 麻花钻

麻花钻是最常用的一种钻头，它的钻身带有螺旋槽且端部具有切削能力。标准的麻花钻由柄部、颈部及工作部分等组成，如图 1.34 所示。

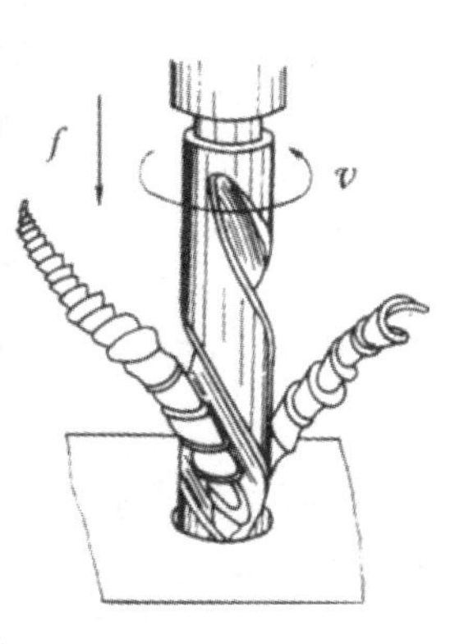

图 1.33　钻孔

麻花钻的基本形状有锥柄麻花钻(见图 1.34(a))、直柄麻花钻(见图 1.34(b))两种。

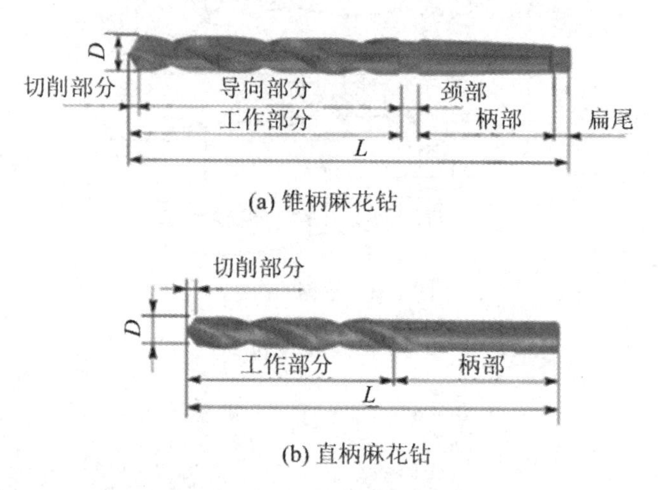

图 1.34　麻花钻的组成

(1) 工作部分。工作部分由切削部分和导向部分组成，分别起切削和导向作用。

(2) 颈部。颈部在锥柄麻花钻中起连接工作部分和柄部的作用，一般在颈部标注生产厂家、商标、钻头直径、材料牌号等。

(3) 柄部。柄部起装夹麻花钻的作用。一般直径小于ϕ13 的钻头是直柄麻花钻，其柄部标注商标、钻头直径、材料牌号等；锥柄麻花钻由莫氏标准锥体和扁尾组成，分别起安装、拆卸麻花钻的作用。

安装直柄麻花钻时，用带锥柄的钻夹头夹紧直柄麻花钻柄部即可。钻夹头有自紧式和普通扳手式两种，其外形如图 1.35 所示。

安装钻头时，先转动钻夹头旋转套，使钻夹头三爪张开至稍大于钻头直径，将钻头并插入三爪内，反向转动旋转套以夹紧钻头。扳手式钻夹头需要用扳手夹紧钻头；自紧式钻夹头只需转动旋转套即可夹紧钻头。

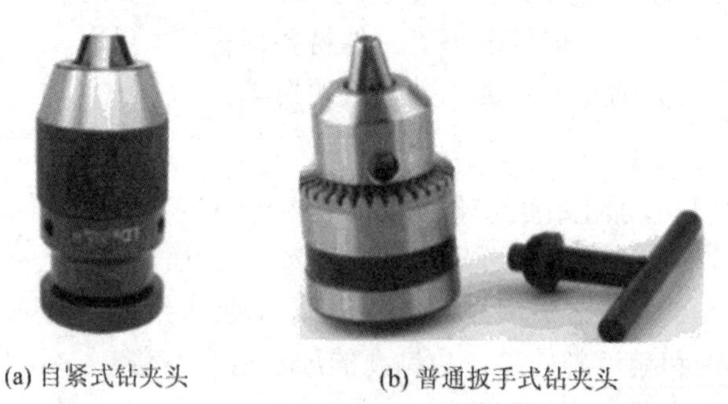

(a) 自紧式钻夹头　　(b) 普通扳手式钻夹头

图 1.35　钻夹头

2) 钻床——台式钻床

台式钻床可安放在专用工作台上，是主轴垂直布置的小型钻床，简称台钻，如图 1.36 所示。台钻体积小巧，操作简便，其主轴变速一般通过改变三角带在塔型带轮上的位置来实现，主轴进给靠手动操作。

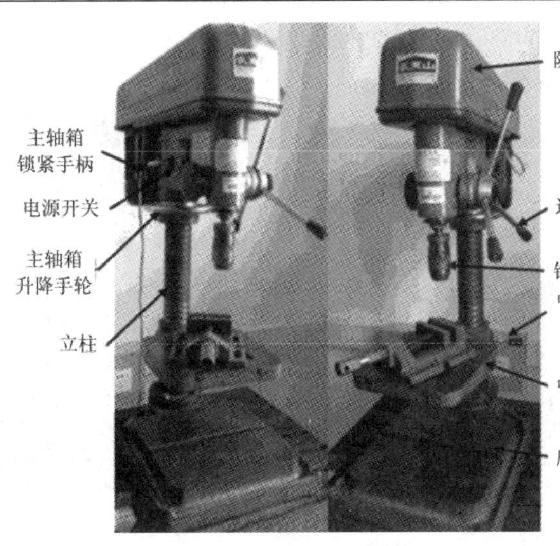

图 1.36　台钻

台钻的结构和操作方法

台钻的钻夹头用于装夹钻头。一般使用平口钳装夹工件，平口钳放置在中间工作台上。台钻的主轴箱可沿立柱上下移动，松开主轴箱锁紧手柄并转动主轴箱升降手轮，可使主轴箱上下移动，用来调整钻头和工件之间的距离。台钻的中间工作台也可沿立柱上下移动，并在水平平面内绕立柱转动，用以调整工件和钻头之间的位置，当工件较高时，可将中间工作台旋转至左侧或右侧，工件放在底座工作台上进行加工。

3) 钻孔切削用量的选择

切削速度(v_c)：钻孔时的切削速度是指麻花钻主切削刃外缘处的线速度。

用高速钢麻花钻钻钢料时，切削速度一般取 15～30 m/min；钻铸铁材料时，切削速度稍低一些，一般取 10～25 m/min。根据切削速度的计算公式，直径越小的钻头，主轴转速应越高。

4) 钻孔的操作方法

钻孔时打样冲孔的操作方法

(1) 在工件上按图样尺寸划出孔中心位置线。

(2) 打样冲孔。用样冲(如图 1.37 所示)打样冲孔时，左手捏住样冲，先倾斜样冲(易于观察)，使样冲尖对正孔中心位置线，如图 1.38(a)所示；再将样冲缓慢扶正成垂直状态，捏紧样冲，用钳工锤轻敲样冲，在工件孔中心位置冲出一浅坑，如图 1.38(b)所示，这时观察样冲孔是否与孔中心线重合。如果重合，则再次用样冲将样冲孔扩大；如果样冲孔位置有偏差，则要及时进行修正，如图 1.38 所示。

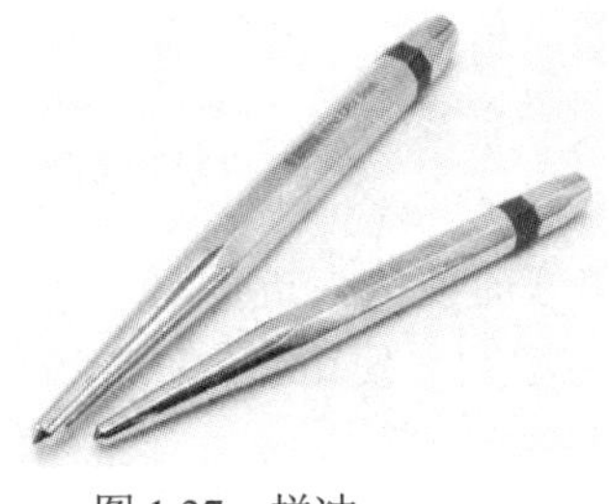

图 1.37　样冲

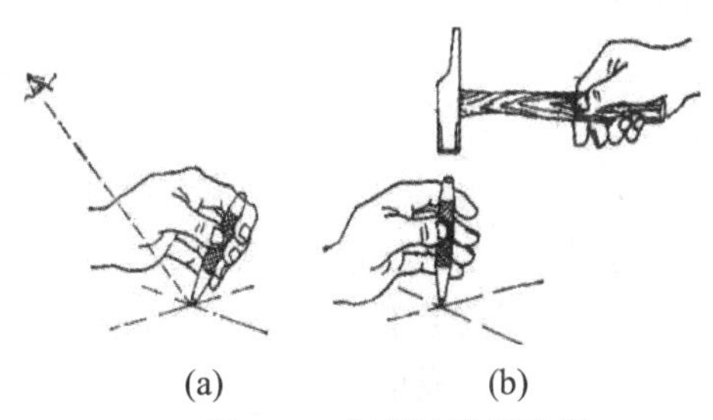

图 1.38　打样冲孔示意图

(3) 用平口钳装夹工件，可用图 1.39 所示的钳口带阶台的平口钳装夹工件，或用图 1.40 所示的垫铁支撑装夹工件，空出钻孔位置。

图 1.39　钳口带阶台的平口钳

图 1.40　用垫铁支撑装夹工件

(4) 安装钻头。

(5) 启动钻床，右手握住钻床进给手柄，左手握住平口钳手柄，移动平口钳，使样冲孔与钻头旋转中心对正重合；然后转动进给手柄，钻孔。

5) 钻削时注意事项

(1) 孔的位置精度要求较高时，可先用中心钻或定心钻钻出定位孔，如图 1.41 所示。

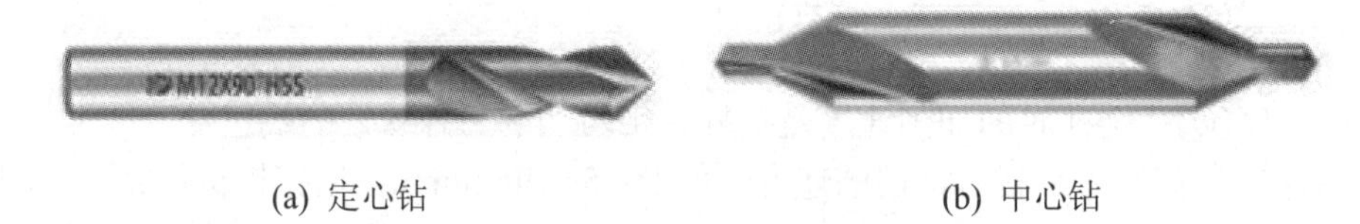

(a) 定心钻　　(b) 中心钻

图 1.41　定心钻和中心钻

(2) 手动进给时，进给用力适中，不应使钻头产生弯曲现象，以免钻孔轴线歪斜，如图 1.42 所示。

图 1.42　钻孔时轴线的歪斜

(3) 钻小直径孔或深孔时要经常退钻排屑，以免切屑阻塞而使钻头扭断。

(4) 钻孔将要穿透时，进给力必须减小，以防切削抗力增大，使钻头折断，或使工件随着钻头的转动而造成事故。

(5) 为了使钻头散热冷却，提高钻头寿命和改善加工孔表面的质量，钻孔时要加注足够的切削液。钻钢件时，可用 3%～5%的乳化液；钻铸铁件时，一般可不加或用 5%～8%的乳化液连续加注。

(6) 开动钻床前，应检查是否有钻夹头钥匙或有斜铁插在主轴上。

(7) 钻孔时要时常抬起钻头排屑，不可用手、棉纱头或用嘴吹来清除，必须用毛刷清除切屑；当钻出长条切屑时，要用钩子钩断再清除。

(8) 操作者的头部不准与旋转着的主轴靠得太近。

(9) 停车时应让主轴自然停止，不可用手刹住，也不能采用反转制动。

(10) 严禁在开车状态下装拆工件；必须在停车状态下进行检验工件和变换主轴转速。

技能训练

加工如图 1.43 所示工件的阶台和直角槽。

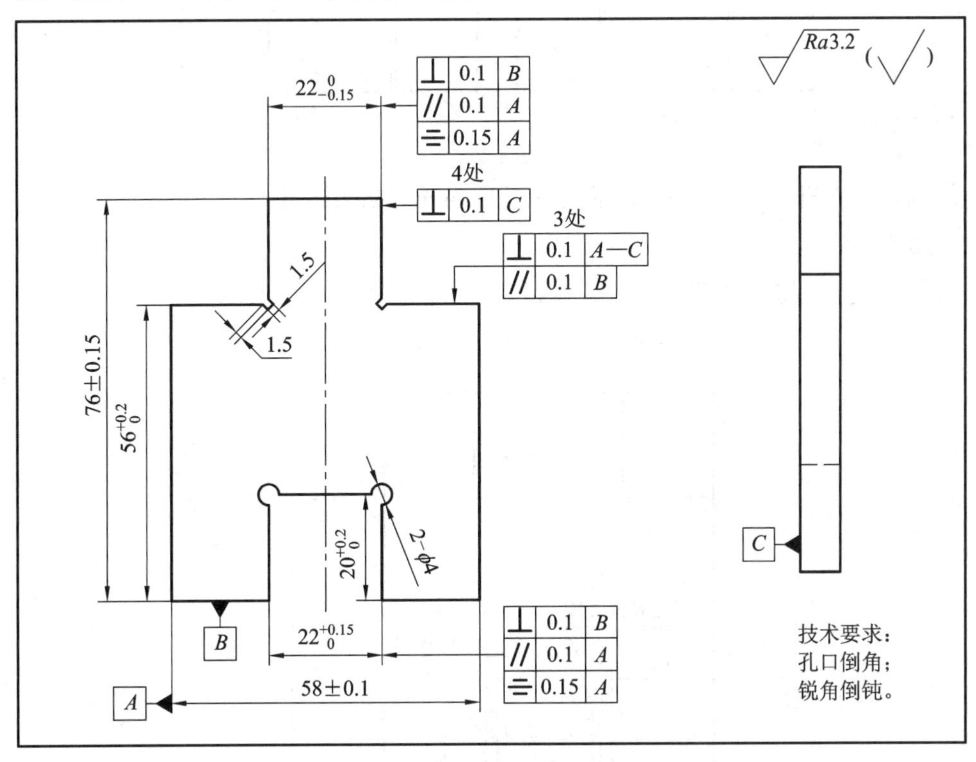

图 1.43　阶台和直角槽练习图

1. 工艺分析

(1) 图样分析。阶台的宽度和槽的宽度均为 22 mm，公差为 0.15 mm；阶台的高度为 56 mm；槽的深度 20 mm，公差为 0.2 mm；阶台有 1.5 mm×1.5 mm 清根槽 2 处，槽底有 2—ϕ4 清根工艺孔。

表面粗糙度：均为 Ra3.2 μm。

形位公差：垂直度、平行度、对称度。

(2) 对称度的保证。为保证通阶台和槽对于基准 A 的对称度，需实测预制件的尺寸公差，再用实测的尺寸减去中间凹槽的尺寸，将差值除以 2，得到的数值即为两边阶台的尺寸。

例如：实测基本尺寸 58 mm 的实际尺寸为 58.08 mm，求槽的两侧壁厚应加工到的尺寸。(58.08−22)/2=18.04 mm，即槽的两侧壁中的一个厚度尺寸控制在 $18.04^{0}_{-0.075}$ mm，中间的凹槽控制在公差范围内即可保证对称度要求；同理，阶台的两侧宽度尺寸控制在 $18.04^{+0.075}_{0}$ mm 即可。

(3) 选择刀具。

① 加工阶台：可先用手锯锯削余料，再用锉刀进行精加工。

② 加工凹槽：可先钻排孔，再用手锯锯削，然后敲断去掉多余材料的方法，如图 1.44(a)所示；或者用手锯锯削余料，如图 1.44(b)所示，再用锉刀进行精加工。

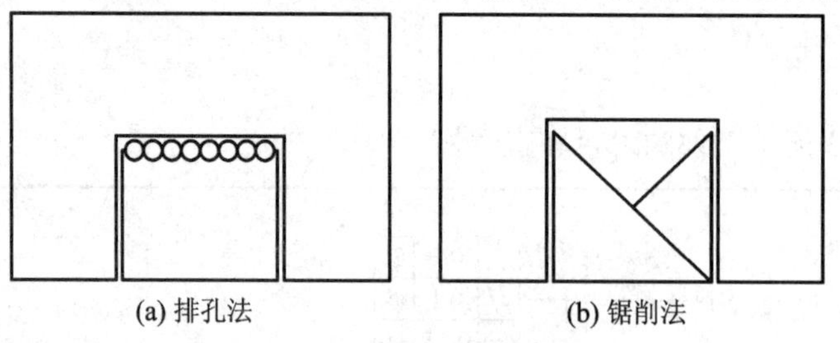

图 1.44　凹槽去除余料方法

③ 清根：斜槽用手锯锯削；清根工艺孔用 ϕ4 mm 钻头钻出。

2. 加工

(1) 用高度尺划锯削线和工艺孔、排料孔中心位置线，如图 1.45 所示。

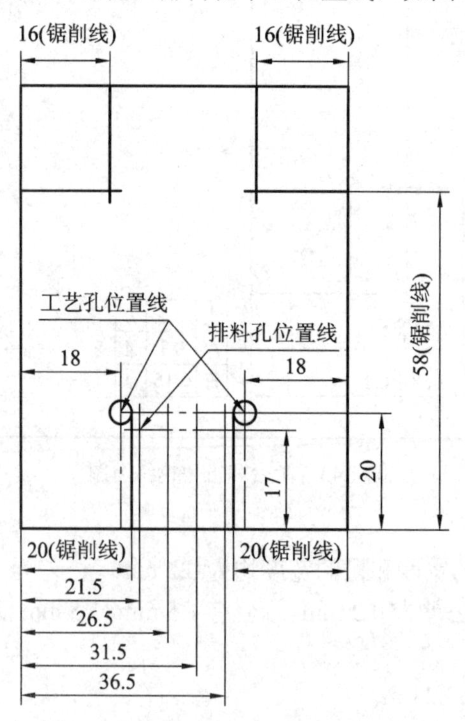

图 1.45　锯削线、排料孔位置尺寸示意图

(2) 在工艺孔、排料孔中心位置打样、冲孔。

(3) 钻 2 个 ϕ4 mm 工艺孔、4 个 ϕ4.5 mm 排料孔。

(4) 用手锯按照锯割线锯削台阶垂直面和水平面；锯削凹槽垂直面。

(5) 用钳工锤敲断凹槽的余料部分。

(6) 去除毛刺，划阶台和凹槽尺寸线。

(7) 锯削阶台、清根斜槽(同时安装 2 根锯条)。

(8) 锉削阶台的一侧，保证 56 mm 尺寸及一侧宽度尺寸 18 mm。

(9) 锉削阶台另一侧 56 mm 尺寸，保证阶台宽度 22 mm 至图样要求。

(10) 锉削凹槽底面及一侧垂直面，保证壁厚尺寸。

(11) 锉削凹槽另一侧垂直面，保证槽宽 22 mm 至图样要求。

(12) 去毛刺，测量。

加工图 1.43 所示工件的加工过程和注意事项

3. 注意事项

(1) 钻出排孔和工艺孔后再进行锯削加工。

(2) 锉削阶台和凹槽前，必须测量工件 58 mm 实际尺寸，计算阶台宽度、凹槽壁厚的尺寸，以保证阶台和凹槽的对称度。

(3) 锉削阶台和凹槽，在加工垂直面时，要防止锉刀侧面碰坏另一垂直侧面，因此必要时将锉刀一侧用砂轮进行修磨，并使其与锉刀面夹角略小于 90° (锉内垂直面时)。

(4) 在加工过程中要及时测量尺寸并观察，以保证加工质量。

工作任务四　铰孔和攻螺纹

训练内容

铰孔和攻螺纹。精度要求较高的孔需要在钻孔后再用铰刀进行精加工，以达到较高的精度。内螺纹是零件加工中常见且重要的内容，加工内螺纹(攻螺纹)是钳工装配和加工操作中必须掌握的技能。

知识与技能目标

(1) 了解螺纹的基本参数。

(2) 掌握铰孔底孔和螺纹底孔直径的计算。

(3) 掌握内螺纹加工(攻螺纹)的操作方法。

(4) 掌握铰孔的操作方法。

相关理论知识

1. 三角形螺纹

三角形普通螺纹的应用非常广泛，其分为普通粗牙螺纹和普通细牙螺纹，牙型角均为

60°。普通粗牙螺纹用字母“M”及公称直径来表示，如 M10、M24 等；普通细牙螺纹用字母“M”、公称直径后加“×螺距”来表示，如 M10×1、M24×2 等。

普通三角形外螺纹的基本牙型如图 1.46 所示，其基本要素的计算公式及实例见表 1.2，图和表中的 P 为螺纹的螺距。

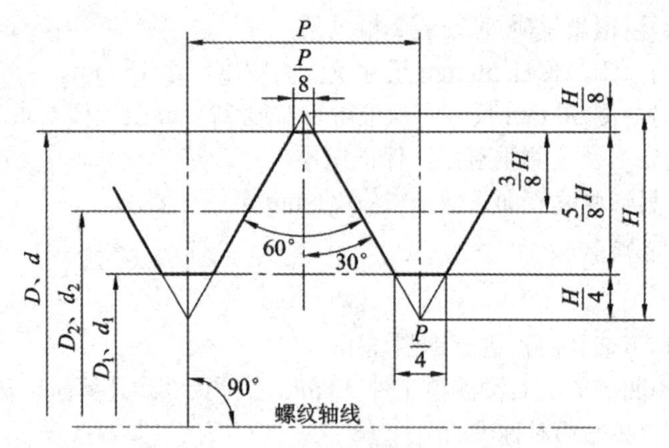

图 1.46　普通三角形外螺纹的基本牙型

表 1.2　普通三角形外螺纹基本要素的计算公式及实例　　mm

基本要素	计算公式	实例：求 M30×2 基本要素尺寸
牙型角(α)	$\alpha = 60°$	$\alpha = 60°$
螺纹大径(d)	d = 公称直径	$d = 30$
牙型高度(h_1)	$h_1 = 0.5413P$	$h_1 = 0.5413 \times 2 = 1.0826$
螺纹小径(d_1)	$d_1 = d - 1.0825P$	$d_1 = 30 - 1.0825 \times 2 = 27.835$
螺纹中经(d_2)	$d_2 = d - 0.6495P$	$d_2 = 30 - 0.6495 \times 2 = 28.701$

2. 攻螺纹(攻丝)

用丝锥在孔中切削出内螺纹的加工方法，称为攻螺纹(攻丝)，如图 1.47 所示。

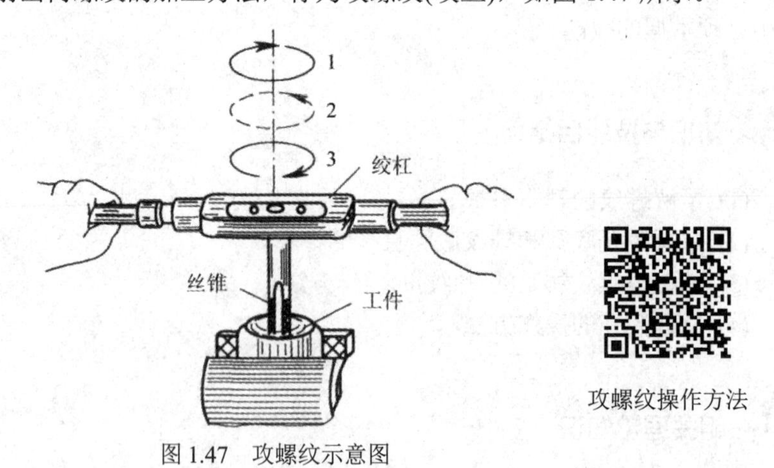

图 1.47　攻螺纹示意图

1) 丝锥

(1) 丝锥的结构。丝锥分为手用丝锥和机用丝锥两种，如图 1.48 所示。丝锥由柄部和工作部分组成。柄部是攻螺纹时被夹持的部分，起传递扭矩的作用；工作部分由切削部分 L_1 和校准部分 L_2 组成，切削部分起切削作用；校准部分有完整的牙形，用来修光和校准已切出的螺纹，并引导丝锥沿轴向前进。

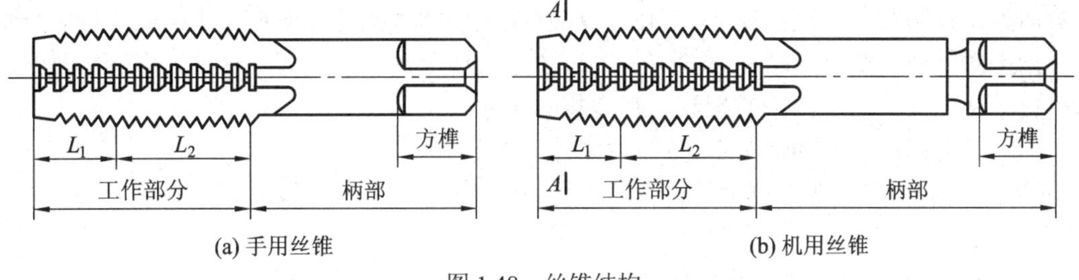

(a) 手用丝锥　(b) 机用丝锥

图 1.48　丝锥结构

(2) 成组丝锥。攻螺纹时，为了减小切削力和延长丝锥寿命，一般将整个切削分配给几支丝锥来承担。通常 M6～M24 丝锥每组有两支，M6 以下及 M24 以上的丝锥每组有三支，细牙螺纹丝锥为两支一组。成组丝锥切削量的分配形式有锥形分配和柱形分配两种，如图 1.49 所示。

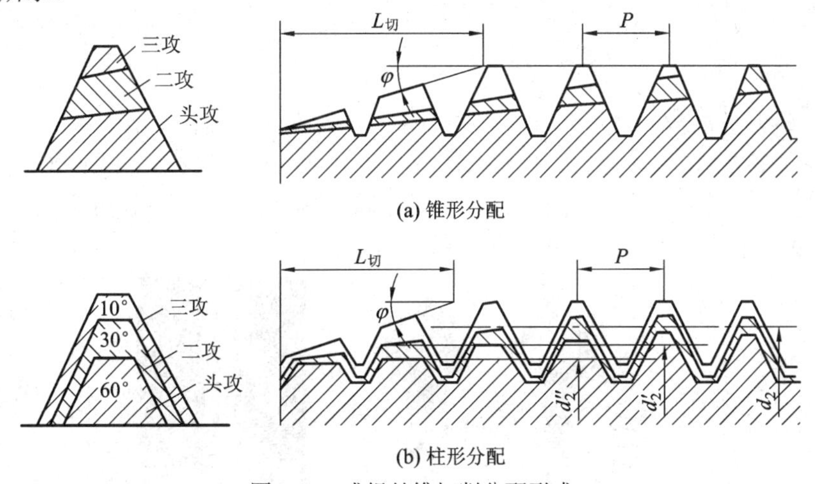

图 1.49　成组丝锥切削分配形式

2) 铰杠

铰杠也称为丝锥扳手，是手工攻螺纹时用来夹持丝锥的工具。铰杠分为普通铰杠(图 1.50)和丁字形铰杠(图 1.51)两类。使用铰杠时，可转动铰杠手柄，调整夹块夹住丝锥的方榫位置。

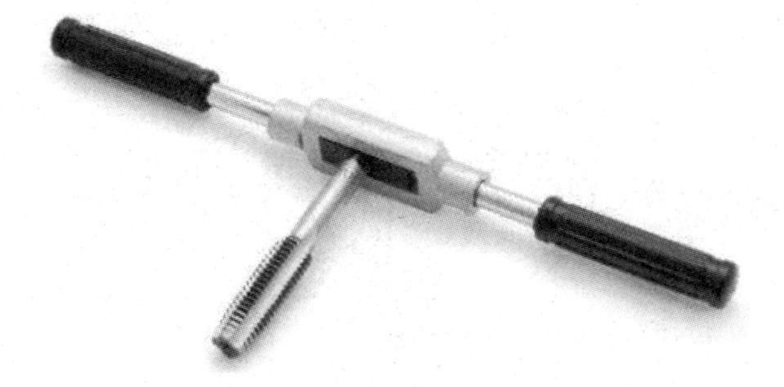

图 1.50　普通铰杠

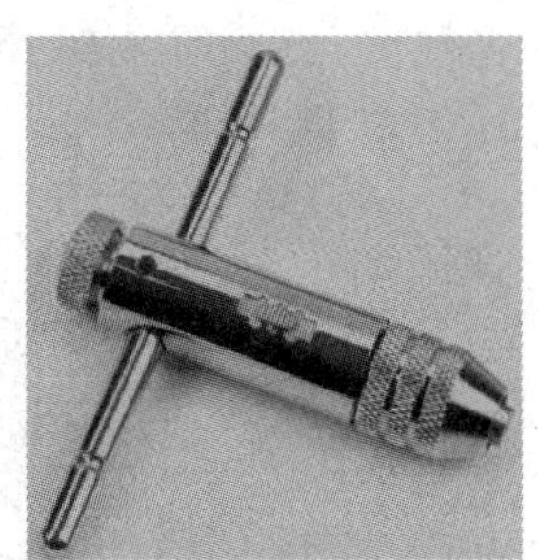

图 1.51　丁字形铰杠

3) 攻螺纹前底孔直径的确定

攻螺纹时，丝锥对金属层有较强的挤压作用，使攻出螺纹的小径小于底孔直径，此时，如果螺纹牙顶与丝锥牙底之间没有足够的容屑空间，丝锥就会被挤压出来的材料箍住，易造成崩刃、折断和螺纹烂牙现象。因此，攻螺纹之前的底孔直径应稍大于螺纹小径。一般应根据工件材料的塑性和钻孔时的扩张量来考虑，使攻螺纹时既有足够的空隙容纳被挤出的材料，又能保证加工出来的螺纹具有完整的牙形。

加工普通螺纹底孔的钻头直径计算公式如下：

① 加工钢和其他塑性较大的材料的内螺纹，扩张量中等，采用以下公式计算：

$$D_{底} = D - P \tag{1.1}$$

② 加工钢和其他塑性较大的材料，M12 以下的螺纹可采用以下近似公式计算：

$$D_{底} = 0.85D \tag{1.2}$$

③ 对铸铁和其他塑性较小的材料，扩张量较小，可采用以下公式计算：

$$D_{底} = D - (1.05\sim1.1)\ P \tag{1.3}$$

式中：$D_{底}$——螺纹底孔钻头直径(mm)；

D——螺纹大径(mm)；

P——螺距(mm)。

4) 攻螺纹的操作要点

(1) 划线，钻底孔。按确定的攻螺纹的底孔直径和深度钻底孔，并用 90° 锪孔(倒角)钻将孔口倒角，如图 1.52 所示。通孔螺纹两端都需要倒角，倒角处直径可略大于螺孔大径，这样便于丝锥顺利切入，并可防止孔口挤压出凸边。

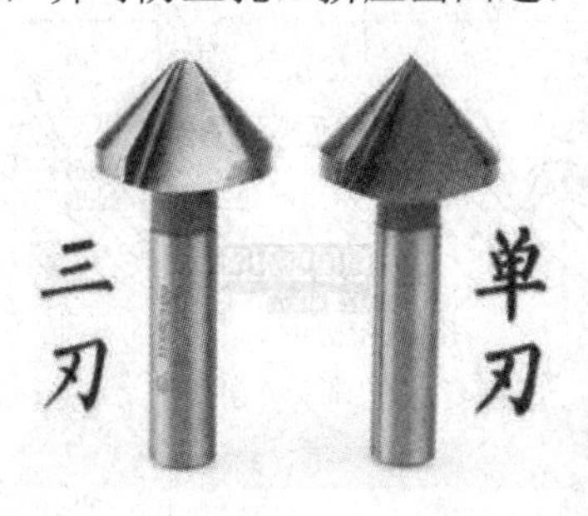

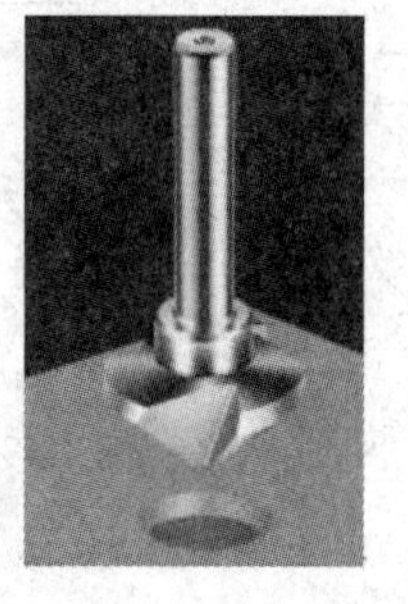

图 1.52　锪孔钻倒角

(2) 用头锥起攻。起攻时，可一手用手掌按住铰杠中部沿丝锥轴线用力加压，另一手配合做顺向旋进；或两手握住铰杠两端均匀施压，并将丝锥顺向旋进，保证丝锥中心线与孔中心线重合，如图 1.53 所示。

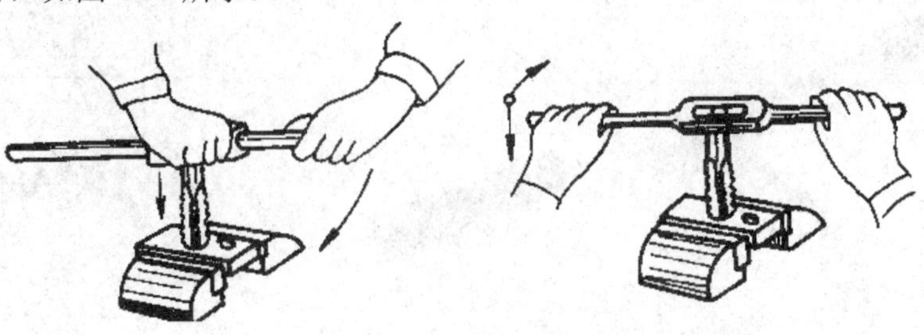

图 1.53　起攻方法

(3) 当丝锥攻入 1～2 圈时，应及时从前后、左右两个方向目测或借助小直角尺检查丝锥与工件表面的垂直度，并不断校正，直至达到要求，如图 1.54 所示。

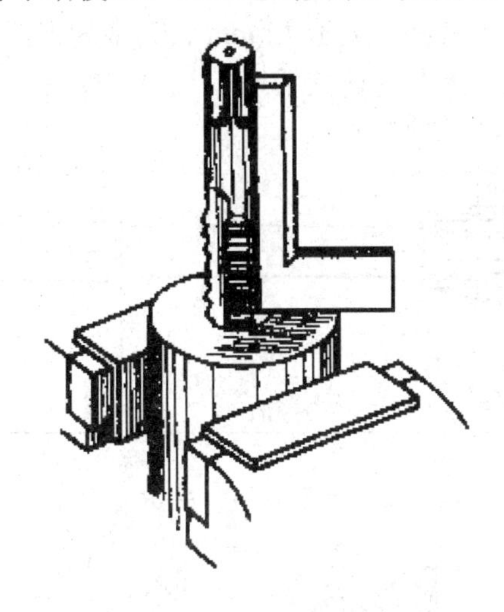

图 1.54 垂直度检查

(4) 当丝锥的切削部分全部进入工件时，就不需要再施加压力了，而是靠丝锥做自然旋进进行切削。此时，两手旋转用力要均匀，并要经常倒转 1/4～1/2 圈，进行断屑和排屑，避免因切屑阻塞而使丝锥卡住或折断，如图 1.47 所示。

(5) 攻螺纹时，必须采用头锥、二锥、三锥顺序攻削，逐步达到标准尺寸。

(6) 攻韧性材料的螺孔时，要施加合适的切削液。攻钢件时用机油，螺纹质量要求高时可用工业植物油，攻铸铁件时用煤油。

(7) 攻不通孔时，可在丝锥上做好深度标记，并要经常退出丝锥，清除留在孔内的切屑。否则会因切屑堵塞易使丝锥折断或螺孔达不到深度要求。

3. 铰孔

1) 铰刀

铰孔是用铰刀对已粗加工的中小直径的孔进行精加工的方法。其加工精度可达 IT6～IT8 级，表面质量可达 *Ra*1.6～0.4 μm，加工效率较高，是精加工孔的常用方法之一。

钳工操作使用的铰刀按照使用方式可分为手铰刀和机铰刀，如图 1.55 所示。手铰刀用铰杠装夹，以手动旋转方式进行加工；机铰刀一般用钻夹头装夹，在钻床上进行铰孔加工。

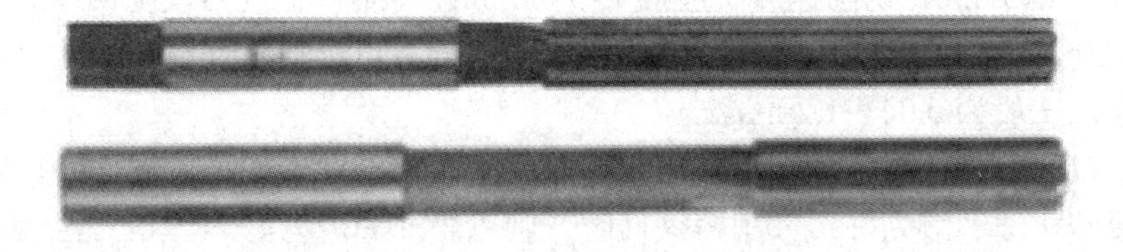

图 1.55 手用铰刀(上)和机铰刀(下)

铰刀齿数多(标准铰刀有 4～12 齿)，槽底直径大(容屑槽浅)、导向性及刚性好。在铰孔之前，被加工孔一般需经过钻孔或钻孔、扩孔加工。

铰刀切削部分的直径已标准化，根据其偏差不同可分为 H6、H7、H8 和 H9 几种规格，选择刀具时要根据图样要求合理选择。

机用铰刀切削部分的材质主要有高速钢和硬质合金两种；手用铰刀由高速钢制成。

机用铰刀小直径铰刀多为直柄，大于 12 mm 铰刀多为锥柄。如图 1.56 和图 1.57 所示为机用铰刀和手铰刀的结构组成和几何关系。

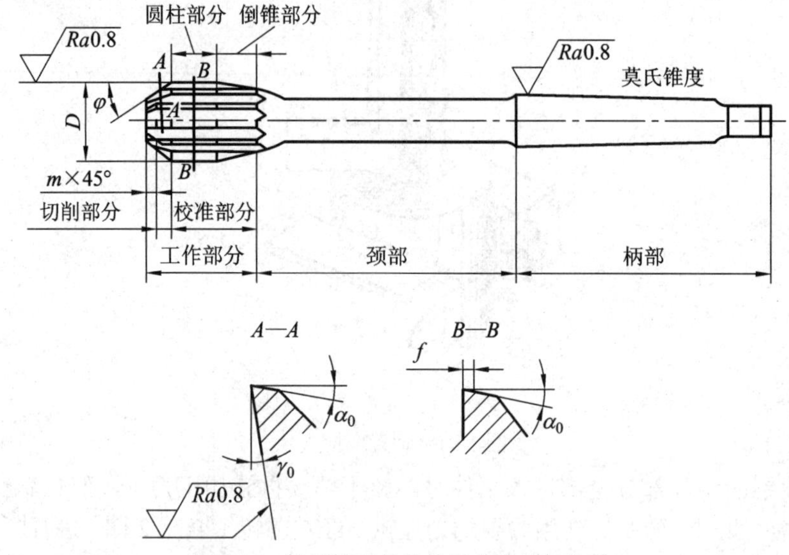

图 1.56　机用铰刀的结构组成和几何关系

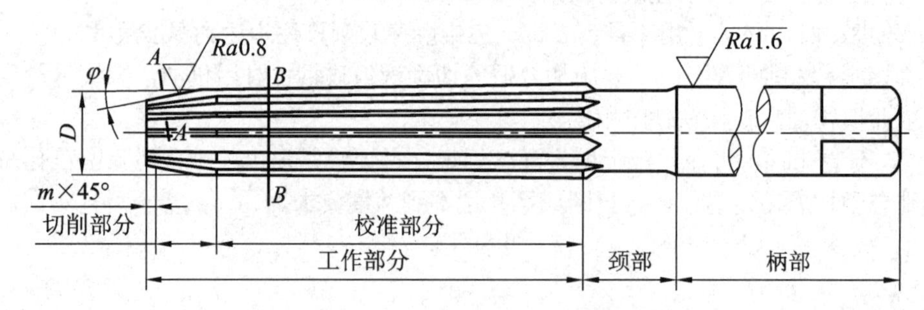

图 1.57　手铰刀的结构组成和几何关系

2) 铰孔的切削用量

铰刀的结构特征和用途决定了铰孔的铰削余量和切削速度不能太大，是根据铰孔精度、孔的表面粗糙度、孔径大小和铰刀、工件材料而定。例如，高速钢铰刀铰削钢件时，铰削余量为 0.08～0.15 mm，切削速度一般取 v=5 m/min；硬质合金铰刀铰削钢件时，铰削余量为 0.15～0.20 mm，切削速度一般取 v=5 m/min。进给量可根据工件材料、孔径和表面质量等因素而定，一般为 0.04～1.2 mm/r。

为提高铰孔质量，需施加润滑效果较好的切削液，不宜干切。铰钢件时，以浓度较高的乳化液或硫化油润滑为好；铰削铸铁件时，则以煤油润滑为好。

3) 铰孔的操作要点

(1) 工件要夹正，手铰时，用铰杠装夹铰刀，将铰刀插入预制的底孔内，两手握住铰杠的手柄，用力下压的同时按顺时针方向转动铰杠进行铰削，两手用力要均衡，铰刀不得摇摆，避免在孔口处出现喇叭口或将孔径扩大。如图 1.58 所示为手动铰孔示意图。

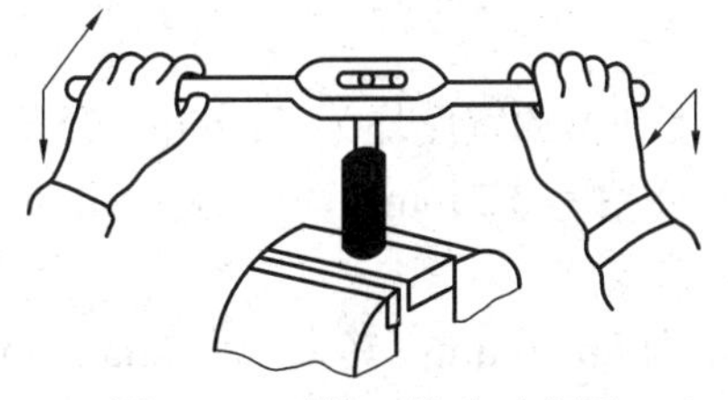
图 1.58　手铰刀铰孔示意图

铰孔的操作方法

(2) 随着铰刀旋转，两手轻轻加压，使铰刀均匀进给；当两手交替转动时，要变换每次间歇停止的位置，以消除铰刀常在同一处停歇而造成的振痕。

(3) 铰孔时，不论进刀还是退刀都不能反转，以防止刃口磨钝及切屑卡在刀齿后面与孔壁间，将孔壁划伤。

(4) 铰削钢件时，要注意清除粘在刀齿上的切屑。

(5) 铰削过程中如果铰刀被卡住，不能用力扳转铰刀，以防损坏。而应取出铰刀，待清除切屑、加注切削液后再进行铰削。

(6) 机铰时，应使工件一次装夹进行钻孔、扩孔、铰孔，以保证孔的加工位置。铰孔完成后，要待铰刀退出后再停车，以防将孔壁拉出痕迹。

技能训练

铰孔和攻丝。加工如图 1.59 所示零件图中的 2-ϕ8H7 孔和 2-M8 螺纹孔。

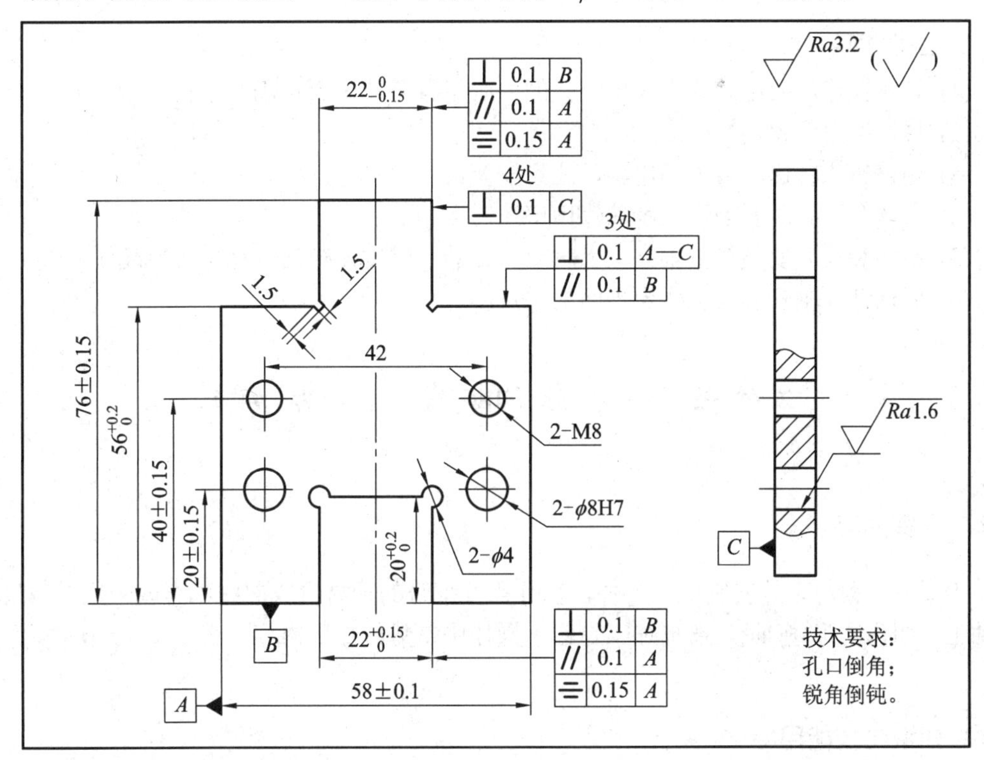

图 1.59　凹凸件

1. 工艺分析

(1) 图样分析。阶台的宽度和槽的宽度均为 22 mm，公差为 0.15 mm；阶台的高度为 56 mm，槽的深度为 20 mm，公差为 0.2 mm；阶台有 1.5 mm × 1.5 mm 清根槽 2 处，槽底有 2-ϕ4 清根工艺孔。

表面粗糙度：2—ϕ8H7 孔为 Ra1.6 μm；其余均为 Ra3.2 μm。

(2) 选择刀具。

① 加工ϕ8H7 孔，根据铰削余量 0.08～0.15 mm，可选择ϕ7.8 钻头钻铰削底孔，用ϕ8H7 手铰刀和机铰刀铰孔。

② 加工 2-M8 螺纹，根据螺纹底孔计算公式，可选择ϕ6.8(8 × 0.85)钻头钻螺纹底孔，用 M8 手用丝锥攻内螺纹。

(3) 切削用量的确定。根据切削速度计算公式计算选择，钻孔时钻头转速约为 600 r/min；锪孔倒角时的转速约为 200 r/min；机用铰孔时转速约为 200 r/min。

2. 加工步骤

(1) 用高度尺按照图样尺寸划孔的位置线，打样冲孔。

(2) 用ϕ6.8 钻头、ϕ7.8 钻头各钻 2 个孔。

(3) 用锪孔钻给孔口倒角，螺纹孔倒角直径大于 8 mm。

(4) 用手用丝锥攻 M8 螺纹。

(5) 用ϕ8H7 手铰刀手动方式铰一个孔；用ϕ8H7 机铰刀在钻床上采用机铰方式铰一个孔。

3. 注意事项

(1) 划线完毕，要用游标卡尺检查孔的中心位置尺寸是否正确。

(2) 打样冲眼位置要准确。

(3) 调整钻床转速时要关闭电源，注意安全。

(4) 攻丝和铰孔时要加注切削油(切削液)。

(5) 钻头和铰刀安装在主轴夹头上时要保证装夹精度，径向跳动量不能超过 0.05 mm。

(6) 要保证主轴轴线与工作台平面的垂直度。

工作任务五　薄钢板弯形(弯曲)加工

训练内容

用板料、条料、棒料制成的零件，往往需要把直的钢材弯成曲线或弯成一定的角度，这种工作叫作弯形(弯曲)。弯形加工是钳工操作中常见的加工内容。

知识与技能目标

(1) 了解弯形(弯曲)加工。

(2) 了解弯形坯料中性层长度的计算。

(3) 掌握简单钣金零件的弯曲操作。

相关理论知识

1. 弯形的概念

用板料、条料、棒料制成的零件，往往需要把直的钢材弯成曲线或弯成一定的角度，这种工作叫作弯形。

弯形工作是使材料产生塑性变形，因此只有塑性好的材料才能弯形。弯曲变形的特点可通过采用弯曲前在板材侧面设置正方形网格，观察弯曲前后网格的变化来获得，其弯曲前后网格的变化情况如图 1.60 所示。如图 1.60(a)所示为弯形前的钢板，如图 1.60(b)所示为钢板弯形后的情况。它的外层材料伸长(如图 1.61 中 *e*—*e* 和 *d*—*d*)，内层材料缩短(如图 1.61 中 *a*—*a* 和 *b*—*b*)，而中间一层材料(如图 1.60 中 *c*—*c*)在弯形时长度不变，这一层叫作中性层。

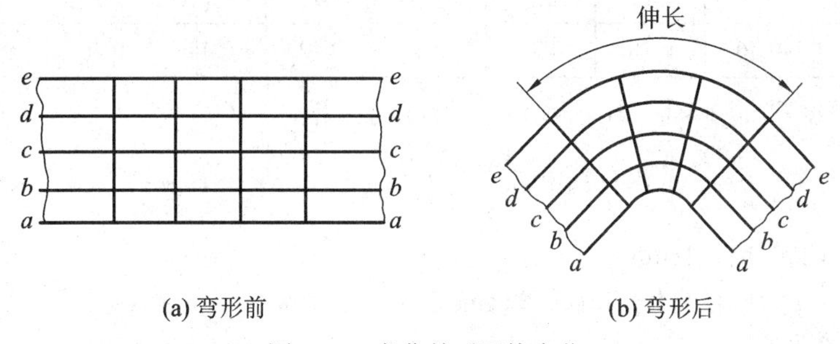

图 1.60　弯曲前后网格变化

2. 弯曲毛坯长度的计算

板料弯曲时，弯曲件毛坯展开尺寸准确与否，直接关系到所弯工件的尺寸精度。坯料经弯形后，只有中性层的长度不变，因此计算弯形工件坯料长度时，可按中性层的长度进行计算。但当材料变形后，中性层并不在材料的正中，而是偏向内层材料一边，如图 1.61 所示。实验证明，中性层的实际位置与材料的弯曲半径 *r* 和材料的厚度 *t* 有关。

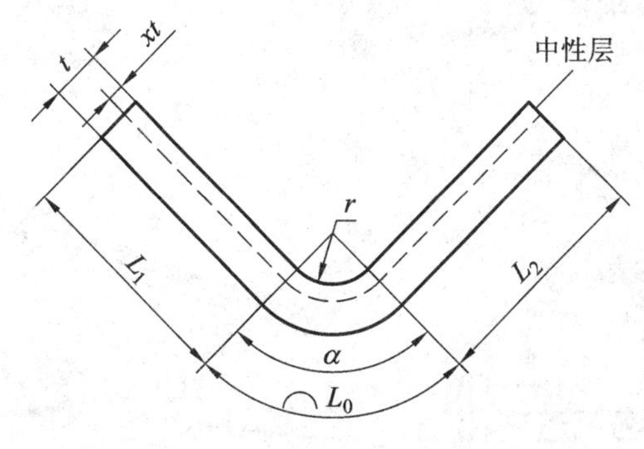

图 1.61　弯曲半径与弯曲角

r/*t* 值愈小，变形愈大；反之，*r*/*t* 值愈大，变形愈小(*r* 为弯曲半径，*t* 为材料厚度)；弯曲角 α 愈小，变形愈大；反之，弯曲角 α 愈大，变形愈小。

由于弯曲中性层在弯曲变形前后的长度不变，因此，弯曲部分中性层的长度即为弯曲部分毛坯的展开长度。

(1) 圆弧部分中性层长度的计算为

$$L_0 = \pi (r + xt) \frac{\alpha}{180°} \tag{1.4}$$

式中：L_0——圆弧部分中性层长度(mm)；

r——弯形半径(mm)；

x——中性层位置系数(见表 1.3)；

t——材料厚度(或坯料直径)(mm)；

α——弯形角(即弯形中心角)。

表 1.3　中性层位置系数 x 的值

r/t	0.1	0.2	0.3	0.4	0.5	0.6	0.7	0.8	1	1.2
x	0.21	0.22	0.23	0.24	0.25	0.26	0.28	0.3	0.32	0.33
r/t	1.3	1.5	2	2.5	3	4	5	6	7	≥8
x	0.34	0.36	0.38	0.39	0.4	0.42	0.44	0.46	0.48	0.5

(2) 任意角度弯曲(如图 1.61 所示)毛坯长度的计算。

$$L=L_1 + L_2 + L_n + L_0 = L_1 + L_2 + L_n + \pi(r + xt)\frac{\alpha}{180°} \tag{1.5}$$

式中：L——毛坯展开长度(mm)；

L_1、L_2——弯曲件直线部分长度(mm)；

L_0——弯曲件圆弧部分中性层长度(mm)。

3. 板料的手工弯曲

手工弯曲主要用于一些单件、小批量和小规格型钢、薄钢板等工件的加工，在受加工设备、模具限制的情况下，也常采用手工弯曲的方法。常采用手工弯曲的工具主要有木榔头、木尖、虎钳、弯边模等，如图 1.62 所示。

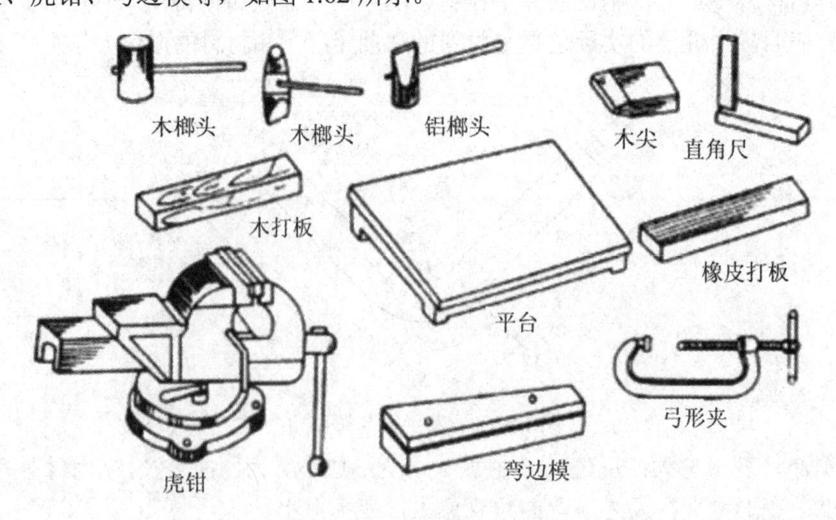

图 1.62　手工弯曲常用工具

手工弯形时应注意锤子的选用。弯形常用的锤子除了钢制的以外，还有木榧、铜锤、铝锤、橡胶榧等。使用时，应注意被锤击的材料硬度应大于锤子的材料硬度，这样可避免造成工件上的凹痕。锤击时要采用轻锤、多击方式，尽量避免锤击过度。

4. 角形弯曲

角形弯曲是应用较为广泛的手工弯形形式之一，常见的弯曲形状有简单的角形筒、矩形筒等。

对于简单的板料，角形弯曲常常是在算出料长、划出弯曲线后再进行弯制的。若板坯的宽度不大，可直接夹在台虎钳上，钳口先垫好规铁，使板坯上的弯曲线对好规铁棱角，再用木锤敲击到所需折弯角，如图 1.63(a)所示；若板坯折弯部位较短，可用木块垫着锤击打，如图 1.63(b)所示。

如图 1.64 所示为⎍形零件的弯曲方法。即先弯制角 *a*，然后用垫铁夹住弯制角 *b*，再利用另一块垫铁弯制角 *c*。

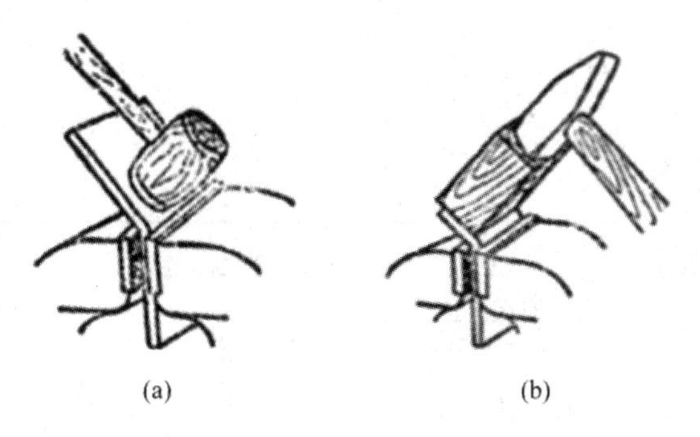

图 1.63　用木锤和木块锤击示意图

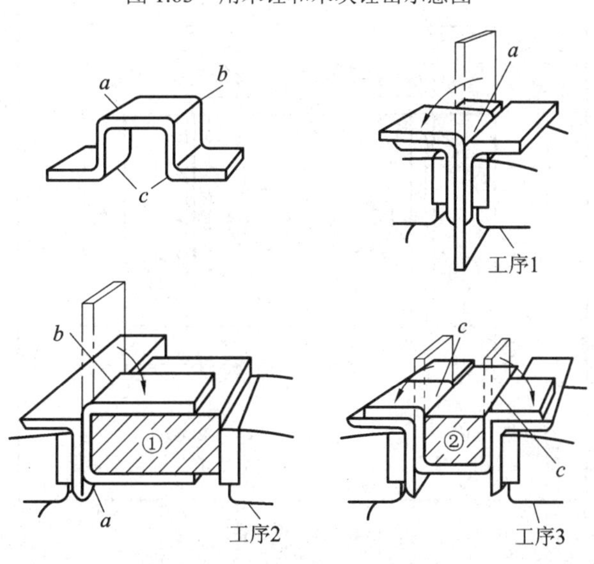

图 1.64　⎍形零件手工弯制

对多个弯边的弯曲与单角弯曲的方法相同，但需要注意的是弯曲的顺序。若用规铁弯曲，其弯曲顺序一般是先里后外，这样比较容易保证弯曲件的各部分尺寸，如图 1.65(a)、(b)所示，分别给出了两个弯曲件的弯曲顺序。

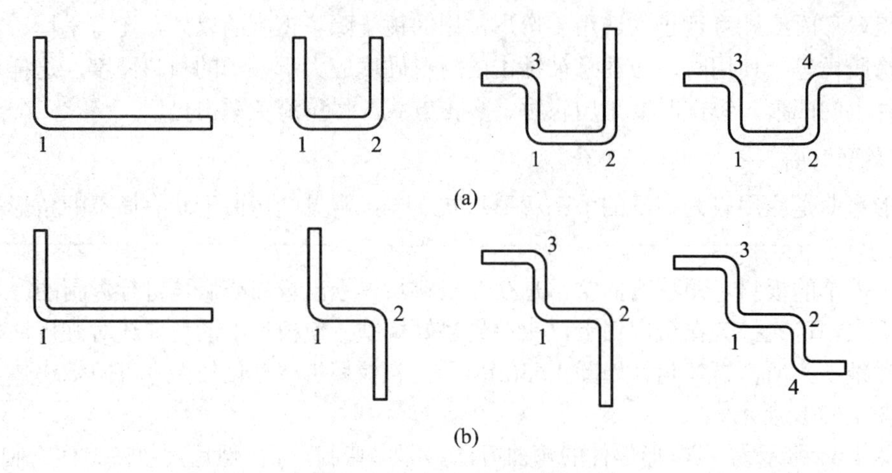

图 1.65　多个弯边的弯曲顺序

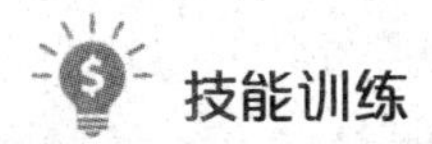

技能训练

弯制如图 1.66 所示支架。

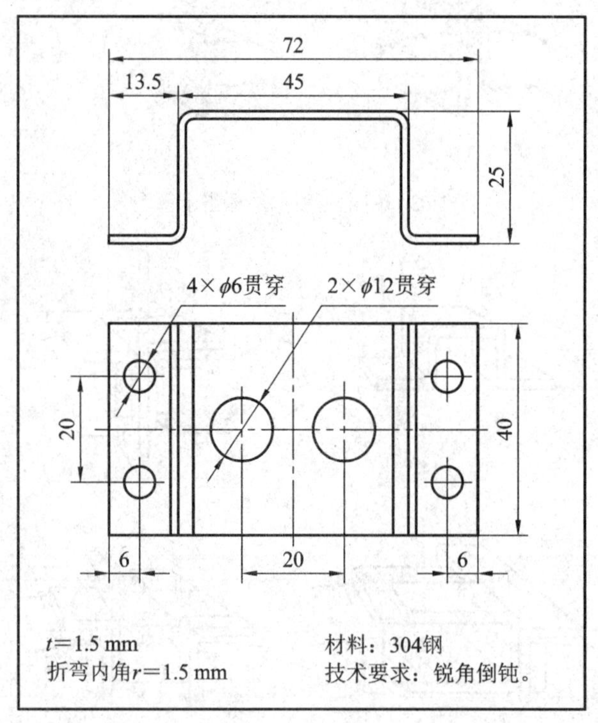

图 1.66　支架

1. 工艺分析

(1) 图样分析。图样中间凸起部分的宽度为 45 mm，两端支脚宽为 13.5 mm，高度为 25 mm，总长度为 72 mm。图中有 4 个 $\phi6$ 和 2 个 $\phi12$ 的贯穿孔。板料厚度为 1.5mm，折弯内角为 1.5 mm。

(2) 板坯展开尺寸的计算。按照弯曲毛坯展开计算公式，可计算出板坯长度尺寸。如图 1.67 所示为弯曲件直线部分尺寸。

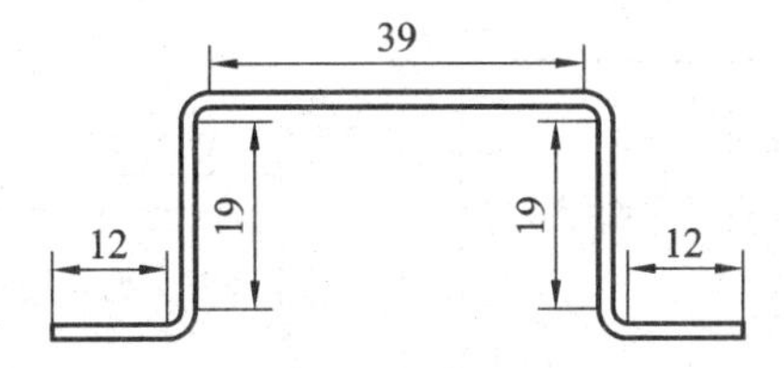

图 1.67 弯曲件直线部分尺寸图

根据板料厚度和折弯内角半径可在表 1.3 中查得中性层系数 x 的值为 0.32。图中有 4 个圆弧角。

$$L = L_1 + L_2 + L_0 = L_1 + L_2 + \pi(r + xt)\frac{\alpha}{180^\circ}$$

$$= 12 + 12 + 19 + 19 + 39 + 4\pi(1.5 + 0.32 \times 1.5) \times \frac{90^\circ}{180^\circ}$$

$$= 113.43 \text{ mm}$$

(3) 选择刀具。在薄板工件上钻大于 10 mm 的孔，可用如图 1.68 所示的开孔器钻 2 个 ϕ12 孔。

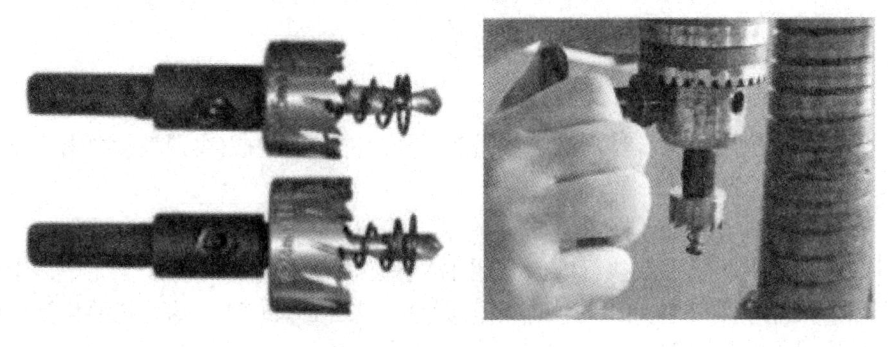

图 1.68 开孔器

2. 加工步骤

(1) 检查板坯尺寸，修整板坯外形。

(2) 划线，按照弯制件圆弧中性层长度和直线部分长度，划出弯曲位置尺寸线及各孔中心位置线，如图 1.69 所示。

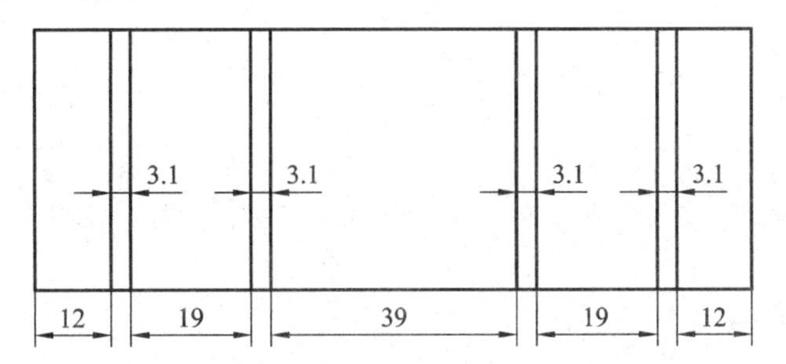

图 1.69 弯曲划线图

(3) 用ϕ6 mm 钻头钻 4 个ϕ6 孔；用ϕ12 mm 开孔器钻 2 个ϕ12 孔。

(4) 按照如图 1.70 所示尺寸制作图中的规铁①和规铁②。

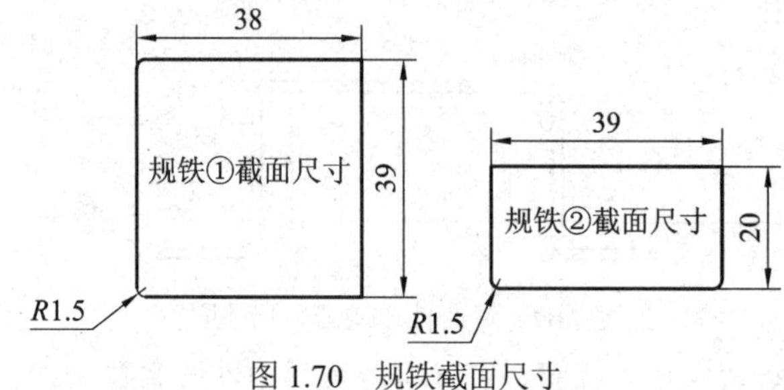

图 1.70　规铁截面尺寸

(5) 按照图 1.65 所示的⎍形零件弯制方法和步骤弯制各直角。

3. 注意事项

在薄钢板工件上钻孔的操作方法

(1) 用开孔器钻孔时，板坯下面要垫上木板，防止板坯钻孔时发生变形。

(2) 工件弯制时，要保证弯曲线对正规铁圆弧角。

(3) 要注意保护零件表面，不能有锤击痕迹。

(4) 弯制时要注意安全。

本模块考核要求

(1) 学生在每个任务练习时，均应按照教师规定的时间完成(实训教师要考虑学生个体差异规定合理的加工时间)。

(2) 练习完毕后填写实训报告(参见“附录 1 实训报告模板”)。

(3) 练习过程中，学生要执行安全文明生产规范情况；操作时和操作完毕，学生要执行 5S 管理规范情况、工件加工时间、加工质量，包括劳动态度，这些均要作为成绩考核评定的依据。

模块二　车 削 加 工

车工生产是机械制造过程中广泛应用的基本工种之一。车削加工是机械加工常用的加工方法之一，是指在车床上，利用工件的旋转运动和刀具的直线运动或曲线运动来改变毛坯的形状和尺寸，把它加工成符合图样要求的金属切削方法。

本课程的任务是使学生掌握车工应具备的基础专业操作技能，培养学生理论联系实际、分析和解决生产中一般问题的能力。

本模块是以实践为主导的课程。学习时可结合《机械制造基础》课程的理论知识，这样能更好地指导技能训练，并通过技能训练可加深对理论知识的理解、消化、巩固和提高。

通过本模块的学习，应达到以下要求：

(1) 掌握典型车床的主要结构、传动系统、操作方法和维护保养方法。

(2) 能合理选择和使用夹具、刀具和量具，掌握其使用和维护保养方法。

(3) 熟练掌握车工的基础操作技能，并能对工件进行质量分析。

(4) 独立制定中等复杂工件的车削加工工艺，并注意吸收、引进较先进的工艺和技术。

(5) 合理选用切削用量和切削液。

(6) 掌握车削加工中相关的计算方法，学会查阅有关的技术手册和资料。

(7) 养成安全生产和文明生产的习惯。

因篇幅有限，本章以典型零件为载体，分解成若干任务学习，训练基础的车削技能。

工作任务一　安全文明生产与操作

训练内容

安全文明生产知识是实训教学顺利进行的保障。

知识与技能目标

理解并严格遵守文明生产和安全生产的内容和要求。

相关理论知识

安全生产的方针是“安全第一，预防为主”。

安全生产的总则是“三个不伤害”，即：不伤害自己、不伤害别人、不被别人伤害。

在车工实习中，以下情况容易造成伤害：工件夹得不牢固，飞出伤人；装卸工件时不慎跌落伤人；刀具未夹紧或砂轮破碎，飞出伤人；切屑飞出打伤、划伤或灼伤；操作者不按照规定穿戴好劳保用品、用具，被卷进或夹入运转部件；生产过程防护不当。

安全文明生产是保障生产工人和设备的安全、防止工伤和设备事故的根本保证，也是搞好企业经营管理的重要内容之一。它直接影响人身安全、产品质量和经济效益，影响机床设备和工具、夹具、量具的使用寿命及生产工人技术水平的正常发挥。在学习和掌握操作技能的同时，必须养成良好的安全文明生产的习惯。因此，要求操作者在操作时必须做到以下几方面：

1. 操作前

(1) 学生非当班实习时间无事不能进入实习工厂，非本实习工厂实习生未经教师同意，一律不准进入。

(2) 严禁在实习工厂内吃零食、喝饮料、追逐、打闹、喧哗、玩手机、阅读与实习无关的书刊、收听广播等，实习工厂内不得抛掷物品或零件。

(3) 进入实习工厂实习时，要穿戴好工作服和防护用品、扣好工作服纽扣，衬衫要系入裤内，禁止戴手套，穿凉鞋、拖鞋、湿鞋、背心进入实习室，女同学要戴安全帽，并将发辫盘起塞入帽内，不得穿裙装、高跟鞋和戴围巾。

(4) 操作前要润滑机床并检查机床各部分机构是否完好，用手扳动卡盘，检查工件与床面、刀架、拖板等是否会相碰，各传动手柄、变速手柄是否正确，以防开车时因突然撞击而损坏机床。

(5) 量具、工具分类排列整齐，毛坯、半成品、成品分开堆放，以稳固和拿取方便为宜，工艺文件的安放位置要便于阅读。

(6) 不允许在车床上堆放工具或其他杂物。

(7) 工件及刀具的装夹要牢固，以防工件和刀具从夹具中脱落；装卸笨重工件时，应使用起重设备，并且要用木板垫在机床导轨面或工作台面上，以免跌落损坏机床。

2. 操作中

(1) 在指定的车床上实训，多人共用一台车床时，只允许一人操作，旁人不能距离机床旋转部件太近，以防身体及衣物被卷入，造成人身事故。

(2) 卡盘扳手用完后随手取下，放在指定的位置，防止遗留在卡盘上，开车时飞出伤人、损物。

(3) 工作时，应先在低速挡启动车床，主轴低速空转 1～2 min，使润滑油散布到机床各需要之处，等车床运转正常后才能工作。

(4) 车床启动后，不准用手触摸旋转的工件，严禁用棉纱擦抹回转中的工件，禁止测量工件，以防发生人身安全事故。

(5) 对车床变速、换刀、装卸工件或操作者离开时，必须停车。

(6) 操作者站在卡盘右侧 45° 位置，不要站在切屑飞出的方向，以免工件装夹不牢或切屑飞出而伤人。

(7) 操作车床时，必须集中精力，注意手、身体和衣服不要靠近回转中的机件(如工件、带轮、齿轮)。头不能离工件太近。

(8) 操作车床时，严禁离开岗位，不准做与操作内容无关的其他事情。有事要先请假，不得擅自离开实习场地。

(9) 机床运转时，禁止倚靠在机床上；禁止用手触摸机床旋转部分；清理铁屑时要关闭电源，严禁直接用手清理铁屑，应用钩子或专用工具清除。

(10) 棒料毛坯从主轴孔尾端伸出不能太长，用抹布等软质物塞紧工件与主轴孔间隙，机床主轴转速不能太高，并要做好防护，以防工件甩弯而伤人。

(11) 切削工件和刃磨刀具时，要戴好防护眼镜。

(12) 使用砂轮机磨刀时，应站在砂轮侧面，不能正对砂轮，不得戴手套，要戴防护眼镜。

(13) 操作中若出现异常现象，应立刻停机检查；出现事故应立刻切断电源，并及时报告教师，由专业人员检修，未修复不得使用。

3. 操作后

(1) 工作结束，应关闭机床和电动机。下课要切断电源，把工件和工具从工作位置退出，清理并分开安放好所使用的工具、夹具、量具。

(2) 要清除干净车床导轨上及床身的切削液，并在车床导轨上涂润滑油，机床各油孔按规定加注润滑油。切削液要定期更换。

(3) 实习工厂地面不得乱摆放工件杂物和工具箱，地面、墙壁要保持清洁，严禁乱涂乱画，地面不得留有油污、油迹、水、铁屑等。

(4) 将机床各部分调整到空挡位置，把床鞍摇至床尾端。

(5) 清扫工作场地，切断设备电源，做好交接班工作。

(6) 要做好设备和工位使用及交接记录登记。实习用的工具、量具、刀具、材料等不得私自带离现场。

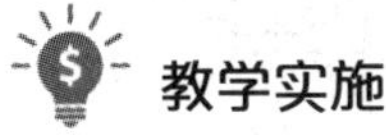

学生抄写相关内容，通过教师的讲解理解安全文明生产是学生在整个实习期间都必须高度重视和严格遵守的一项重要内容。

工作任务二 认识和操作车床

以应用较为广泛的C6132A为例认识和操作车床。

知识与技能目标

(1) 理解车床的切削原理。

(2) 了解卧式车床的加工范围及其应用。

(3) 了解 C6132A 型卧式车床的结构及传动过程。

(4) 熟悉车床的主要部件及功用。

(5) 熟悉 C6132A 型卧式车床的操作。

相关理论知识

1. 车削概述

1) 车削加工

车削加工是以工件的旋转运动为主运动，刀具与工件之间做相对运动，切下金属层，使工件达到一定的形状和精度要求的切削加工方法。

在一般机器制造中，车床在金属切削机床中所占的比重最大，约占金属切削机床总台数的 20%～35%。由此可见，车床的应用是很广泛的。

2) 加工范围

主要用于各种回转体零件的外圆、端面、锥度、切槽(切断)及公制螺纹、模数螺纹、英制螺纹等的车削加工，此外，还可以用来钻孔、铰孔、镗孔、扩孔、加工蜗杆及特形面(圆球、圆弧)等，如图 2.1 所示。

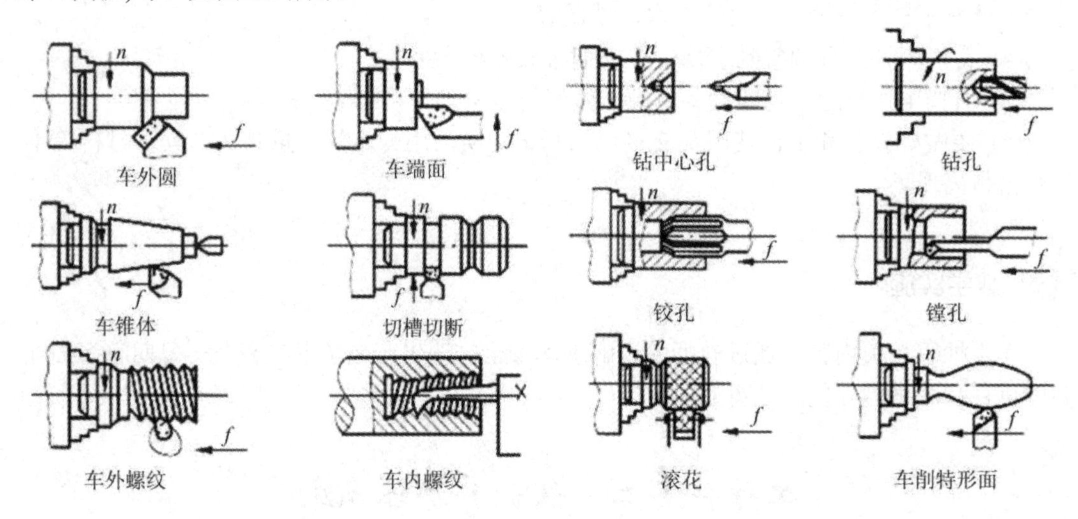

图 2.1　车削加工内容

2. 车床的结构及应用

1) 车床的分类

车床的种类很多，普通卧式车床是用途最广的一种通用机床，它的传动和构造也很典型。本书主要介绍 C6132A1 型普通车床的操作。

车削原理

2) 车床的结构名称及其作用

下面以 C6132A1 型为例介绍卧式车床的结构名称及其功用。C6132A1 型车床具有广泛用途，适合于使用硬质合金刀具对各种黑色金属和有色金属进行强力切削和高速切削，其结构如图 2.2 所示。该车床操作方便，适用于单件、中小批量生产使用。

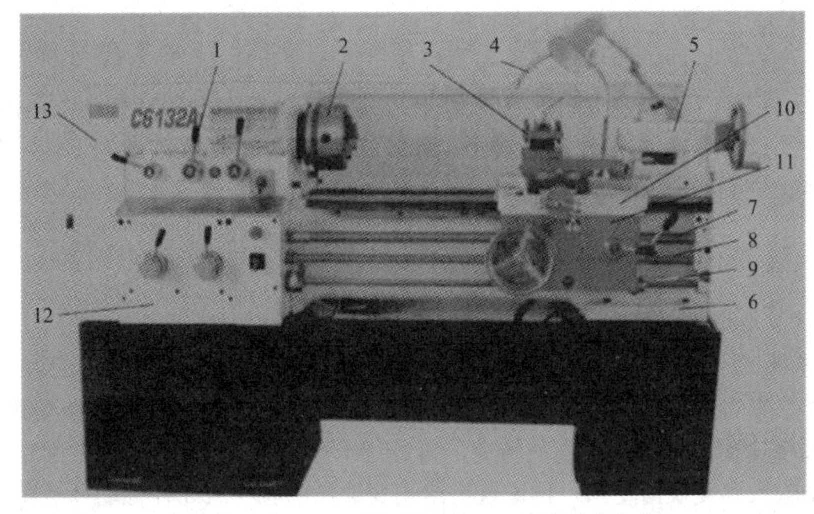

1—主轴箱；
2—卡盘；
3—刀架；
4—冷却液管；
5—尾座；
6—床身；
7—丝杠；
8—光杠；
9—操纵杆；
10—溜板；
11—溜板箱；
12—进给箱；
13—挂轮箱

图 2.2 C6132A1 型卧式车床

3) 车床的组成部分

(1) 车头部分。

① 主轴箱。主轴箱内装有较多齿轮，将电机的动力经床头箱内的齿轮传给主轴，再由主轴传递到工件上，使工件做旋转运动；主轴箱外手柄位置可使主轴得到不同的转速，因此，也称变速箱，它的主要作用是传动与变速，用来带动车床主轴及卡盘的转动，通过操纵变速箱和主轴箱外面的变速手柄改变齿轮或离合器的位置，可使主轴获得 12 种不同的速度，从铭牌中可以找出手柄与速度相对应的位置。主轴的反转是通过电动机的反转来实现的。

② 卡盘。卡盘是车床的一个重要附件，用来夹持工件，并带动工件一起转动。

(2) 溜板箱部分。

① 溜板箱。其作用是将光杠和丝杠的动力传动给溜板。变换箱体外面的手柄位置，经溜板使车刀部分做纵向或横向移动。

② 刀架。刀架位于小拖板上，并随拖板一起运动，刀架用来装夹车刀，可同时装夹 4 把车刀；松开锁紧手柄，即可转动方刀架，把所需要的车刀更换到工作位置上，换刀极为方便。

(3) 进给部分。

① 进给箱。利用进给箱的内部齿轮机构，可以把主轴的运动传给丝杠或光杠；变换进给箱箱体外面的手柄位置，可以使丝杠或光杠得到各种不同的转速。

② 丝杠。丝杠能带动大拖板做纵向移动，用来车削螺纹。丝杠是车床中的主要精密件之一，应长期保持丝杠的精度。

③ 光杠。光杠是用来将进给箱的运动传给溜板箱，使车刀按要求的速度做直线进给运动。

(4) 挂轮箱部分。挂轮箱部分是用来将主轴的转动传给进给箱。调换挂轮箱内的齿轮，并与进给箱配合，可以车削不同螺距的螺纹。

(5) 尾座部分。尾座由尾座体、底座、套筒等组成。安装于床身导轨上，尾架的套筒内装上顶尖可用来支撑工件，也可装上钻头、铰刀在工件上进行钻孔、铰孔等加工。

(6) 床身部分。床身用来支持和安装车床的各个部件，如主轴箱、进给箱、溜板箱、溜板和尾座。床身上面有两条精确的导轨，拖板和尾座可沿着导轨移动。

(7) 操纵杆。操纵杆是车床的控制机构，在操纵杆左端和拖板箱右侧各装有一个手柄，操作工人可以很方便地操纵手柄以控制车床主轴正转、反转或停车。手柄向上为正转，向下为反转，中间为停止位置。

(8) 其他部分。

① 冷却系统：切削时用来浇注冷却液。

② 照明系统：工作时照明。

4) *车床的传动系统*

C6132Al 型卧式车床的传动系统如图 2.3 所示，电动机驱动 V 带轮，把动力输入到主轴箱。通过变速机构变速使主轴得到不同的转速，再经过卡盘(或夹具)带动工件做回转运动。主轴将旋转运动输入到交换齿轮箱，再通过进给箱变速后由丝杠或光杠驱动溜板箱和刀架部分，可以方便地实现手动、机动、快速移动及车螺纹等运动。

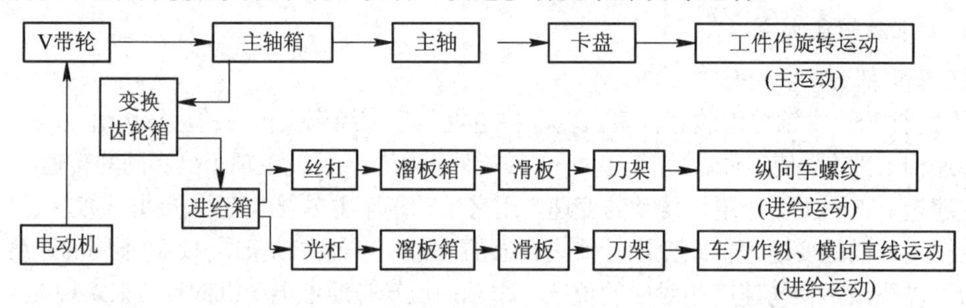

图 2.3　C6132Al 型卧式车床的传动系统

3. 车床的基本操作

车床的各种操作手柄、按钮等部件如图 2.4 所示。

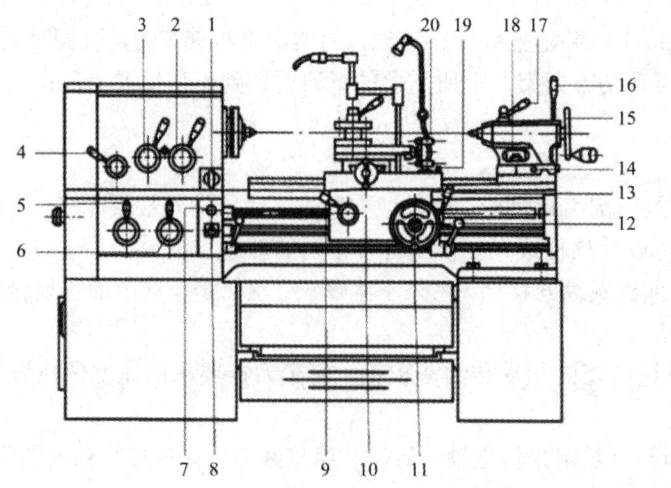

1—主轴高低速旋钮；
2、3—主轴变速手柄；
4—左、右螺纹变换手柄；
5、6—螺距、进给量调整手柄；
7—总停按钮；
8—冷却泵开关；
9—开合螺母手柄；
10—横刀架移动手柄；
11—床鞍纵向移动手轮；
12—操纵杆手柄；
13—纵横进给手柄；
14—调节尾座横向移动螺钉；
15—顶尖套筒移动手轮；
16—尾座偏心锁紧手柄；
17—顶尖套筒夹紧手柄；
18—尾座锁紧螺母；
19—锁紧床鞍螺钉；
20—小刀架进给手柄

图 2.4　C6132A 车床各操作手柄、按钮

1) 车床的启动操作

启动车床前，要检查车床变速手柄是否处于正确位置，主轴高低速旋钮是否处于空挡(“0”)位置，操纵杆处于空挡停止状态，确认无误后，试启动车床。

(1) 合上车床电源总开关。

(2) 把急停开关顺时针旋转松开。主轴高低速旋钮转到低速(黄色)位置或高速(蓝色)位置。

(3) 向上提起溜板箱右侧的操纵杆手柄，主轴正转；操纵杆手柄回到中间的位置，主轴停止转动；操纵杆手柄向下压，主轴反转。

注意：主轴正、反转的转换要在主轴停止转动后进行，避免因连续转换操作使车床电机瞬间电流过大而发生电气故障。

2) 主轴箱的变速操作

车床主轴变速是通过改变主轴箱正面右边两个手柄的位置来控制的。手柄有 6 个挡位，每个挡位有两级转速，所以主轴共有 12 级转速，如表 2.1 所示。

表 2.1　车床转速表

50	210	260	360	1120	1600
25	105	130	180	560	800
A B	A B	A B	A B	A B	A B

主轴箱正面左侧的手柄是螺纹的左、右旋向变换手柄，即用来车削右旋螺纹、左旋螺纹的变换手柄，共有 2 个挡位。

3) 进给箱的变速操作

C6132A 型卧式车床的进给箱上有左、右两个手柄。右边的手柄是丝杠(M)和光杠(S)的变换手柄，并有Ⅰ、Ⅱ、Ⅲ、Ⅳ、Ⅴ5 个挡位；左边的手柄有 A、B、C、D、E、F 和 1、2、3、4、5、6 挡位，通过不同的组合，来调整螺距或进给量。

4) 溜板部分的操作

溜板用来实现车削时绝大部分的进给运动，包括床鞍及溜板箱做纵向移动，中滑板做横向移动，小滑板做纵向或斜向移动。进给运动有手动进给和机动进给两种方式。

(1) 溜板部分的手动操作：

① 溜板箱正面上的大手轮可以带动溜板箱及床鞍做左右移动：顺时针转，溜板向右运动；逆时针转，溜板向左运动。手轮轴上的刻度盘等分 200 格，手轮每转 1 格，溜板箱及床鞍纵向移动 0.5 mm。

② 中滑板手柄可以带动中滑板做横向移动：顺时针进刀，逆时针退刀。手柄轴上的刻度盘等分 80 格，手柄每转 1 格，中滑板移动 0.05 mm。

③ 小滑板手柄可以带动小滑板做短距离纵向移动或斜向移动：顺时针向左运动(进刀)，逆时针向右运动(退刀)。做斜向移动时，一般用来车削短圆锥。先松开小滑板下面的两颗螺母，将小滑板转动到所需要的角度后，再拧紧螺母。手柄轴上的刻度盘等分 60 格，

手柄每转1格，小滑板移动0.05 mm。

(2) 溜板部分的机动进给：

① C6132A型卧式车床的纵、横自动进给手柄在溜板箱的右侧。手柄向下扳动，床鞍及溜板箱做纵向运动(如车外圆)；手柄扳起来回到中间空挡位置，停止自动进给；手柄向上推，中滑板做自动横向运动。

② 溜板箱正面右侧有一开合螺母操作手柄，用于在加工螺纹时控制溜板箱与丝杠之间的运动联系。

5) 尾座的操作

用手可以推拉尾座沿床身导轨移动，用扳手锁紧尾座后，摇动套筒手轮，套筒可伸出、退回。

4. 切削液

1) 切削液的作用

切削液是金属切削加工的重要配套材料。人们常常把切削液称为冷却润滑液。切削液是在金属切削过程中注入工件与切削工具间的液体，主要作用有以下几点。

(1) 冷却作用：吸收、带走切削过程中产生的大量热。

(2) 润滑作用：减小切屑与刀具、工件与刀具间的摩擦，提高表面加工质量，延长刀具寿命。

(3) 清洗、防锈作用：把切屑冲走，使工件、刀具、机床不受周围介质的腐蚀。

2) 使用切削液的注意事项

(1) 乳化液需要稀释但会污染环境，应尽量使用环保切削液。

(2) 切削液必须浇在切削区域。

(3) 用硬质合金刀切削时，一般可以不加切削液。

(4) 控制好切削液流量。

5. 车床的润滑和日常维护保养

为了保证车床的正常运转，减少磨损，延长使用寿命，要对车床的所有摩擦部位进行润滑，并注意日常的维护保养。

1) 车床的润滑

车床各不同部位要采用各种不同的润滑方式。在日常操作中，要经常进行浇油润滑，浇油润滑通常用于外露的滑动表面，如床身导轨和滑板导轨面；弹子油杯注油润滑，用于刀架、中拖板丝杠等处。

2) 车床的日常维护和保养

为保证车床的精度，延长其使用寿命，保证工件的加工质量和提高生产效率，操作者除了能熟练地操作车床外，还必须掌握对车床进行合理的维护、保养的要求。车床的日常维护、保养要求如下。

(1) 每班工作后，要切断电源，擦净车床导轨面(包括中、小滑板)，要求无油污、无铁屑，并进行浇油润滑；擦拭车床各表面、罩壳、操纵手柄和操纵杆等，使车床外表清洁，并保持场地整洁。

(2) 每周要求保养车床床身和中、小滑板等 3 个导轨及转动部位的清洁、润滑。保持车床外表和工作场地的整洁。

技能训练

车床的相关操作。

1. 任务内容

(1) 熟悉 C6132A 车床的各组成部分及作用。

(2) 能熟练操作卧式车床。

2. 任务要求

(1) 能对照实物熟练地指出车床各部分名称及其功用。

(2) 学会车床通电操作、主轴变速操作、进给变速操作，能熟练地进行手动、自动进给移动操作。

(3) 熟练操纵主轴操纵杆，会进行主轴启动、停止、变向、变速控制。

3. 任务实施

(1) 车床的启动和停止。

(2) 练习主轴箱和进给箱的变速。

(3) 床鞍、中滑板和小滑板的摇动练习。

车床的基本结构与使用方法

车床转速的选择与调整

车床进给速度的选择与调整

4. 注意事项

操纵机床时应注意下述各点：

(1) 在主电机启动后，应首先通过床头箱油窗检查润滑油泵工作是否正常，油窗显示有油才可启动主轴。

(2) 主轴高速运转时，在任何情况下均不得扳动任何变速手柄。只允许在停车时变速，进给运动只允许在低速运转或停车时变速。

(3) 主轴启动前必须检查并使各变速手柄处于正确位置，以保证传动齿轮的正确啮合。

(4) 当制动器失灵后，应及时调整，不得使用反向摩擦离合器制动。

(5) 使用主轴旋转正反停操纵手柄时，必须提按到位，不得利用“不到位”进行减速切削。

(6) 禁止两人同时操作一台机床。

(7) 严格遵守《安全操作规程》。

工作任务三　车削端面和外圆

训练内容

轴类工件端面和外圆的车削。端面和外圆是构成轴类工件的基础几何要素，外圆和端面的车削又是车削加工的基础。

知识与技能目标

(1) 掌握外圆、端面及倒角的加工过程及加工方法。

(2) 学会正确测量工件外圆和端面。

相关理论知识

轴类零件通常由圆柱面和端面组成，圆柱面与端面垂直。圆柱面的形成是由刀尖沿着与机床主轴轴线平行的导轨面移动，切削轴的外圆表面形成的；端面是由刀尖沿着与机床主轴轴线垂直的中滑板移动切削形成的。

1. 测量工件

1) 测量项目

轴类零件的测量主要包括外圆柱面的直径测量和轴的长度测量，阶梯轴还包括各阶梯长度和各外圆之间的同轴度。等直径轴类工件只有一个外圆表面，只需测量外圆直径和长度即可。

2) 选择量具

测量等直径轴时，尺寸公差大于 0.1 mm 的测量主要使用普通游标卡尺和游标深度尺，尺寸公差小于 0.1 mm 的测量主要使用带表游标卡尺、数显游标卡尺、千分尺和带表、数显深度尺、深度千分尺。

(1) 游标卡尺。游标卡尺是一种常用的量具，具有结构简单、使用方便、精度中等和测量的尺寸范围大等特点，可以用它来测量零件的外径、内径、长度、宽度、厚度、深度和孔距等，应用范围很广，如图 2.5 所示。

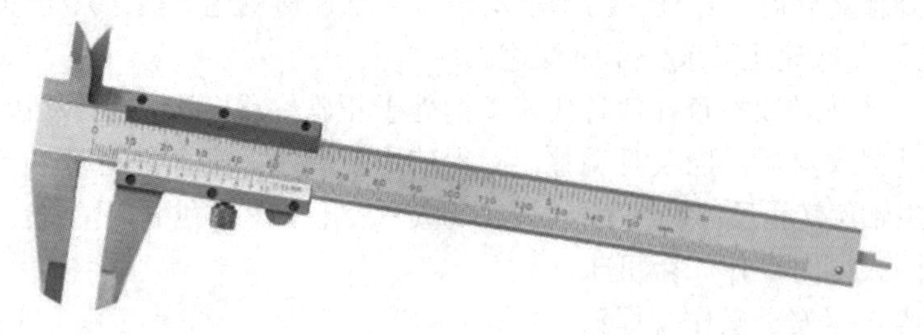

图 2.5　普通游标卡尺

游标卡尺使用方法及注意事项。

① 根据被测工件的特点、尺寸大小和精度要求选用合适的类型、测量范围和分度值。

② 测量前应将游标卡尺擦拭干净，并将两量爪合并，检查游标卡尺的精度状况；大规格的游标卡尺要用标准棒校准、检查。

③ 测量时，被测工件与游标卡尺要对正，测量位置要准确，两量爪与被测工件表面接触须松紧合适。

④ 读数时，要正对游标刻线，看准对齐的刻线，正确读数；不能斜视，以减少读数误差。

⑤ 用单面游标卡尺测量内尺寸时，测得的尺寸应为卡尺上的读数加上两量爪宽度尺寸。

⑥ 严禁在毛坯面、运动工件或温度较高的工件上进行测量，以防损伤量具精度和影响测量精度。

(2) 游标深度尺。游标深度尺用于测量凹槽或孔的深度、阶梯工件的阶梯高度、长度等尺寸，通常被简称为“深度尺”，是一种用游标读数的深度量尺，如图 2.6 所示。

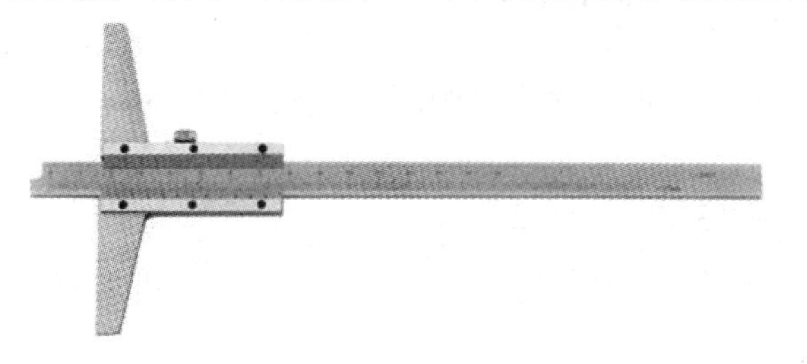

图 2.6　普通游标深度尺

游标卡尺的快速读数方法与使用方法

(3) 外径千分尺。外径千分尺的结构由固定的尺架、测砧、测微螺杆、固定套管、微分筒、测力装置、锁紧装置等组成。固定套管上有一条水平线，这条线上、下各有一列间距为 1 mm 的刻度线，上面的刻度线恰好在下面二相邻刻度线中间；微分筒上的刻度线是将圆周分为 50 等分的水平线，它是旋转运动的。

如图 2.7 所示是常用的普通式外径千分尺结构图。

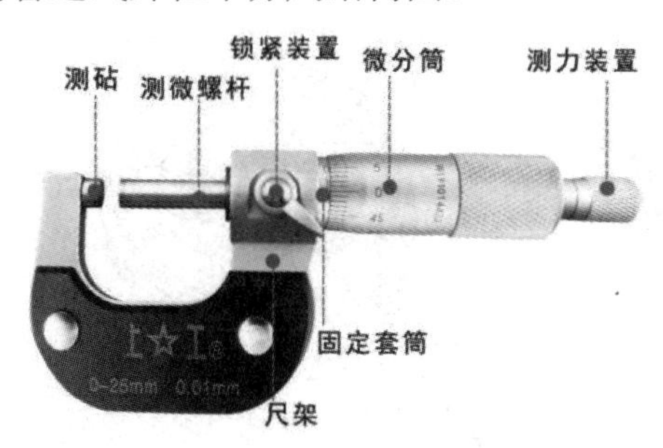

图 2.7　外径千分尺结构图

如图 2.8 所示为常用外径千分尺测量外圆示意图。

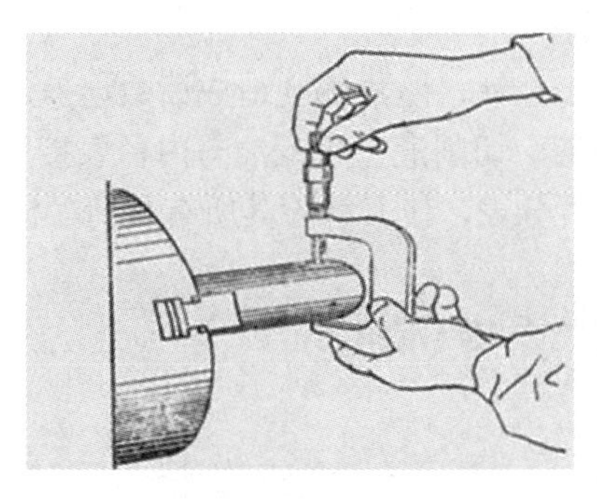

图 2.8　外径千分尺测量外圆示意图

千分尺使用注意事项：

① 使用前，应先把千分尺的两个测量面擦拭干净，转动测力装置，使两测量面接触，此时活动套筒和固定套筒的零刻度线应对准。

② 测量前，应将零件的被测量面擦拭干净，不能用千分尺测量带有研磨剂的表面和粗糙表面。

③ 测量时，左手握千分尺尺架上的绝热板，右手旋转测力装置的转帽，使测量表面保持一定的测量压力。

④ 绝不允许旋转活动套筒(微分筒)来夹紧被测量面，以免损坏千分尺。

⑤ 应注意测量杆与被测尺寸方向一致，不可歪斜，并保持与测量表面接触良好。

⑥ 用千分尺测量零件时，最好在测量中读数，测毕经放松后再取下千分尺，以减少测量杆表面的磨损。

⑦ 读数时，要特别注意不要读错主尺上的 0.5 mm。

⑧ 用后应及时将千分尺擦拭干净，放入盒内，以免与其他物件碰撞而受损，致使影响千分尺测量精度。

(4) 百分表。

① 百分表的结构。百分表是一种指示式量仪，主要用来测量工件的尺寸、形状和位置误差，也可用于检验机床的几何精度或调整工件的装夹位置偏差，车削工件时经常用于校正工件的装夹精度。百分表的测量范围一般有 0～3 mm，0～5 mm 和 0～10 mm 三种。按制造精度的不同，百分表可分为 0 级、1 级和 2 级，如图 2.9 所示。

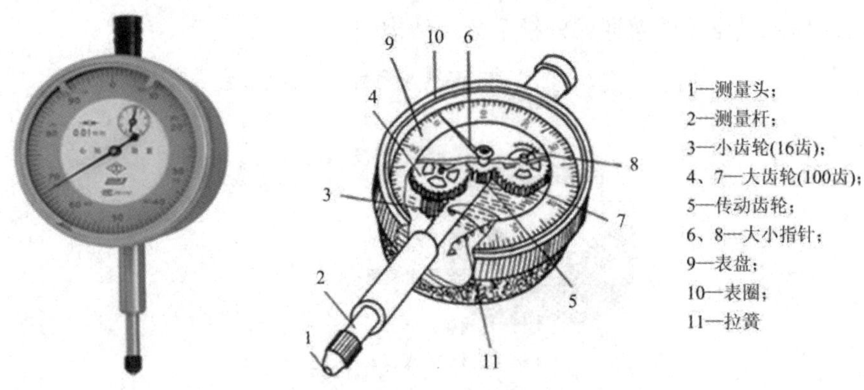

图 2.9　百分表的结构

② 百分表使用注意事项：

a. 读数时，眼睛要垂直于表针，防止偏视造成读数误差。

b. 远离液体，不使冷却液、切削液、水或油与内径表接触。

c. 在不使用时，要摘下百分表，使表解除其所有负荷，让测量杆处于自由状态。

d. 成套保存于盒内，避免丢失与混用。

百分表的测量原理与使用方法

2. 选择车刀

1) 车刀的种类

在实际生产中，机械夹固式可转位车刀应用越来越广泛。

(1) 45° (弯头)车刀。45° 车刀有两个刀尖，前端一个刀尖通常用于车削工件外圆，左侧另一刀尖通常用于车削平面，主、副面刀刃在需要时可用作车左右倒角，如图 2.10 所示。

图 2.10　45° (弯头)车刀

(2) 90° 外圆车刀。90° 外圆车刀由一个刀尖、两个刀刃、三个刀面、六个角度组成。90° 外圆车刀用于车削工件的外圆、台阶和余量较小的端面，如图 2.11 所示。

图 2.11　90° 外圆车刀

(3) 45° 车刀和 90° 外圆车刀角度示意图如图 2.12 所示。

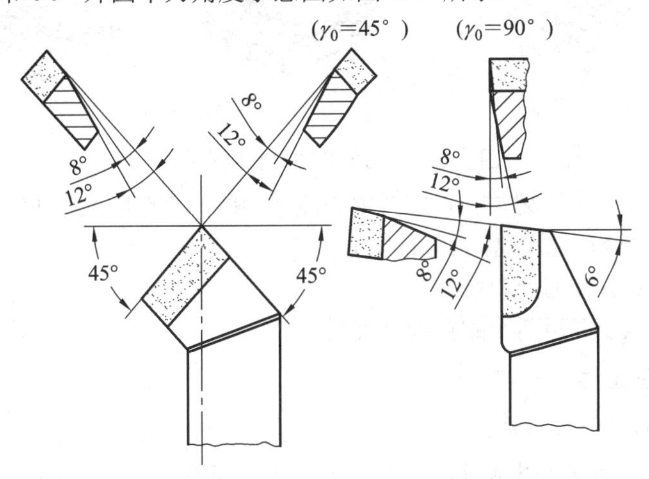

图 2.12　车刀角度示意图

2) 车刀的安装要求

(1) 车刀刀尖应与工件中心等高；当车刀刀尖高于工件轴线时，车刀的实际后角减小，车刀后面与工件之间的摩擦增大；当车刀刀尖低于工件轴线时，车刀的实际前角减小，切削阻力增大，如图 2.13 所示。

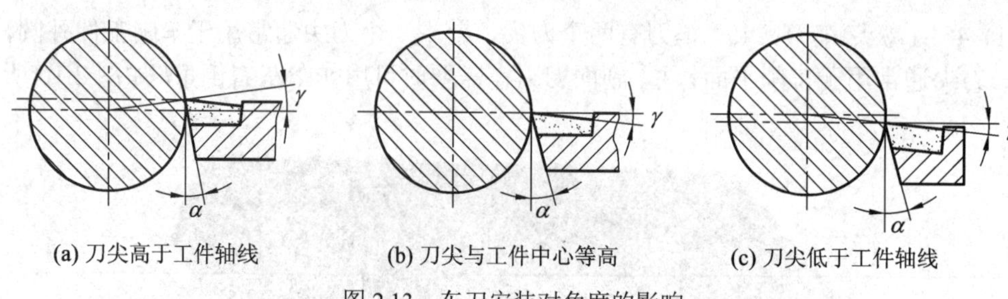

(a) 刀尖高于工件轴线　　(b) 刀尖与工件中心等高　　(c) 刀尖低于工件轴线

图 2.13　车刀安装对角度的影响

刀尖与工件旋转中心不等高会造成崩刃现象，如图 2.14 所示。

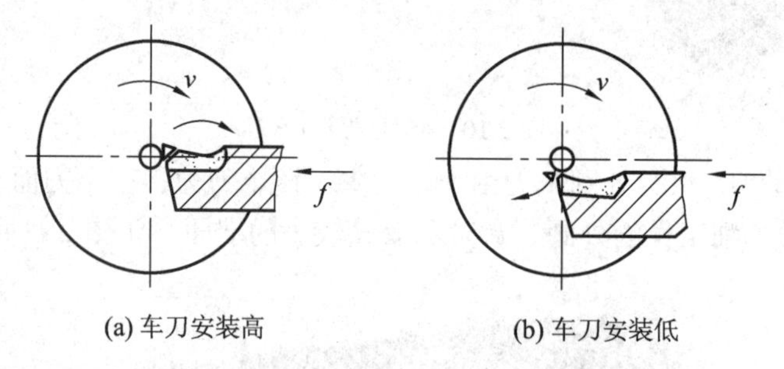

(a) 车刀安装高　　(b) 车刀安装低

图 2.14　车刀安装高、低造成崩刃

(2) 刀尖伸出的长度约为刀杆厚度的 1～1.5 倍。若刀尖伸出过长，则刚性会变差，车削时容易引起振动，如图 2.15 所示。

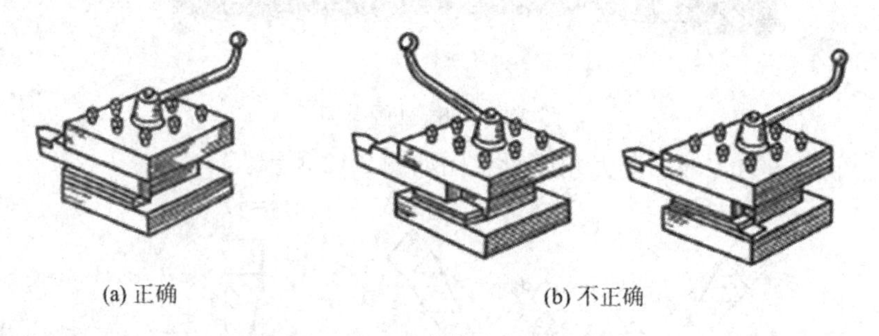
(a) 正确　　(b) 不正确

图 2.15　车刀安装伸出长度示意图

(3) 90° 外圆车刀主刀刃与工件回转中心线之间的夹角应略大于 90°，通常取 91°～93°。可以工件外圆为参照调整主偏角角度。

(4) 垫刀片应对齐在刀架前端。

(5) 装夹车刀至少要用两个螺钉同时夹紧。

车刀的装夹方法

3. 装夹和找正工件

1) 三爪卡盘的功能与结构

在车床上装夹工件的基本要求是定位准确、夹紧可靠。所以车削时必须将工件夹在车床的夹具上，经过校正、夹紧，使它在整个加工过程中始终保持正确的位置，这个工作叫作工件的安装。在车床上安装工件应使被加工表面的轴线与车床主轴回转轴线重合，保证工件处于正确的位置；同时要将工件夹紧，以防止在切削力的作用下，工件松动或脱落，保证工作的安全。

车床上安装工件的通用夹具(车床附件)很多，其中三爪卡盘用得最多，如图 2.16 所示。

图 2.16　三爪卡盘

三爪自定心卡盘是车床上应用最为广泛的一种通用夹具，用以装夹工件并随主轴一起旋转做主运动，能够自动定心装夹工件，快捷方便，一般用于精度要求不是很高，形状规则(如圆柱形、正三角形、正六边形等)的中、小型工件的装夹。正卡爪用于装夹外圆直径较小和内孔直径较大的工件；反卡爪用于装夹外圆直径较大的工件。如图 2.17 所示。

(a) 装夹圆柱形工件

(b) 装夹正六边形工件

图 2.17　三爪卡盘装夹工件

自定心卡盘是车床上的常用工具，它的结构和形状如图 2.18 所示。当卡盘扳手插入小锥齿轮的方孔中转动时，会带动大锥齿轮旋转。大锥齿轮背面是平面螺纹，平面螺纹又和卡爪的端面螺纹啮合，因此就能带动三个卡爪同时做向心或离心移动。

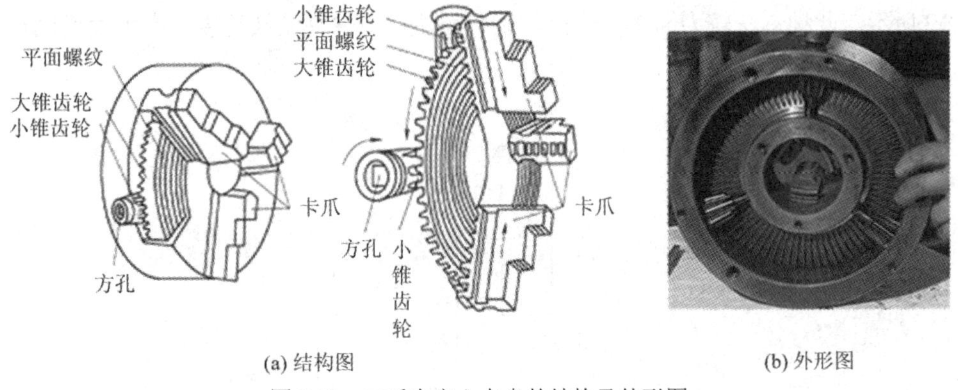

(a) 结构图　(b) 外形图

图 2.18　三爪自定心卡盘的结构及外形图

2) 三爪卡盘安装工件

(1) 左手将卡盘扳手的方榫插入卡盘外壳圆柱面上的方孔中，然后转动卡盘扳手，当卡爪张开略大于工件直径时，右手将工件伸入到三个卡爪间，轻轻夹紧(一般要考虑毛坯长度、加工工艺、夹紧牢固等因素)。

卡盘的使用与卡盘爪的安装与拆卸

(2) 开机，使主轴低速运转，检查工件有无偏摆。若有偏摆，应停车后轻敲工件以纠正，然后拧紧三个卡爪，紧固后须随即取下扳手，以保证安全。

注意：夹持部位较长时无需校正。

3) 找正工件

(1) 找正工件的意义。所谓找正工件，就是将被加工的工件装夹在卡盘上，使工件的中心与车床主轴的旋转中心取得一致，这一过程称为校正工件。当工件夹持部位比较短时，工件很容易歪斜，这时需要校正。

在卡盘上装夹工件时，校正工件十分重要，如果校正不好就进行车削，会产生下列几种弊端：

① 车削时工件单面切削会导致车刀容易损坏，对机床有冲击，且不利于工件夹紧。

② 在余量一定的情况下，会增加车削次数，浪费有效的工时。

③ 加工余量较少的工件，很可能会造成工件车不圆而报废。

④ 调头要接刀车削的工件，必然会产生同轴度误差而影响工件质量。

(2) 找正方法及步骤：

① 目测法。工件夹在卡盘上使工件旋转，观察工件的跳动情况，找出最高点，用重物敲击高点，再旋转工件，观察工件跳动情况，再敲击高点，直至工件找正为止。一般要求最高点和最低点在 1 mm以内为宜。

② 使用划针盘找正。车削余量较小的工件可以利用划针盘找正。

③ 采用百分表找正。已加工过的轴类、盘类工件可用百分表找正。

注意：不得用百分表找正毛坯工件。

④ 开车找正法。在刀架上装夹一个软金属棒(或硬木块)，工件装夹在卡盘上(不可用力夹紧)，开车使工件低速旋转，软金属棒向工件靠近，接触工件(轴类工件接触点在远端外圆，盘类工件接触点在靠近外圆处的端面)，并挤压工件，直至将工件靠正，然后夹紧，如图 2.19 所示。此种方法较为简单、快捷，但必须注意工件夹紧要适度，不可太紧也不可太松；工件外形要平整、光滑。

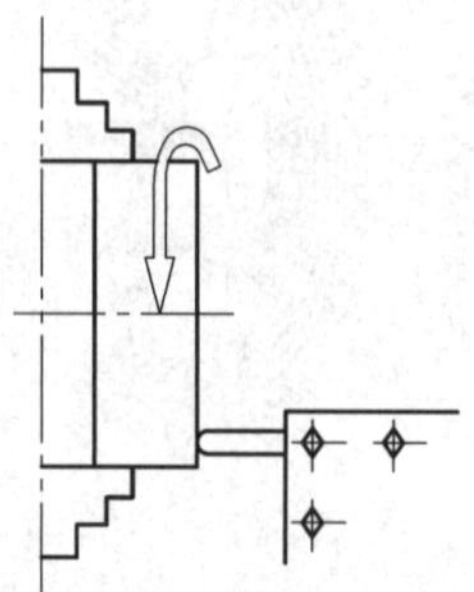

图 2.19　用软金属棒找正盘类工件

4. 切削用量

切削用量包括背吃刀量、进给量和切削速度，又称切削三要素。

1) 切削速度 v_c

$$V_c = \frac{\pi dn}{1000} \tag{2.1}$$

式中：v_c—— 切削速度(m/min)；

d—— 工件的直径(mm)；

n—— 车床主轴的转速(r/min)。

根据刀具材料、工件材料查阅相关切削手册，选择合适的切削速度或参考刀具厂家提供的推荐值，根据切削速度公式计算车床转速 n。

2) 吃刀深度(背吃刀量)a_p

背吃刀量是指切削时已加工表面与待加工表面之间的垂直距离，用符号 a_p 表示，计算公式为

$$a_p = \frac{d_w - d_m}{2} \tag{2.2}$$

式中：a_p —— 背吃刀量(mm)。

d_w—— 待加工表面直径(mm)。

d_m —— 已加工表面直径(mm)。

【例 2.1】 已知工件直径为 50 mm，现在一次走刀至直径为 45 mm，求背吃刀量。

解：根据公式

$$a_p = \frac{d_w - d_m}{2} = \frac{50-45}{2} = 2.5 \text{ mm}$$

3) 进给速度 f

进给速度是工件每转一周，车刀沿进给方向移动的距离(单位为 mm/r)。

纵向(Z 向)进给量—— 沿车床床身导轨方向的进给量；

横向(X 向)进给量—— 垂直于车床床身导轨方向的进给量。

根据机床的刚性、刀具强度及学生的熟练程度，进给速度选择粗加工 0.2 mm/r，精加工 0.1 mm/r。

4) 切削用量选择的原则和范围

车削工件，一般分为粗车和精车。

粗车，在车床动力条件许可时，通常采用吃刀深、进给量大、转速不宜过快，以合理时间尽快将工件余量去除，只需留一定的精车余量即可。

精车，是指车削的末道加工，为了使工件获得准确的尺寸和规定的表面粗糙度，操作者在精车时，通常将车刀修磨得较锋利，转速选得较高，进给量选得较小。

(1) 背吃刀量 a_p(切削深度)。

① 粗车：在留有精加工和半精加工余量后，根据工件粗车余量的多少及机床的刚性尽可能增大吃刀深度，减少走刀次数。

② 半精车、精车：由粗车留下的余量，同时要考虑加工精度和表面粗糙度要求。半精车可取 1～3 mm，精车可取 0.15～0.8 mm。

(2) 进给量 f。

① 粗车：主要受机床、刀具、工件系统所能承受的切削力限制，根据刚度来选择较大的进给量，一般取 0.2～0.3 mm/r。

② 半精车、精车：主要受表面粗糙度的限制。表面粗糙度值越小，进给量也应相应地较小，一般取 0.1～0.3 mm/r。

(3) 切削速度 v_c。

① 粗车：根据已选定的 a_p、f，在工艺系统刚度、刀具寿命和机床功率许可的情况下选择一个合理的切削速度，一般取 60～80 m/min。

② 半精车、精车：用硬质合金车刀半精车、精车时，一般采用较高的切削速度，半精车可取 60～80 m/min，精车可取 80～100 m/min。

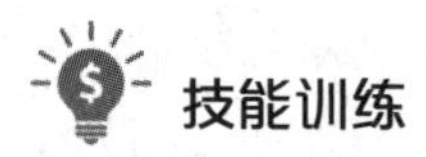

技能训练

车光轴(等直径轴)，如图 2.20 所示。

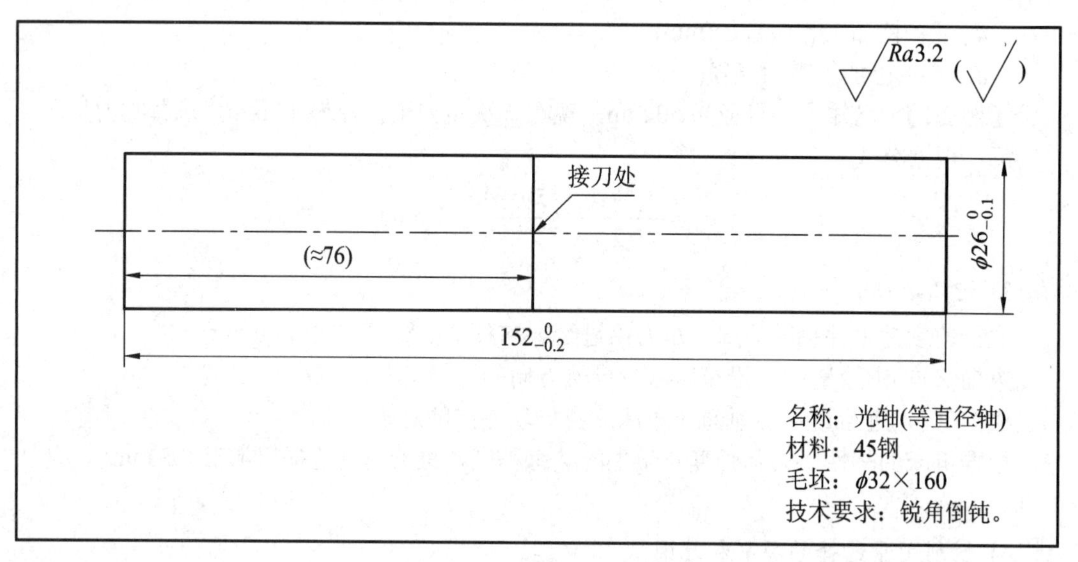

图 2.20　光轴练习图

毛坯尺寸为 $\phi32\times160$ mm 圆棒料，材质为 45 钢，属于中碳钢，切削性能较好。外圆、端面都需要加工，外圆最终尺寸为 $\phi26_{-0.1}^{\ 0}$，长度尺寸为 $152_{-0.2}^{\ 0}$，加工余量较大，需多次车削练习达到图样要求。先进行长度(端面)车削练习，再进行车削外圆练习，最后加工至图样要求。

技能训练 1：

用硬质合金车刀车端面，如图 2.21 所示。

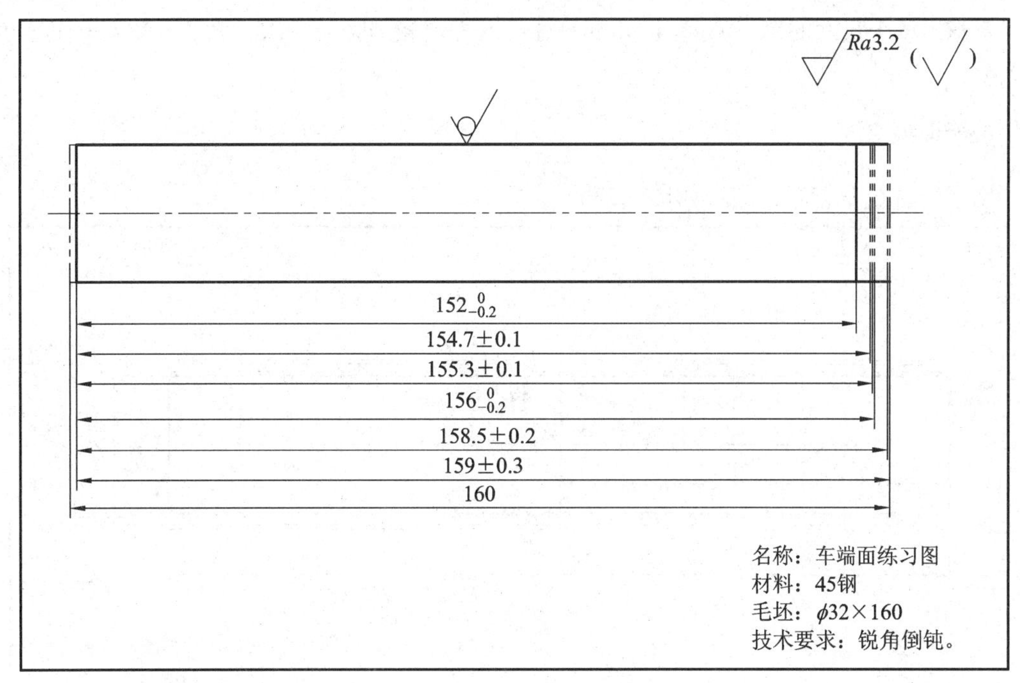

图 2.21　端面车削练习图

1. 工艺分析

(1) 分析图样。毛坯尺寸为ϕ32×160mm 圆棒料，按照图样要求先加工左端面，车削至(159±0.3)mm，再加工右端面，分多次加工：(158±0.2)mm→156 $^{\ 0}_{-0.2}$ mm→(155.3±0.1)mm→(154.7±0.1)mm→152 $^{\ 0}_{-0.1}$ mm 尺寸至图样要求。表面粗糙度为 Ra3.2。

(2) 选择刀具。车削端面采用 45° 车刀、90°车刀均可车削，选用主偏角为 45°硬质合金车刀。

注意：对于车削量较大，应首先选用 45° 车刀车削，车削微量(a_p<0.3 mm)可选用 90° 车刀。

(3) 切削参数。查表可选择切削速度为 60 m/min，根据切削速度公式计算转速 n≈600 r/min(机床的规格不同，选择与计算出的转速最接近的转速为 560 r/min)。

切削深度：各尺寸最大的加工余量约为 2.7 mm(154.7 mm 车至 152 mm 时)，根据机床刚性、功率、加工余量等因素确定粗加工一次，切削深度约为 1.2 mm，精加工 2 次，切削深度约为 0.5 mm。其余尺寸加工时至少要粗加工一次、精加工一次。

进给速度：粗加工时，进给速度为 0.2 mm/r(可先试切，再根据实际效果进行调整)。

2. 加工步骤

(1) 调整车床转速、自动进给速度，安装 45° 车刀。

(2) 用三爪卡盘装夹工件。

(3) 车削工件。

(4) 测量长度尺寸，第 1 个长度尺寸为(159±0.3)mm。

(5) 工件调头装夹。

车削端面

重复以上步骤，依次车削各尺寸至图样要求。

考核：每个尺寸的练习不超过 5 min，每一次练习教师计分一次，长度每超差 0.05 mm 扣 5 分。

技能训练 2：

用硬质合金车刀车外圆，如图 2.22 所示。

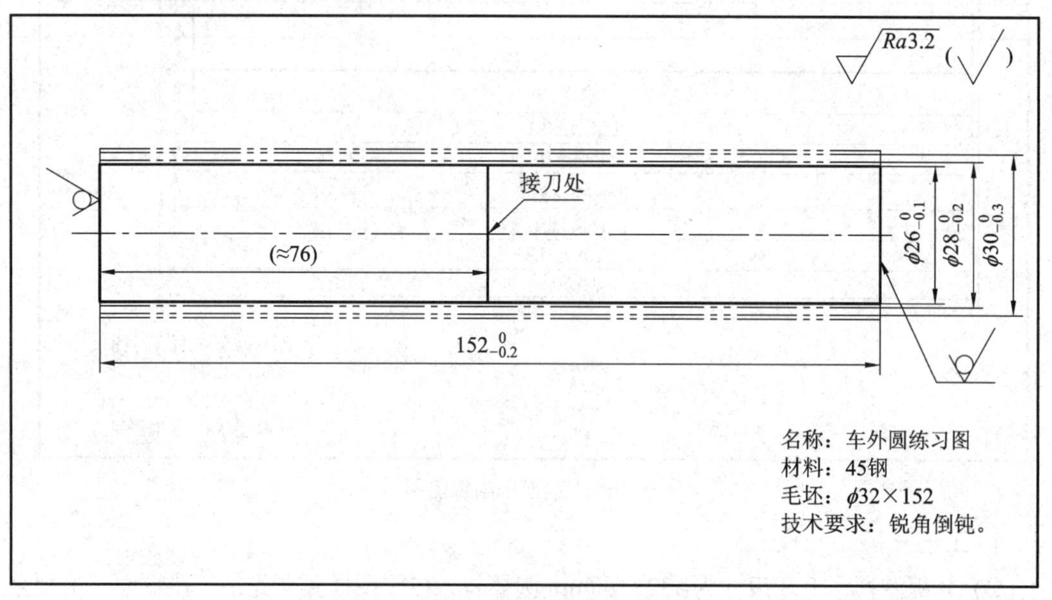

图 2.22　外圆车削练习图

1. 工艺分析

(1) 分析图样。毛坯尺寸为 $\varphi 32\times 152$ mm 圆棒料，工件两端面不需要再加工，只加工外圆表面，由$\phi 32$ mm 车至$\phi 30^{0}_{-0.3}$ mm、$\phi 28^{0}_{-0.2}$ mm、$\phi 26^{0}_{-0.1}$ mm。

(2) 选择刀具。选择硬质合金 90° 偏刀。

(3) 切削参数。查表选择切削速度为 60 m/min，根据切削速度公式计算转速 $n\approx 600$ r/min (机床的规格不同，选择与计算出的转速最接近的转速，可先试切，再根据实际效果进行调整)。

① 切削深度：加工余量为 2 mm，根据机床刚性、功率、加工余量等因素确定粗加工一次，切削深度 $a_p\approx 0.5$ mm(半径值)，精加工 2 次，切削深度 $a_p\approx 0.25$ mm。例如：(32 mm→31 mm→30.5 mm→30 mm)。

② 进给速度：粗加工 0.2 mm/r，精加工 0.1 mm/r(可先试切，再根据实际效果进行调整)。

2. 加工步骤

(1) 调整车床转速、自动进给速度，安装 90° 车刀。

(2) 按照图样要求，工件可接刀加工，即先车削工件外圆一半的长度约为 71 mm，再调头车另一半长度的外圆。用三爪卡盘装夹工件，工件伸出卡盘约为 80 mm。

(3) 车削工件。

(4) 测量工件直径，这时工件直径应为$\phi 30$ mm；倒角，去毛刺；如果符合图样要求，则可卸下工件。

(5) 调头装夹刚才加工过的外圆，用百分表测量已加工表面，保证装夹后工件跳动量在 0.1 mm 之内，再加工另一侧外圆。

注意：在车削工件时，为了正确和迅速地掌握进刀深度，通常利用中滑板或小滑板上的刻度盘进行操作。

中滑板的刻度盘装在横向进给的丝杠上，当摇动横向进给丝杠转一圈时，刻度盘也转了一周，这时固定在中滑板上的螺母就带动中滑板车刀移动一个导程，如果横向进给丝杠导程为 4 mm，刻度盘分 80 格，当摇动进给丝杠转动一周时，中滑板则移动 4 mm，当刻度盘转过 1 格时，中滑板移动量为 4/80 = 0.05 mm。因此使用刻度盘调整进给量时，如图 2.23(a)所示；如果进给量超过所需数值，必须向相反方向退回全部空行程，然后再转到需要的数值，如图 2.23(c)所示；而不能直接退回到需要的数值，如图 2.23(b)所示。但必须注意，中滑板刻度的吃刀量应是工件余量的 1/2。

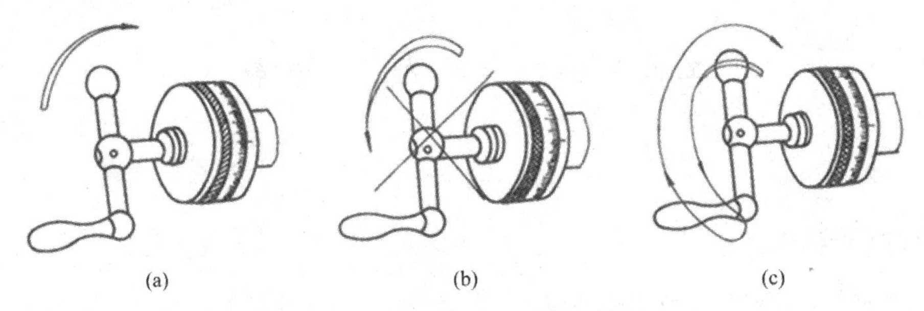

图 2.23　刻度盘空行程消除示意图

对于安装有光栅尺数显装置的车床，中滑板调整尺寸可在数显屏上很直观的显示，但是数值调整有误时，要退回原尺寸后再重新调整，直至显示正确数值，数显屏和光栅尺如图 2.24 所示。

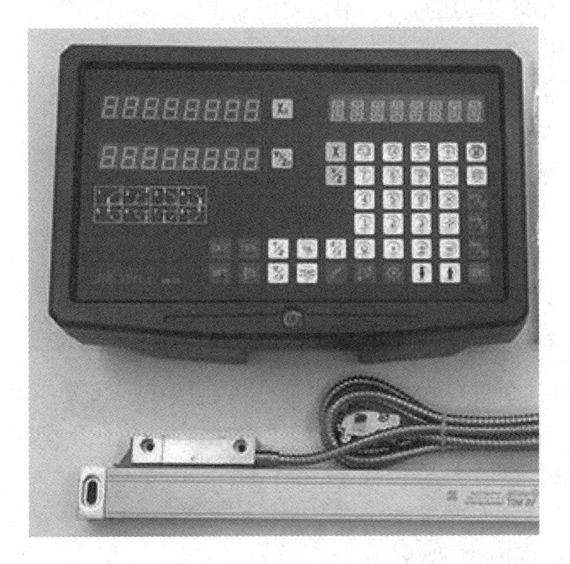

图 2.24　数显屏和光栅尺

车削外圆

3. 容易产生的问题及其原因

(1) 问题：工件平面中心留有凸头。原因：刀尖没有对准中心，偏高或偏低。解决办法：重新安装车刀，保证车刀刀尖与工件中心等高。

(2) 问题：车削平面不平有凹凸。原因：切削量过大或车刀磨损，使切削抗力增大，刀架和车刀紧固力不足，刀具移动引起。解决办法：减小切削量或更换、刃磨刀具。

(3) 问题：车削表面痕迹粗细不一。原因：手动进给不均匀。解决办法：加强对机床的操控能力。

4. 注意事项

(1) 变换转速时，应先停车，否则容易打坏主轴箱内的齿轮。

(2) 切削时，应先启动机床，再进刀；切削完毕时，应先退出车刀后停车，否则车刀容易损坏。

(3) 车削前，应检查滑板位置是否正确，工件装夹是否牢靠，卡盘扳手是否已取下。

工作任务四　车削阶梯轴

训练内容

车削阶梯轴。阶梯轴是典型的轴类工件，在机械设备中应用较广泛。

知识与技能目标

(1) 了解车削台阶轴时车刀的几何角度。

(2) 掌握车台阶的方法。

(3) 学会控制、测量台阶长度。

(4) 了解一次装夹车削台阶轴，保证同轴度的方法。

(5) 了解车削台阶轴时产生废品的原因和预防方法。

相关理论知识

1. 台阶工件的技术要求

在同一工件上，有几个直径大小不同的圆柱体连接在一起像台阶一样，称之为台阶工件。台阶工件的车削，实际上是外圆和平面车削的组合，故在车削时必须兼顾外圆的尺寸精度和台阶长度的要求。

阶梯轴工件具有以下技术要求：

(1) 各级外圆之间的同轴度要求。

(2) 外圆和台阶平面间的垂直度要求。

(3) 台阶平面的平面度要求。

(4) 外圆和台阶平面相交处的清角。

2. 车刀的选择与装夹

车削台阶可用 90° 车刀，这样既可车削外圆又可车削端面，只要可以控制台阶长度，自然可得到台阶面。应当注意，车刀安装后的主切削刃与工件轴线夹角(主偏角)必须控制在 91° ～93° 之间，如图 2.25 所示。

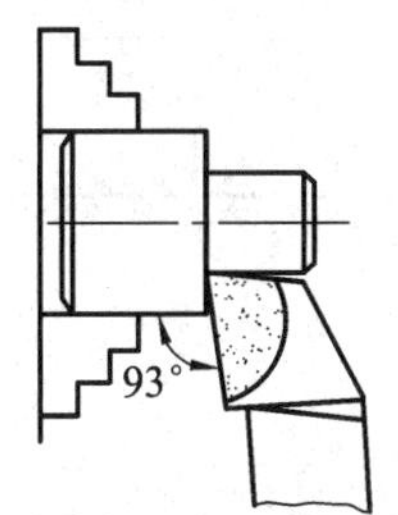

图 2.25　车刀安装示意图

3. 车削方法和步骤

车削台阶工件时，一般分为粗车、精车。

(1) 粗车。粗车时的台阶长度可各留 0.2 mm 左右的精车余量，各外圆直径尺寸留 0.8～1 mm 的精车余量。

(2) 精车。精车时，先精车外圆，将每个外圆约 1 mm 的余量大致均分为两刀车削，在精车完台阶外圆后，车刀和最外侧端面对刀后利用刻度或数显精度，通过移动中滑板一次或多次精车台阶平面，保证台阶长度尺寸和台阶面与外圆的垂直度，以保证台阶端面和轴线垂直。装刀时，主偏角可略大于 90° (一般取 91° ～93°)。

4. 控制台阶长度的方法

1) 刻线法

先用钢直尺、游标卡尺、深度尺测量出要车削台阶的长度尺寸；然后移动床鞍使车刀刀尖处于车削台阶长度的末端，启动机床后再摇动中滑板手柄，使车刀刀尖在工件外圆表面刻出台阶长度的线痕；最后进行车削。这种方法误差较大。

2) 床鞍和小滑板的刻度盘法或光栅尺数显装置

C6132A 型卧式车床床鞍的刻度盘每小格等于纵向进给 0.05 mm，小滑板刻度盘每转一格，带动小滑板移动的距离为 0.05 mm。根据床鞍和小滑板刻度盘转过的格数，即可算出进给长度。采用这种方法，台阶长度误差可控制在 0.1 mm 之内。可见，使用数显装置尺寸控制更直观且精确。

实际操作者往往是以上两种方法共同使用：粗加工时，刻线确定大致位置；精加工时，看数值进行精确控制。

5. 测量台阶轴台阶长度的方法

测量台阶轴台阶长度，通常使用游标卡尺、游标深度尺。

技能训练

车削阶梯轴，如图 2.26 所示。

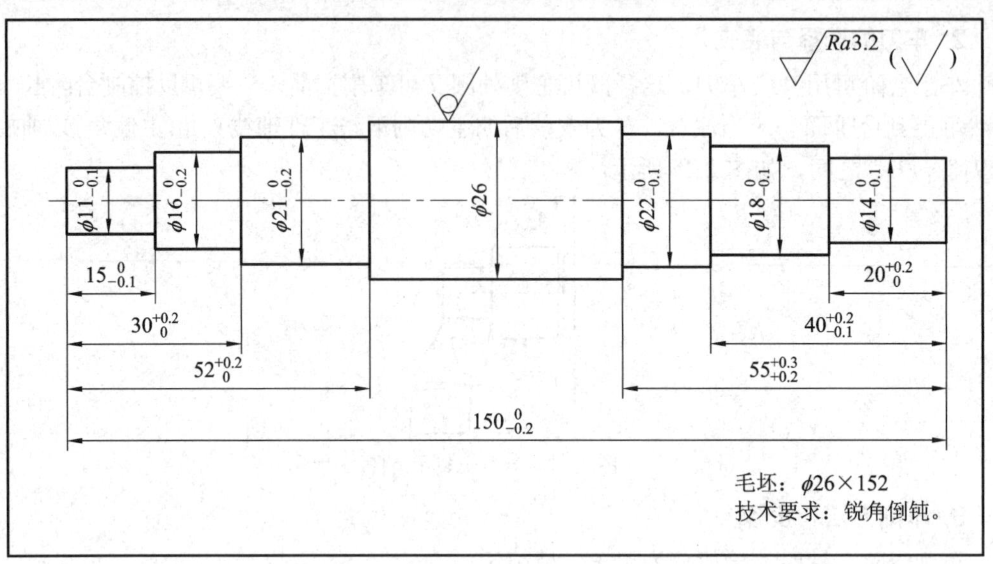

图 2.26　阶梯轴

1. 工艺分析

(1) 分析图样。毛坯尺寸为ϕ26×152 mm 圆棒料，工件 φ26 mm 外圆不需要再加工，左右两端各有 3 个阶梯圆，左侧外圆尺寸为$\phi 11_{-0.1}^{\ 0}$ mm、$\phi 16_{-0.2}^{\ 0}$ mm、$\phi 21_{-0.2}^{\ 0}$ mm，长度尺寸为 $15_{-0.1}^{\ 0}$ mm、$30_{\ 0}^{+0.2}$ mm、$52_{\ 0}^{+0.2}$ mm；右侧外圆尺寸为$\phi 14_{-0.1}^{\ 0}$ mm、$\phi 18_{-0.1}^{\ 0}$ mm、$\phi 22_{-0.1}^{\ 0}$ mm，长度尺寸为 $20_{\ 0}^{+0.2}$ mm、$40_{-0.1}^{+0.2}$ mm、$55_{+0.2}^{+0.3}$ mm；总长度为 $150_{-0.2}^{\ 0}$ mm。形位公差为未注公差。

(2) 选择刀具。车长度(端面)尺寸可用 45° 弯头车刀；车外圆选用 90° 偏刀。

(3) 切削用量的确定。查表选择切削速度为 60 m/min，根据切削速度公式计算转速 $n\approx$ 600 r/min(机床的规格不同，可选择与计算出的转速最接近的转速，可先试切，再根据实际效果进行调整)。

① 切削深度：左侧阶梯圆加工余量为 5 mm(右侧为 4 mm)，根据机床的刚性、功率、加工余量等因素确定粗加工 2 次，切削深度 $a_p\approx$1 mm(半径值)，精加工 2 次，切削深度 $a_p\approx$0.25 mm。例如：(26→24→22→21.5→21)。

② 进给速度：粗加工 0.2 mm/r，精加工 0.1 mm/r(可先试切，再根据实际效果进行调整)。

2. 加工步骤

(1) 先粗、精加工长度尺寸。

(2) 加工左侧各台阶，安装、校正工件，工件伸出卡盘约 60 mm。

(3) 粗车、精车各外圆、台阶，尺寸至图样要求。

(4) 测量左侧各台阶的外圆与长度尺寸，合格后卸下工件。

(5) 调头车右侧各台阶。

车削阶梯轴

3. 容易产生的问题和注意事项

(1) 台阶平面和外圆相交处要清角，防止产生凹坑和出现小台阶。

(2) 台阶平面出现凹凸，其原因可能是车刀没有横向进给或车刀装夹主偏角小于 90°，其次与刀架、车刀、滑板等发生位移有关。

(3) 多台阶工件长度的测量，应按照图样标注的尺寸基面测量，以防积累误差。

(4) 平面与外圆相交处出现较大的圆弧，原因是刀尖圆弧较大或刀尖磨损。

(5) 使用游标卡尺测量尺寸时，卡尺测脚应和测量面贴平，以防卡尺测脚歪斜而产生测量误差。

(6) 使用千分尺测量工件时，松紧程度要合适。

(7) 当车床主轴未停稳、工件有毛刺时，不能测量工件。

考核：每个学生练习不超过 45 min，每一次练习教师计分一次，外圆每超差 0.01 mm 扣 5 分，长度每超差 0.05 mm 扣 5 分。以上练习 5 次结束后按图 2.26 进行加工、考核。

工作任务五 车削带螺纹短轴

训练内容

如图 2.27 所示，该零件为一阶梯轴(销轴)，带有螺纹、槽、孔表面。涉及的加工内容有外圆(阶梯圆)、端面、倒角、切槽、钻孔、套螺纹。加工步骤应为：夹一端车端面、车外圆，切槽，倒角；调头车另一端端面、外圆，钻孔，套螺纹，倒角。

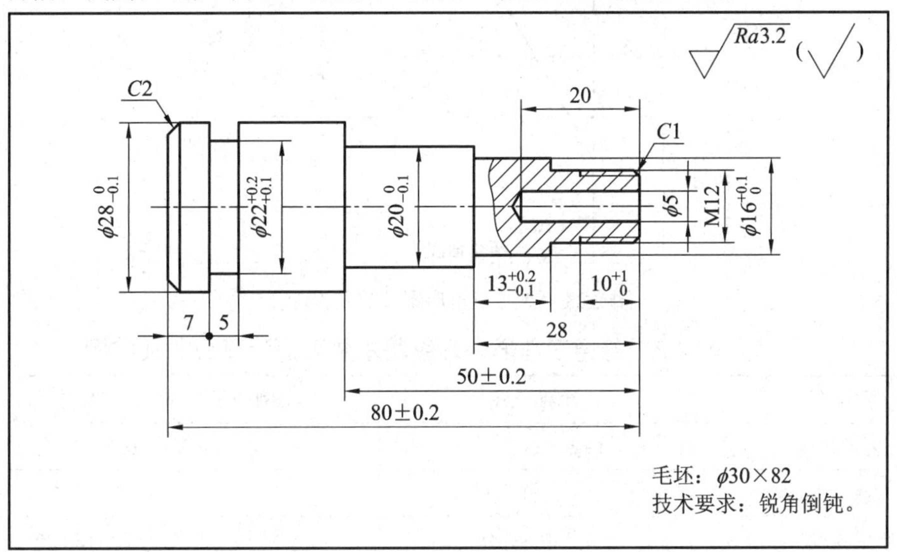

图 2.27 销轴

知识与技能目标

(1) 强化控制、测量台阶长度。

(2) 了解麻花钻的组成及形状。

(3) 学会钻孔的方法。

(4) 了解切断刀和切槽刀的组成部分和几何角度。

(5) 了解切槽和切断的加工方法。

(6) 了解普通三角形螺纹的主要参数。

(7) 了解三角形螺纹的测量方法。

(8) 掌握用板牙在车床上套螺纹的方法。

相关理论知识

1. 三角形螺纹

三角形普通螺纹的应用非常广泛，其可分为普通粗牙螺纹和普通细牙螺纹，牙型角均为60°。普通粗牙螺纹用字母“M”及公称直径来表示，如M10、M24等；普通细牙螺纹用字母“M”、公称直径后加“×螺距”来表示，如M10×1、M24×2等。

1) 普通三角形螺纹的尺寸计算

普通三角形螺纹的基本牙型如图2.28所示，其基本要素的计算公式及实例见表2.2。

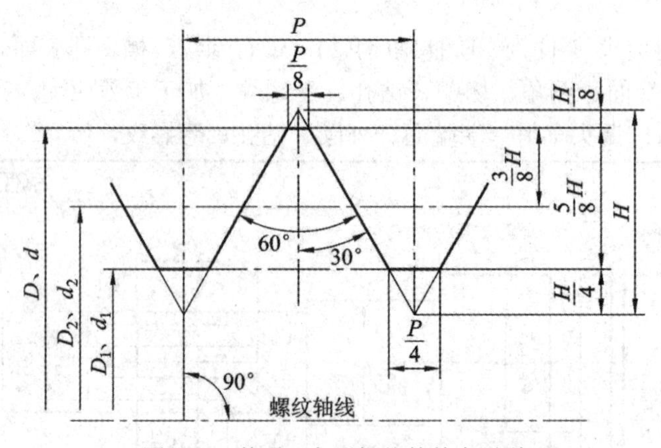

图2.28　普通三角形螺纹的基本牙型

表2.2　普通三角形外螺纹基本要素的计算公式及实例　　mm

基本要素	计算公式	实例：求M30×2基本要素尺寸
牙型角(α)	$\alpha = 60°$	$\alpha = 60°$
螺纹大径(d)	d = 公称直径	$d = 30$
牙型高度(h_1)	$h_1 = 0.5413P$	$h_1 = 0.5413×2 = 1.0826$
螺纹小径(d_1)	$d_1 = d-1.0825P$	$d_1 = 30-1.0825×2 = 27.835$
螺纹中经(d_2)	$d_2 = d-0.6495P$	$d_2 = 30-0.6495×2 = 28.701$

2) 三角形外螺纹的检验与测量

(1) 单项测量法。

① 测量大径。螺纹大径公差较大，一般采用游标卡尺或千分尺测量。

② 测量螺距。螺距一般可用游标卡尺或螺距规测量：用游标卡尺测量时，需多量几个螺距的长度，再除以所测牙数，即可得出平均值；如图2.29所示，用螺距规测量时，螺距规样板须平行轴线方向并放入牙型槽中，应使工件螺距与螺距规样板完全符合。

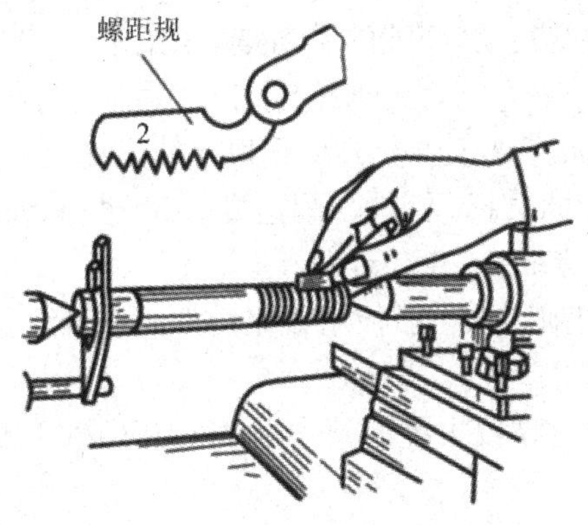

图 2.29　用螺距规测量螺距

③ 测量中径。三角形外螺纹中径可用螺纹千分尺来测量。

(2) 综合测量法。综合测量法是采用极限量规对螺纹的基本要素(螺纹大径、中径和螺距等)同时进行综合测量的测量方法。测量外螺纹时可采用螺纹环规，如图 2.30 所示，用螺纹环规测量时，通规应可以旋入而止规不允许旋入。综合测量法测量效率较高，使用方便，能较好地保证互换性，广泛用于对标准螺纹或大批量生产螺纹的检测。

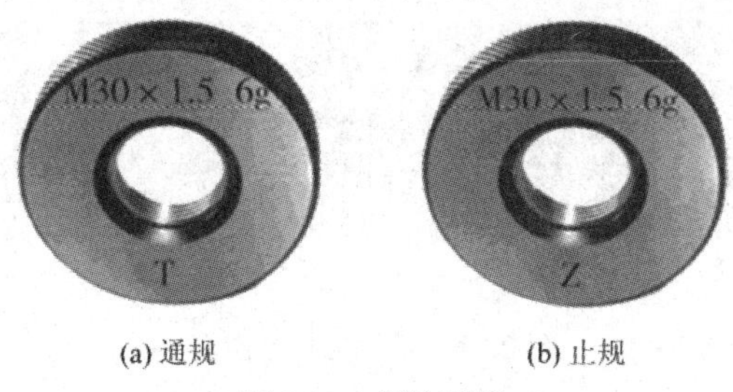

(a) 通规　(b) 止规

图 2.30　螺纹环规

3) 三角螺纹的加工

一般精度不高且直径不大于 M16 或螺距小于 2 mm 的外螺纹可用板牙直接套出来(直径大于 M16 的螺纹可粗车螺纹后再套螺纹)，其切削效果以 M8～M12 为最好。由于板牙是一种成形、多刃的刀具，所以操作简单、生产效率高。

(1) 圆板牙。圆板牙分粗牙、细牙两种，如图 2.31 所示，可加工 6 g 公差带的普通外螺纹。

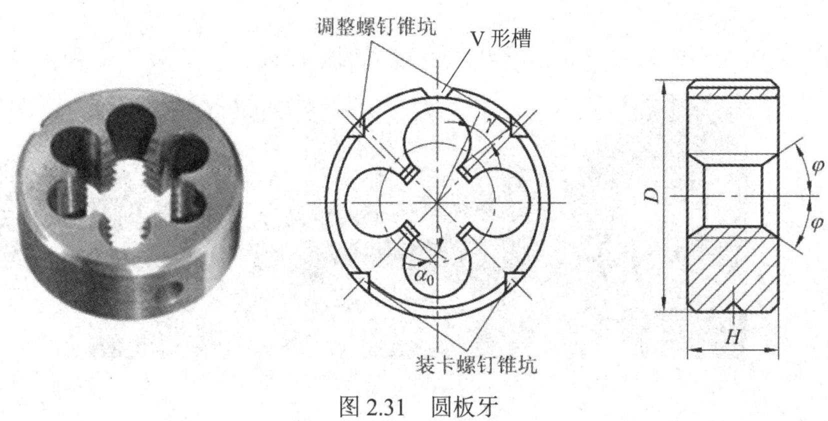

图 2.31　圆板牙

圆板牙大多用高速钢制成，其两端的锥角是切削部分，是切削螺纹的主要部分。板牙的外圆表面是夹持部分，一般有两个装卡螺钉锥坑，用于在板牙架上固定板牙；两个调整螺钉锥坑和 V 形槽，用在板牙架上调整开口式板牙的尺寸。

(2) 套螺纹时切削速度的选择。钢件切削速度取 3～4 m/min；铸铁工件切削速度取 2～5 m/min；黄铜工件切削速度取 6～9 m/min。

(3) 切削液的使用。切削钢件一般使用硫化切削油或机油和乳化液。

(4) 套螺纹前的工艺要求。

① 先将工件外圆车至比螺纹大径的基本尺寸小 0.13*P*(*P* 为螺距)。按工件螺距和材料的塑性大小来决定。

② 外圆车好后，工件必须倒角，倒角要小于或等于 45°，倒角后的平面直径要小于螺纹小径，使板牙容易切入工件。

③ 套螺纹前，必须使尾座轴线与车床主轴轴线重台，水平方向的偏移量不得大于 0.05 mm。

④ 板牙装入套螺纹工具——板牙架上时，如图 2.32(a)所示，必须使其平面与主轴轴线垂直。可用过渡套(图 2.32(b))装夹不同规格的板牙。

(a) 板牙架　　(b) 过渡套

图 2.32　板牙架与过渡套

(5) 套螺纹的步骤。

① 用套螺纹工具进行套螺纹，将套螺纹工具的柄部装入尾座套筒锥孔中。

② 调整滑动套筒行程，使其大于螺纹长度。

③ 开动车床和冷却泵。

④ 转动尾座手轮，使板牙切入工件进行自动套螺纹。

操作要领：板牙开始切入工件后，应立即停止转动尾座手轮；当板牙接近螺纹所需长度时，必须及时反车退出，防止乱牙；小于 M6 的螺纹要固定尾座，以防尾座的自重会使螺纹乱牙。

⑤ 当板牙切入到所需位置时，须及时反转主轴退出板牙，如图 2.33 所示。

套螺纹

图 2.33　套螺纹

2. 切槽和切断

零件上经常会有各类作用的槽，这些槽是使用各类切槽(切断)刀切制而成的。在车床上，将较长的工件切断成短料或将车削完成的工件从原材料上切下，这种加工方法叫作切断。

矩形切槽刀和切断刀的几何形状基本相似，只是刀头部分的宽度和长度有所区别，有时也通用，故合并讲解，如图 2.34 所示。

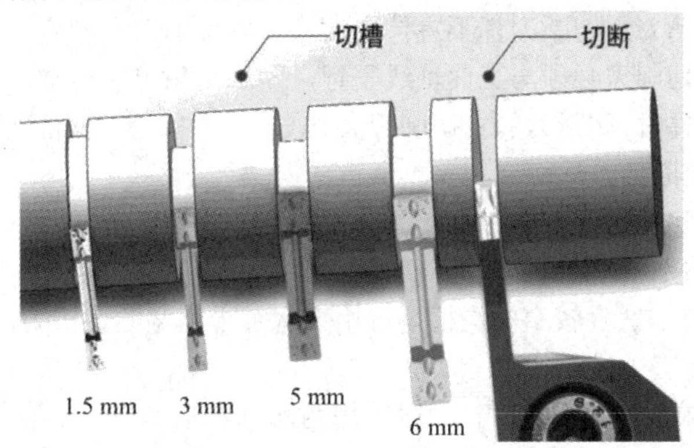

图 2.34　切槽和切断示意图

1) 切断刀(切槽刀)

(1) 切断刀(切槽刀)的种类。在实际生产中，各类材质的机械夹固式(数控)切槽(切断)刀应用日趋广泛，种类、规格较多，且已经标准化，只需按实际需要选购即可。具有刃磨刀具基础的操作者有时也可以自己刃磨焊接硬质合金和高速钢切刀，主要刀具材料以硬质合金为主。

(2) 切断刀(切槽刀)的基本知识。

① 几何角度。切槽刀的几何形状与角度如图 2.35 所示。

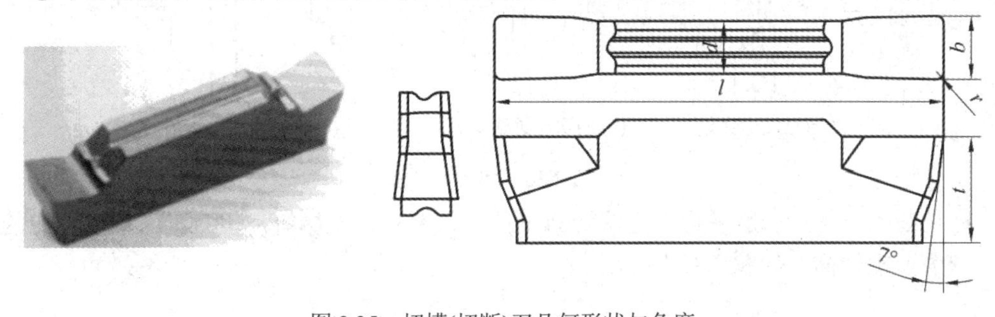

图 2.35　切槽(切断)刀几何形状与角度

② 主切削刃宽度。主切削刃太宽会因切削力太大而振动，同时浪费材料；主切削刃太窄又会削弱刀体的强度，车削时易造成车刀的折断，因此，主切削刃宽度要合理选取。

主切削刃宽度 α 可用下面的经验公式计算：

$$\alpha \approx (0.5 \sim 0.6)\sqrt{d} \tag{2.3}$$

式中：α ——主切削刃宽度(mm)；

d——工件直径(mm)。

③ 刀头长度。切断刀的刀头不宜太长，否则会引起振动或折断刀头。刀头长度可按以下公式计算：

$$L = h + (2\sim3) \tag{2.4}$$

式中：L——刀头长度；

　　h——切深。

(3) 外切槽刀和切断刀的安装要点：

① 安装时，切槽刀和切断刀都不宜伸出太长，以增加刀具刚度。

② 切断刀的主切削刃必须与工件轴线平行，两副后角也应对称，以保证槽底平整。

③ 切断实心工件时，切断刀的主切削刃必须与工件中心等高，否则不能车到工件中心，并且容易崩刃，甚至断刀。

④ 车削外沟槽和切断的方法。

- 车削外沟槽的方法：

a. 车削精度不高、宽度较窄的沟槽，可用刀宽等于槽宽的切槽刀，采用一次直进法车出，如图 2.36(a)所示。

b. 车削精度要求较高的沟槽时，一般采用两次直进法车削，即第一次车槽时，槽壁两侧和槽底留精车余量，然后根据槽深和槽宽余量分别进行精车，如图 2.36(b)所示。

c. 车较宽的沟槽时，可用多次直进法车削，并在槽壁两侧和槽底留精车余量，最后根据槽深、槽宽进行精车，如图 2.36(c)所示。

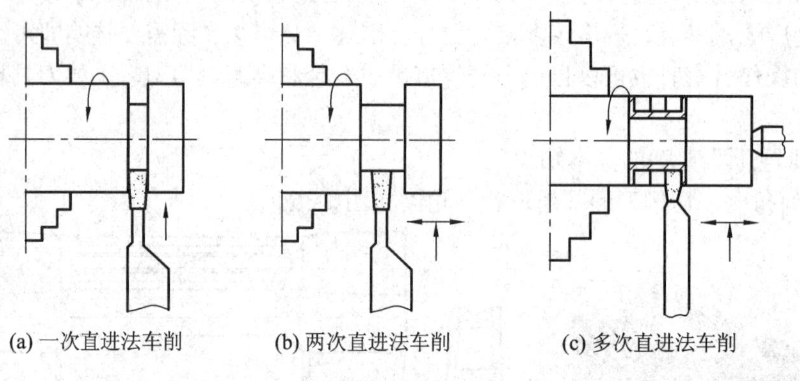

(a) 一次直进法车削　　(b) 两次直进法车削　　(c) 多次直进法车削

图 2.36　切槽方法

- 切断的方法：一般采用直进法切断工件，效率高、省材料，但对车床刚度与刀的刃磨、安装要求较高，如图 2.37 所示。

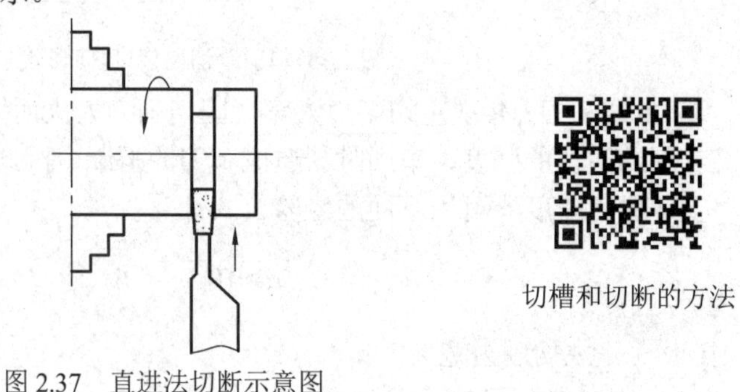

切槽和切断的方法

图 2.37　直进法切断示意图

⑤ 槽的检查和测量。通常使用游标卡尺或外径千分尺测量沟槽槽底直径，使用游标卡尺测量其宽度。

3. 钻孔

1) 麻花钻

钻孔是用钻头在实体材料上加工孔的方法，钻孔属于粗加工。麻花钻是最常用的一种钻头，它的钻身带有螺旋槽且端部具有切削能力。标准的麻花钻由柄部、颈部及工作部分等组成，如图 2.38 所示。

麻花钻的基本形状有锥柄麻花钻(见图 2.38(a))、直柄麻花钻(见图 2.38(b))两种。

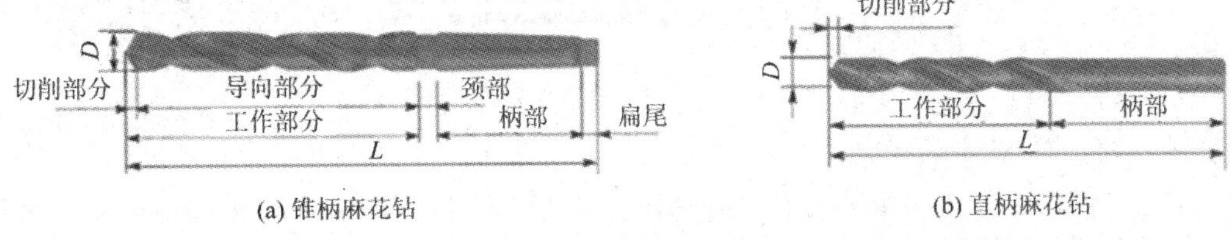

图 2.38　麻花钻的组成

(1) 工作部分。工作部分由切削部分和导向部分组成，分别起切削和导向作用。

(2) 颈部。颈部在锥柄麻花钻中起连接工作部分和柄部的作用，一般在颈部标注生产厂家、商标、钻头直径、材料牌号等。

(3) 柄部。柄部起装夹麻花钻的作用。

一般直径小于$\phi13$ 的钻头是直柄麻花钻，其柄部标注商标、钻头直径、材料牌号等。锥柄麻花钻由莫氏标准锥体和扁尾组成，分别起安装、拆卸麻花钻的作用。

安装直柄麻花钻时，用带锥柄的钻夹头夹紧直柄麻花钻柄部即可。钻夹头有自紧式和普通扳手式，其外形如图 2.39 所示。

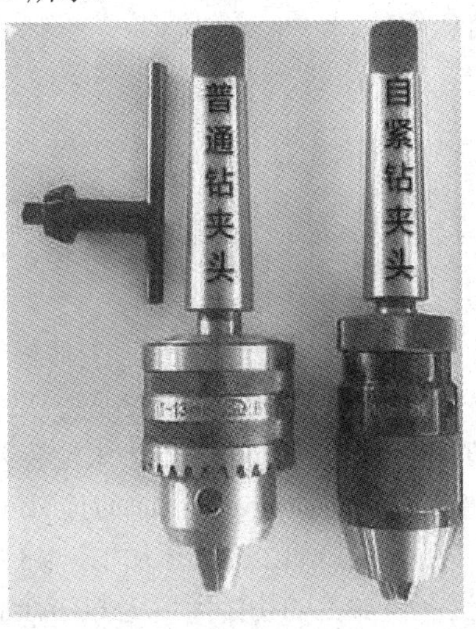

图 2.39　钻夹头

2) 切削用量的选择

切削速度(v_c)，钻孔时的切削速度是指麻花钻主切削刃外缘处的线速度。

用高速钢麻花钻钻钢料时，切削速度一般取 15～30 m/min；钻铸铁材料时，切削速度稍低一些，一般取 10～25 m/min。根据切削速度的计算公式，直径越小的钻头，主轴转速应越高。

3) 钻孔的方法与注意事项

(1) 钻孔的方法：

① 根据钻孔直径和孔深来正确选择麻花钻。

② 钻孔前，先将工件平面车平，中心处不允许留有凸台，用定心钻(如图 2.40 所示)钻定心孔，以便于钻头的正确定心，然后再钻孔。

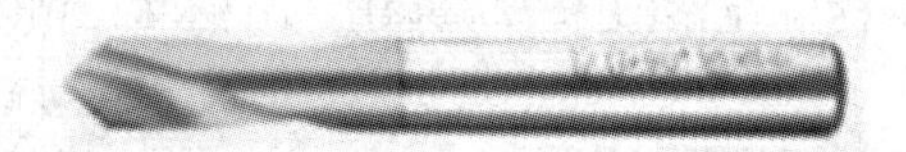

图 2.40　定心钻

在车床上钻孔

(2) 钻孔的注意事项：

① 安装钻头前，用纱布擦净内、外锥体；安装钻头时，注意钻头锥柄的扁尾与车床尾座套筒锥孔内的凹槽要一致，才能准确安装。

② 钻孔前要校正尾座，使钻头中心对准工件回转轴线，否则可能会将孔径钻大、钻偏，甚至折断钻头。

③ 选用直径较小的麻花钻钻孔时，钻速应选得快一些，一般先用中心钻在工件端面上钻出中心孔，再用钻头钻孔，这样便于定心且钻出的孔同轴度较好。

④ 起钻时进给量要小，待钻头切削部分钻入工件后才能正常进给。

⑤ 在实体材料上钻孔，孔径不大时可以用钻头一次钻出，若孔径超过 30 mm，则不易用直径大的钻头一次加工完成，应分两次钻出孔径尺寸，即先用小直径钻头钻出底孔，再用大直径钻头扩孔至所要求的尺寸。通常第一次选用的钻头直径为第二次钻头直径的 0.5～0.7 倍，扩孔时要降低机床转速。

技能训练

加工带螺纹阶梯轴，如图 2.27 所示。

1. 工艺分析

(1) 分析图样。毛坯尺寸为ϕ30×82 mm 圆棒料，工件最大外圆尺寸为$\phi 28_{-0.1}^{0}$ mm，上面有$\phi 22_{+0.1}^{+0.2}$ mm×5 mm 槽、$\phi 20_{-0.1}^{0}$ mm、$\phi 16_{0}^{+0.1}$ mm 外圆、M12 外螺纹；带公差长度尺寸为 $13_{-0.1}^{+0.2}$ mm、80±0.2 mm，其余尺寸和形位公差均为未注公差。

(2) 选择刀具。车长度(端面)尺寸可用 45° 弯头车刀，车外圆选用 90° 偏刀。5 mm 宽槽用 3.5 mm 宽度切刀，M12 外螺纹用 M12 圆板牙加工，ϕ5 孔用ϕ5 钻头钻。

(3) 切削用量。经查表，选择粗加工的切削速度为 60 m/min，精加工的切削速度为 100 m/min；根据切削速度公式计算，转速分别为 n≈600 r/min、n≈1000 r/min(机床的规格不同，选择与计算出的转速最接近的转速，可先试切，再根据实际效果进行调整)。钻孔和套螺纹时，可按照 15～30 m/min 和 3～4 m/min 计算选择机床转速。

① 切削深度：按照粗加工切削深度 a_p≈1 mm(半径值)，精加工切削深度 a_p≈0.25 mm，

合理分配切削用量。

② 进给速度：加工外圆时，粗加工时进给速度为 0.2 mm/r，精加工时进给速度为 0.1 mm/r(可先试切，再根据实际效果进行调整)。

2. 加工步骤

(1) 粗、精加工左侧端面和外圆，ϕ28 外圆长度车至约 40 mm(多出部分用于调头装夹校正)；用 3.5 mm 宽切刀两次车至 5 mm 宽度和ϕ22 槽底直径；用 45° 车刀倒角 *C*2；测量各部分尺寸，合格后卸下工件。

(2) 调头装夹并校正工件，车长度至尺寸要求；粗、精加工各外圆至尺寸，M12 螺纹外圆车至ϕ11.8；倒角 *C*1；用板牙套 M12 螺纹；用定心钻定心，用ϕ5 钻头钻孔。测量各部分尺寸，合格后卸下工件。

3. 容易产生的问题和注意事项

(1) 精加工阶梯圆外圆时，要保证刀尖锋利。

(2) 工件调头装夹要在已加工外圆上垫铜皮以保护装夹表面，要校正工件外圆跳动量至 0.1 mm 之内。

(3) 多台阶工件长度的测量，应按照图样标注的尺寸基面进行测量，以防积累误差。

(4) 测量时，要正确使用量具，工件测量位置不应有毛刺。

(5) 使用千分尺测量工件时，松紧程度要合适。

(6) 当车床主轴未停稳、工件有毛刺时，不能测量工件。

(7) 套螺纹和钻孔时要及时变换机床转速。

本模块考核要求

(1) 学生在每个任务练习时，均应按照教师规定的时间完成(实训教师要考虑学生个体差异规定合理的加工时间)。

(2) 练习完毕后填写实训报告(参见“附录 1　实训报告模板)。

(3) 练习过程中，学生执行安全文明生产规范情况；操作时和操作完毕后执行 5S 管理规范情况以及工件加工时间、加工质量，包括劳动态度均可作为成绩考核评定的依据。

模块三　铣削加工

铣工生产是机械制造过程中最常见的基本工种之一。

本模块的任务是使学生掌握铣工应具备的基础专业操作技能，培养学生理论联系实际、分析和解决生产中一般问题的能力。

本模块是以实践为主导的课程。学习时结合《机械制造基础》教材的理论知识，可以更好地指导技能训练，并通过技能训练加深对理论知识的理解、消化、巩固和提高。

通过学习，应达到以下具体要求：

(1) 掌握典型铣床的主要结构、传动系统、操作方法和维护保养方法。

(2) 能合理选择和使用夹具、刀具和量具，掌握其使用和维护保养方法。

(3) 熟练掌握铣工的基础操作技能，并能对工件进行质量分析。

(4) 独立制定中等复杂工件的铣削加工工艺，并注意吸收、引进较先进的工艺和技术。

(5) 合理选用切削用量和切削液。

(6) 掌握铣削加工中相关的计算方法，学会查阅有关的技术手册和资料。

(7) 养成安全生产和文明生产的习惯。

因篇幅有限，本章以典型块类零件为载体(如图 3.1 所示)，分解成若干任务学习、训练基础的铣削技能。

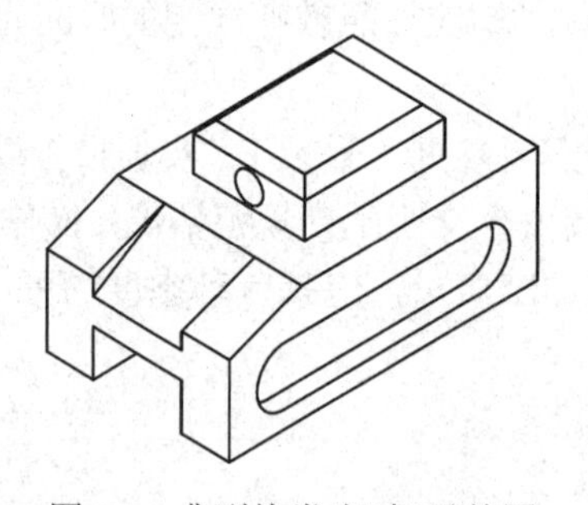

图 3.1　典型块类(坦克)零件图

工作任务一　安全文明生产与操作

训练内容

安全文明生产知识是实训教学顺利进行的保障。

知识与技能目标

理解并严格遵守文明生产和安全生产的内容和要求。

相关理论知识

安全、文明生产总则：不伤害自己；不伤害别人；不被别人伤害。

安全、文明生产是搞好生产经营管理的重要内容之一，是有效防止人员或设备事故的根本保障。它直接涉及人身安全、产品质量和经济效益，影响设备和工具、夹具、量具的使用寿命，以及生产工人技术水平的正常发挥。在学习掌握操作技能的同时，务必养成良好的安全、文明生产习惯，为将来走向生产岗位打下良好的基础。对于长期在生产活动中得出的教训和在实践中总结的经验，必须要严格执行。

1. 安全生产注意事项

(1) 工作时应穿好工作服。女生应戴工作帽，若留有长发，应将其盘起，并塞入帽内。

(2) 禁止穿背心、裙子、短裤，禁止戴围巾、穿拖鞋或高跟鞋进入生产车间。

(3) 遵守实习纪律，团结互助，不准在车间内追逐、嬉闹。

(4) 严格遵守操作规程，避免出现人身或设备事故。

(5) 注意防火，安全用电。一旦出现电气故障，应立即切断电源，并报告实习教师，不得擅自进行处理。

2. 文明生产要求

(1) 正确使用量具、工具和刀具，并将其放置稳妥、整齐、合理，有固定位置，便于操作时的取用，用后须放回原位。

(2) 工具箱内的物件应分类、合理地摆放。

(3) 经常保持量具的清洁。使用时应轻拿轻放，使用后应擦净、涂油、放入盒内，并及时归还。使用的量具必须是定期检验并检验合格的。

(4) 爱护机床和车间的其他设施。不准在工作台面和导轨面上放置毛坯工件或工具，更不允许在上面敲击工件。

(5) 装卸较重的机床附件时，必须有他人协助。安装前，应先擦净机床工作台面和附件的基准面。

(6) 图样、工艺卡片应放置在便于阅读的位置，并注意保持清洁和完整。

(7) 毛坯、半成品和成品应分开放置，并堆放整齐。半成品和成品应轻拿轻放，不得碰伤工件。

(8) 工作场所应保持清洁整齐，避免堆放杂物，并要经常进行清扫。实习结束后，应认真擦拭机床、工具、量具和其他附件，使各物归位，然后关闭电源。

3. 铣床安全操作规程要点

(1) 在进行技能训练之前，对机床的检查工作如下：

① 各手柄的位置是否正常。

② 检查手摇进给手柄进给运动和进给方向是否正常。

③ 各机动进给的限位挡铁是否在限位范围内，是否紧牢。

④ 进行机床主轴和进给系统的变速检查，检查主轴和工作台由低速运动到高速运动是否正常。

⑤ 开动机床使主轴回转，检查油窗是否甩油。

⑥ 各项检查完毕，若无异常，对机床各部位注油润滑。

(2) 不准戴手套操作机床。

(3) 装卸工件、刀具，变换转速和进给速度，测量工件，配置交换齿轮等操作都必须在停车状态下进行。

(4) 铣削时严禁离开岗位，不准做与操作内容无关的事情。

(5) 工作台机动进给时，应脱开手动进给离合器，以防手柄随轴转动而伤人。

(6) 不准两个进给方向同时启动机动进给。

(7) 铣削或刃磨刀具时，必须戴好防护眼镜。

(8) 切削过程中不能测量工件，不能用手触摸工件。

(9) 操作中出现异常现象应及时停车检查，若出现故障、事故，应立即切断电源，并第一时间上报，请专业人员检修。未经修复，不得使用。

(10) 机床不使用时，各手柄应置于空挡位置；各方向进给的紧固手柄应松开；工作台应处于各方向进给的中间位置；导轨面应适当涂抹润滑油。

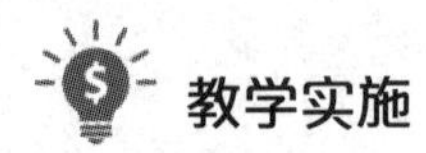

学生抄写相关内容，通过教师的讲解理解安全文明生产是学生在整个学习期间都必须高度重视和严格遵守的一项重要内容。

在实训期间必须无条件遵守安全文明生产的规定，必须承诺遵守以上规定方可进入车间进行实训课程学习(需签字确认)。如有违犯，教师有权终止其实训学习资格，并需重新接受安全教育，待实训教师认可后方可恢复实训课学习。

工作任务二　认识铣床和操作铣床

以使用广泛的炮塔铣床为例，认识铣床和操作铣床。

知识与技能目标

(1) 理解铣床的切削原理。

(2) 了解炮塔铣床的加工范围及其应用。

(3) 了解炮塔铣床的结构及传动过程。

(4) 熟悉炮塔铣床的主要部件及功用。

(5) 熟悉炮塔铣床的操作。

(6) 了解炮塔铣床在操作练习时的注意事项。

相关理论知识

1. 铣削概述

1) 铣削加工

铣削是以铣刀的旋转作为主运动，工件和铣刀做相对进给运动，切下金属层，使工件达到一定形状和精度要求的切削加工方法。

铣削加工效率较高，被广泛应用在机械制造行业中。

2) 铣削的基本内容

在铣床上使用各种不同的铣刀，可以加工平面(平行面、垂直面、斜面)、台阶、直角沟槽、特形槽(V 形槽、T 形槽、燕尾槽等)、特形面等。使用分度装置可以加工花键、螺旋槽、牙嵌式离合器等。此外，还可以在铣床上加工孔。铣削有较高的加工精度，其经济加工精度一般为 IT7～IT9，表面粗糙度 *Ra* 值一般为 12.5～1.6 μm；精细铣削精度可达 IT5，表面粗糙度 *Ra* 值可达到 0.2 μm。铣削加工内容如图 3.2 所示。

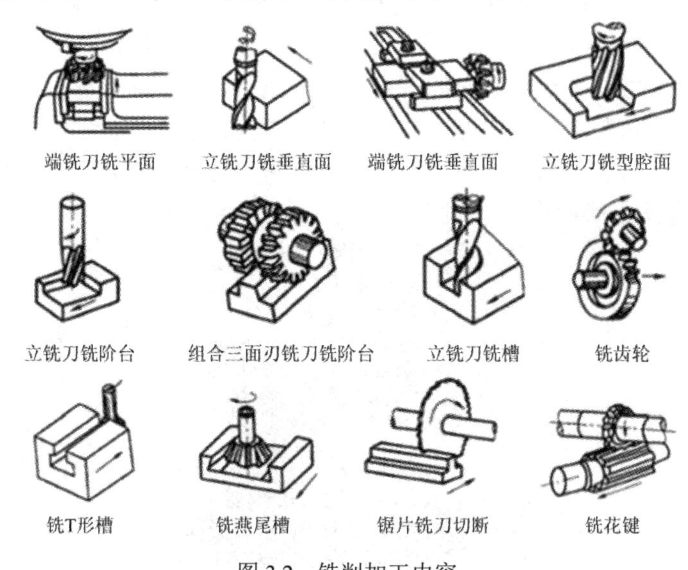

图 3.2　铣削加工内容

2. 铣床

铣床的种类很多，结构、功能、操作方法不尽相同，在《机械制造基础》中已有相关介绍和描述，这里仅以炮塔铣床为例介绍铣床的相关几何关系。

1) 铣床的结构及其特点

炮塔铣床的加工范围很广。工作台可沿图 3.3 中所示 *X*、*Y*、*Z* 三个方向运动，且三个运动方向是相互垂直的。水平工作台面与 *Z* 向垂直，与 *X* 向、*Y* 向平行，它具有垂直主轴，垂直主轴轴线垂直于工作台，如图 3.3 所示。炮塔铣床结构如图 3.4 所示。

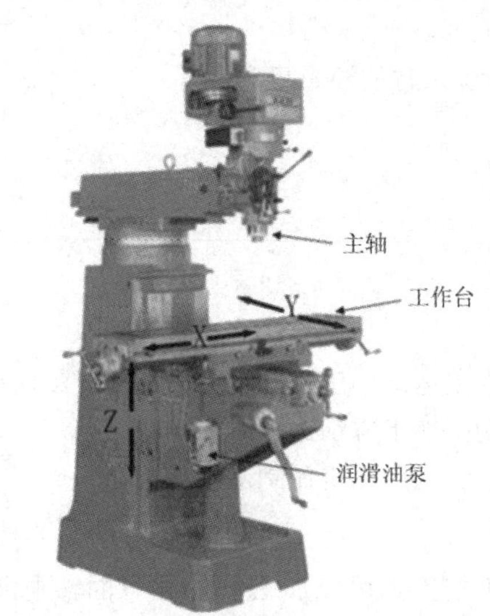

铣削原理

图 3.3　机床运动示意图

除了具有平口钳和分度头等常用附件外，炮塔铣床还配有万能角度工作台、圆工作台、水平工作台以及分度机构等装置，机床上还安装有光栅尺数显装置，因此用途广泛，特别适合于加工各种夹具、刀具、工具、模具和小型复杂工件。

炮塔铣床具有下列特点：

(1) 其垂直主轴能在平行于 Z 向的垂直平面内做±45° 范围内任意所需角度的偏转。

(2) 水平工作台可带动工件实现 X 向、Y 向和 Z 向的进给运动。

(3) 安装、使用圆工作台后，机床可实现圆周进给运动和在水平面内做简单的圆周等分，可加工圆弧轮廓面等曲面。

炮塔铣床的基本结构和操作方法

炮塔铣床主轴转速的选择与调整

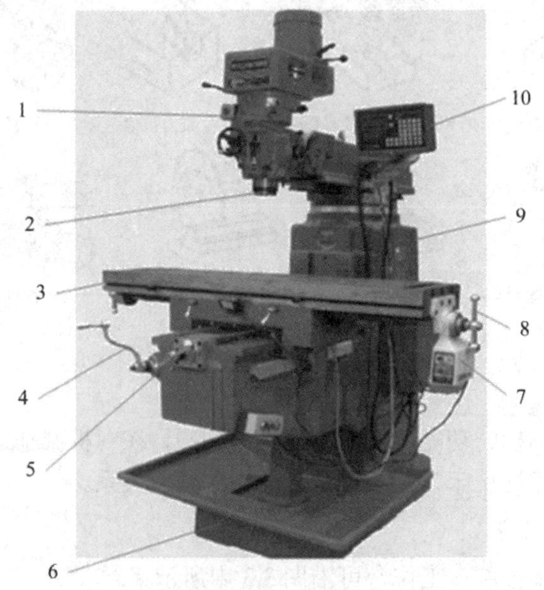

1—立铣头；
2—主轴；
3—工作台；
4—升降台手柄；
5—Y向进给手柄；
6—底座；
7—X向走刀器；
8—X向进给手柄；
9—床身；
10—光栅尺数显屏

图 3.4　炮塔铣床结构图

2) 机床润滑

炮塔铣床配有内润滑的手动润滑油泵，每班拉动手柄 8～10 次，润滑油可沿着油路到达各运动部件间。定时观察油泵的观察油窗，及时往油泵内加注润滑油，如图 3.5 所示。

图 3.5　手动润滑油泵

炮塔铣床主轴进给功能的介绍

炮塔铣床主轴垂直度的检测与校正

技能训练

在教师的指导下进行对工具铣床的基本操作训练。

1. 认识机床和手动进给操作练习

(1) 熟悉机床各操作手柄的名称、工作位置和作用。

(2) 了解机床各润滑点的位置，对铣床进行注油润滑。

(3) 学习掌握工作台在各个方向的手动匀速进给练习，使工作台在 X 向、Y 向和 Z 向移动规定的距离，理解并能熟练消除因丝杠间隙形成的空行程对工作台移动的影响。

2. 铣床主轴变速和空运转练习

(1) 接通电源，按“启动”按钮，使主轴转动 3～5 min。

(2) 主轴停转以后，练习变换主轴转速 3 次左右(控制在低速)。

3. 工作台机动进给操作练习

(1) 铣床检查：检查各进给方向的紧固螺钉、紧固手柄是否松开，各进给限位挡铁是否有效安装，工作台在各进给方向是否处于中间位置。

(2) 机动进给速度的变换练习：练习变换进给速度 3 次左右(控制在低速)。

(3) 机动进给操作练习：按主轴与进给电机“启动”按钮，使主轴旋转。分别让工作台做各个方向的机动进给。

4. 铣床主轴的找正练习

用百分表和平尺校正主轴，如图 3.6 所示。

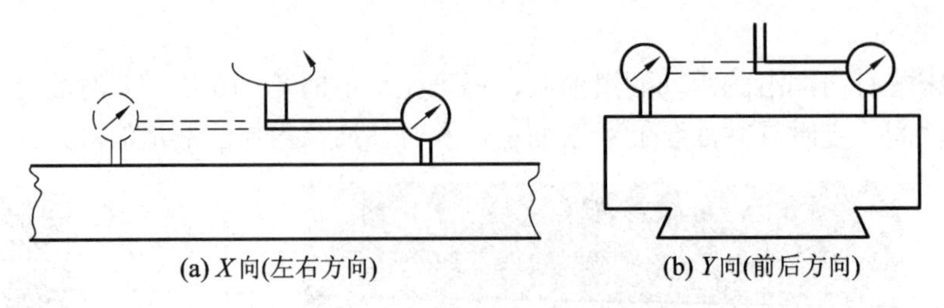

图 3.6 用百分表校正示意图

5. 注意事项

(1) 严格遵守安全操作规程。

(2) 不准做与以上训练无关的其他操作。

(3) 操作必须按照规定步骤和要求进行，不得频繁启动主轴。

(4) 练习完毕，认真擦拭机床。要使工作台处于各进给方向中间位置，各手柄恢复原来位置，关闭机床电源开关。

工作任务三 认识和选择刀具

训练内容

装卸铣刀刀柄和铣刀。

知识与技能目标

(1) 了解铣刀的材料、种类和应用。

(2) 练习装卸铣刀柄和铣刀。

(3) 了解铣刀装卸时的注意事项。

相关理论知识

1. 铣刀的种类

铣刀的种类很多，其分类方法也有很多，现介绍几种通常的分类方法和常用的铣刀种类。

1) 按铣刀切削部分的材料分类

(1) 高速钢铣刀：这类铣刀有整体高速钢铣刀和镶齿高速钢铣刀两种，一般形状较复杂的铣刀都是整体高速钢铣刀。

(2) 硬质合金铣刀：这类铣刀有整体硬质合金铣刀，也有硬质合金刀片以焊接或机械夹固的方式镶装在铣刀刀体上，如硬质合金立铣刀可转为硬质合金面铣刀等。

2) 按铣刀的形状和用途分类

为了适应各种不同的铣削内容，设计和制造了各种不同形状的铣刀，它们的形状与用途有密切的联系。下面仅介绍用途最广的几种铣刀。

(1) 立铣刀：如图3.7所示，立铣刀由圆周刃与端面刃组成，同时参与切削，端面刃与圆周刃铣削出的平面相互垂直。立铣刀用于铣削：较窄的平面、直角沟槽及工件上各种形状的孔，台阶平面、侧面，以及各种外形的轮廓面。

图3.7　立铣刀

注：如果立铣刀中心部位有制造时的中心孔，即若立铣刀中心部位没有切削刃，则切削时不能沿着刀具轴线直接进给，例如铣削封闭型腔、键槽时。

(2) 键槽铣刀：用于铣削键槽，铣削时可沿刀具轴线直接进给，如图3.8所示。

图3.8　键槽铣刀

(3) 硬质合金端铣刀：其外形如图3.9所示。

图3.9　硬质合金端铣刀

硬质合金不重磨铣刀亦称为硬质合金可转位铣刀，是将压制烧结并刃磨成具有合理的几何参数和形状的成形硬质合金刀片，用机械夹紧的方法安装在标准的刀体上。使用时，不需再刃磨刀具，刀片上一个刀刃用钝后，只需要松开夹紧机构，将刀片转过一个位置，或换上新刀片再行夹紧，即可用新刀刃重新进行铣削。目前，这类刀具已系列化和标准化。

2. 铣刀的安装

1) 直柄铣刀的安装

直柄铣刀一般通过弹簧夹头刀柄安装在主轴锥孔内，如图3.10所示。

图 3.10　弹簧夹头刀柄

(1) 刀柄的安装与拆卸。

① 刀柄的安装。

a. 将主轴转速降到最低，或将主轴锁紧。

b. 将刀柄的圆锥部位与主轴锥孔擦拭干净，以免异物影响刀柄的安装精度。

c. 右手将刀柄插入主轴孔内，刀柄上的缺口对准主轴端面上的凸键，如图 3.11 所示；左手转动主轴孔中的拉紧螺杆，拉紧刀柄；最后，用扳手旋紧拉紧螺杆，保证刀柄安装的牢固可靠。

图 3.11　刀柄的安装

② 刀柄的拆卸。拆卸刀柄时，将拉紧螺杆松开后，需用木槌敲击螺杆顶部，使刀柄松动后，再继续转动拉杆直至卸下刀柄。

(2) 刀具的安装与拆卸。

① 刀具的安装。用弹簧夹头刀柄安装直柄铣刀时，应按铣刀柄直径选择相同尺寸的弹性筒夹，如图 3.12 所示。

图 3.12　弹簧夹头刀柄与弹性筒夹

② 刀具的拆卸。当需要更换相同直径的刀具时，先用勾头扳手用力将螺帽松开，再用力拧紧螺帽，利用螺帽内的钢丝圈与锥套上的阶台产生的推力将锥套顶松，然后再用手将刀具拔出，换上新刀具，拧紧螺帽即可。

注意：插、拔刀具时应用抹布裹住刀具，不要让刀具割伤手或损坏刀具。

更换不同直径的刀具时，先将要更换掉的刀具卸下，然后再将螺帽连同锥套一起拧下来，一手抓住螺帽，另一只手捏住锥套，稍用力向一侧一掰即可卸掉锥套，选取要更换的锥套，将其压入螺帽即可。

2) *硬质合金端铣刀的安装*

硬质合金端铣刀刀体的安装与拆卸与直柄端刀相同，重点是刀片的安装，将硬质合金端铣刀刀体安装到主轴上，松开刀片压板，选择一刀尖，将刀片插入，刀片与刀片座贴合后，拧紧刀片压板。

注意：刀片安装时的方向，刀片的大面(因刀片磨有后角，刀片厚度方向的两个面大小不同)朝向刀具旋转方向。

技能训练

铣刀的装卸。

铣刀柄的安装与拆卸方法

直柄刀具的安装与拆卸方法

1. 立式铣床刀具的装卸训练

(1) 刀柄的安装与拆卸。
(2) 安装、更换不同直径的立铣刀。
(3) 安装硬质合金刀体及刀片。

2. 注意事项

(1) 拉紧螺杆的螺纹应与铣刀的螺孔有足够的旋合长度。
(2) 装卸铣刀时，立铣刀握到刀齿部位时应垫棉纱(布)，以防铣刀刃口划伤手。
(3) 装铣刀前，应先擦净各个接合表面，防止附有脏物而影响铣刀的安装精度。
(4) 安装硬质合金刀片时不要装反。

工作任务四　安装平口钳及工件

训练内容

机用平口钳的安装调整及工件的安装。在铣床上装夹工件时，最常用的两种方法是用平口钳装夹工件和用压板装夹工件。对于中、小型的(相对于平口钳规格)工件，一般采用平口钳装夹；对大型的工件，则多是在铣床工作台上用压板来装夹。

知识与技能目标

(1) 了解平口钳的结构。
(2) 掌握平口钳的安装方法及钳口的校正方法。

(3) 掌握平口钳和压板装夹工件的方法。

(4) 了解平口钳和压板装夹工件时的注意事项。

相关理论知识

1. 机用平口钳

机用平口钳是铣床上常用的装夹工件的附件，有非回转式和回转式两种，其外形如图3.13所示，其规格以钳口宽度来表示，常用平口钳有100 mm、125 mm、150 mm、200 mm等规格。铣削长方体工件的平面、台阶面、斜面和轴类工件上的键槽时，都可以用平口钳来装夹工件。

(a) 非回转式　　(b) 回转式

图 3.13　平口钳

两种平口钳的结构基本相同，只是回转式平口钳的底座设有转盘，钳体可绕转盘轴线在360°范围内任意扳转，使用方便，适应性强。图3.13(b)所示为回转式平口钳的结构。

平口钳的固定钳口本身精度及其相对于底座底面的位置精度均较高。底座下面带有的两个定位键，用以在铣床工作台中央T形槽定位和连接，以保持固定钳口与工作台 X 向进给方向垂直或平行。当加工工件的精度要求较高时，安装平口钳需用百分表对固定钳口进行校正。

2. 平口钳的安装与校正

1) 平口钳的安装

为了便于安装、拆卸和测量工件，并兼顾机床的行程，平口钳应安装在工作台长度方向(X 向)中间偏左、宽度方向(Y 向)中间的位置。

平口钳的固定钳口作为装夹工件的定位基准，安装时应与 X 向平行(与 Y 向垂直)，根据需要也可与 Y 向平行(与 X 向垂直)。

2) 平口钳的校正

平口钳作为安装工件的基准，安装后要进行必要的精度检测及校正。平口钳导轨面应与工作台面平行，固定钳口应与工作台面垂直且与 X 向、Y 向平行或垂直。

技能训练

1. 平口钳的安装

按照上述内容进行平口钳的安装。

2. 校正平口钳(使用百分表进行校正)

(1) 校正平口钳固定钳口与铣床 X 向轴线平行。

(2) 校正平口钳固定钳口与铣床 Y 向轴线平行。

平口钳的结构与使用方法

平口钳的安装

3. 用平口钳装夹工件

(1) 用平行垫铁装夹工件。

(2) 在活动钳口垫圆棒装夹工件。

4. 装夹要求

(1) 安装工件时，应将各接合面擦净。

(2) 工件的装夹高度，以铣削时铣刀将加工余量铣去后，铣刀不与钳口上平面接触为宜。

(3) 工件尽量装夹在平口钳的中间，使平口钳钳口受力均匀。

平口钳精度的检测

平口钳固定钳口校正方法

(4) 用平行垫铁装夹工件时，所选垫铁的平面度、平行度和垂直度应符合要求，垫铁表面具有一定的硬度。

(5) 平口钳装夹精度降低时，应及时进行调紧或更换。

(6) 严禁采用砸扳手的方法紧固工件。

5. 练习时的注意事项

(1) 练习中注意掌握正确的操作方法。

(2) 注意安全。

(3) 爱护工具、夹具、量具。

(4) 注意文明生产，合理组织工作。

工作任务五　铣 削 平 面

训练内容

用铣削方法加工工件平面的方法称为铣平面。平面可构成机械零件的基本表面。铣平面是铣工最重要的工作之一，也是进一步掌握铣削其他各种复杂表面的基础技能。根据工件上平面与其基准面的位置关系，平面分为平行面、垂直面和斜面三种。

知识与技能目标

(1) 掌握平面的铣削方法和检测方法。

(2) 正确选择铣平面用的铣刀和切削参数。

(3) 掌握平面的检测方法。

相关理论知识

1. 平面的铣削方法

平面的铣削方式主要有端铣和圆周铣两种。

1) 端铣

用分布在铣刀端面上的刀刃铣削并形成平面的铣削方法，称为端铣。端铣时，铣刀的旋转轴线与工件被加工表面相垂直。用铣床上的垂直主轴(立铣)进行端铣平面，铣出的平面与铣床工作台台面平行；用铣床上的水平主轴(卧铣)进行端铣平面，铣出的平面与铣床工作台台面垂直。

2) 周铣

用铣刀的圆周刃进行铣削的方式，称为周铣(加工表面平行于铣刀轴线的铣削方式)。由于受铣刀刃长的限制，周铣不能加工较厚的平面。

2. 平面铣削的技术要求

(1) 平面度。

(2) 表面粗糙度。

3. 平面铣削质量的检验方法

(1) 平面度的检测用刀口形直尺检测。刀口形直尺主要是检测工件平面度。检测时，刀口应紧贴在工件被测表面上，观察刀口与被测平面之间透光缝隙的大小，来判断平面度是否符合要求。检测时，应多检测几个部位和方向，如图 3.14 所示。

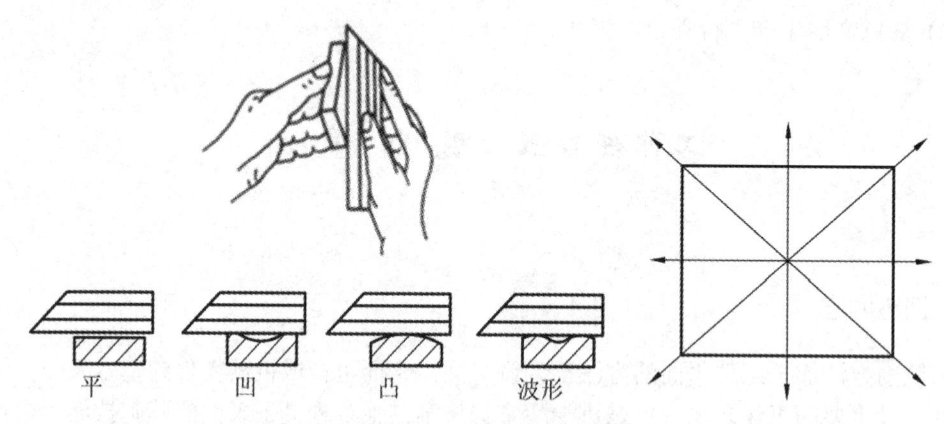

图 3.14　平面度检测示意图

(2) 表面粗糙度的检验：用粗糙度样块比对检验。

技能训练

铣削平面，如图 3.15 所示。

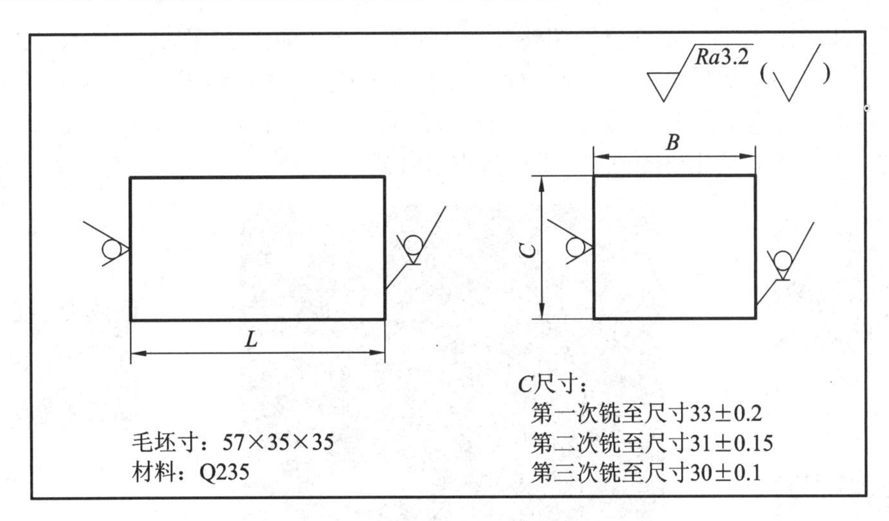

图 3.15　平面铣削训练图

1. 工艺分析

(1) 分析图样：图样中只有 *C* 尺寸的两个平面标有加工符号，其余不加工。

基本尺寸精度：(33±0.2)mm，(31±0.15)mm，(30±0.10) mm。

形位公差：平面度 0.05 mm。

表面粗糙度：*Ra*3.2 μm。

(2) 选择刀具：铣平面时，铣削宽度一般设定为铣刀直径的 60%～90%，故可选用直径为ϕ40 mm 的硬质合金端铣刀，3 个刀齿。

(3) 切削参数：根据切削速度公式查表、计算，选择转速 1100 r/min。

切削深度：根据机床刚性、功率、加工余量等因素确定切削深度≤0.7 mm。

进给速度：160 mm/min(先试切，再根据实际效果调整)。

2. 加工步骤

(1) 测量毛坯尺寸，确定加工余量。

(2) 正确装夹工件，安装硬质合金端铣刀。

(3) 铣削工件。

(4) 测量工件，合格后卸下工件。

(5) 用锉刀去除毛刺。

用硬质合金端铣刀铣削工件外形平面的方法

3. 注意事项

(1) 每次加工前必须要检测毛坯余量。

(2) 装夹工件时，应尽量使水平方向的铣削分力指向平口钳的固定钳口。

(3) 用平口钳装夹工件完毕，应取下平口钳扳手，方能进行铣削。

(4) 铣削时不使用的进给机构应紧固，工作完毕再松开。

(5) 铣削中，不允许用手触摸工件和铣刀，不允许测量工件，不允许变换主轴转速。

(6) 铣削中，不允许任意停止铣刀旋转和自动进给，以免损坏刀具、啃伤工件。若必须停止，则应先降落工作台，使铣刀与工件脱离接触方可。

(7) 调整工作台(*Z* 向)控制工件尺寸时，一定要保证工件迎向铣刀运动，若手柄摇过了头，应反向退回工作台，重新进给调整尺寸，避免机床传动系统间隙对工件尺寸的影响。

(8) 要学会根据切削情况、工件表面效果来判断刀具的磨损情况，及时更换刀片。

(9) 硬质合金端铣刀铣平面切削速度高，切削力大，切屑温度高、排出速度快。为了保证安全，要控制切屑排出的方向，工作台进给时只能从左向右进给，如图 3.16 箭头方向。

用锉刀去除工件毛刺或毛边的方法

平行面的铣削原理

图 3.16　工作台进给方向

平行面的铣削过程

工作任务六　铣削方体(矩形)

训练内容

铣削外形尺寸为 55 mm×33 mm×28 mm 的矩形工件。

知识与技能目标

(1) 正确确定矩形工件加工顺序和基准面。

(2) 掌握铣垂直面、平行面的方法。

(3) 了解矩形工件铣削时的注意事项。

相关理论知识

1. 垂直面和平行面的铣削方法

工件上的平面不是孤立存在的，这些工件的基本轮廓都是矩形工件，其几何形状的加工都是在矩形工件的基础上加工完成的。而矩形工件的几何特点是相邻面垂直，相对面平行，因此矩形工件的加工首先是在保证平面度、垂直度、平行度的基础上再确保图样尺寸完成的。如图 3.17 所示为块类零件结构图。

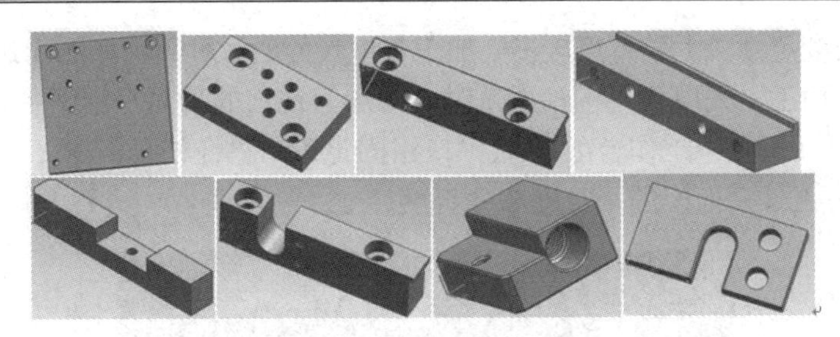

图 3.17　块类零件结构图

1) 用硬质合金端铣刀高速铣削矩形工件

(1) 工件的装夹。平口钳安装在工作台上后，已经对平口钳固定钳口与工作台的垂直度、平口钳导轨面与工作台的平行度进行了检测与校正，且平口钳的固定钳口与导轨面是互相垂直的。

在铣床上采用垂直主轴(立铣)铣削时，端面刃铣出的平面是与工作台平行的，因此，若要保证铣出的平面与基准面平行，只需确保基准面与平口钳导轨面紧密贴合即可；若要保证铣出的平面与基准面垂直，只需确保基准面与平口钳固定钳口紧密贴合即可。

(2) 铣削工件。对于一般的工件来说，只需保证在平口钳上的正确装夹，即可保证矩形工件的两组相对平面的平行度和相邻面的垂直度，如图 3.18 中所示(a)—(b)—(c)—(d)的加工。

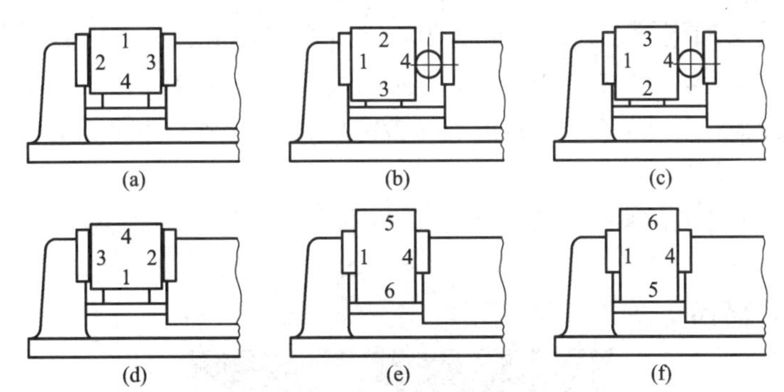

图 3.18　矩形工件铣削顺序图

对于工件长度方向的平面，可以采用直角尺找垂直的方法，以保证平面与另外两组平面的垂直，如图 3.19 所示。

图 3.19　加工长度表面时用直角尺找垂直

若工件的长度尺寸较大但厚度较薄，加工长度尺寸时，可采用如图 3.20 所示的方式用立铣刀的圆周刃加工。采用垂直主轴周铣时，圆周刃铣出的平面平行于主轴轴线，垂直于工作台(工件基准面平行于工作台面)，且平口钳固定钳口已经校正，与 X 向平行(与 Y 向垂直)，可保证矩形工件六面间的平行度和垂直度。

图 3.20 用立铣刀圆周刃铣垂直面

2) 工件的测量

(1) 加工过程中的测量。工件不论是在加工过程中还是加工完毕后都需要进行检验测量，加工过程中的测量(过程检测)很重要，而且因工件装夹位置、刀具、铁屑的影响，使得测量的难度大大增加。测量方法的正确与否将会直接影响工件的加工精度，因此工件的正确测量需要认真练习。

① 外形基本尺寸的测量。在铣床上加工工件时，外形尺寸的测量可用游标卡尺和游标深度尺来测量。

a. 用游标卡尺测量，如图 3.21 所示。

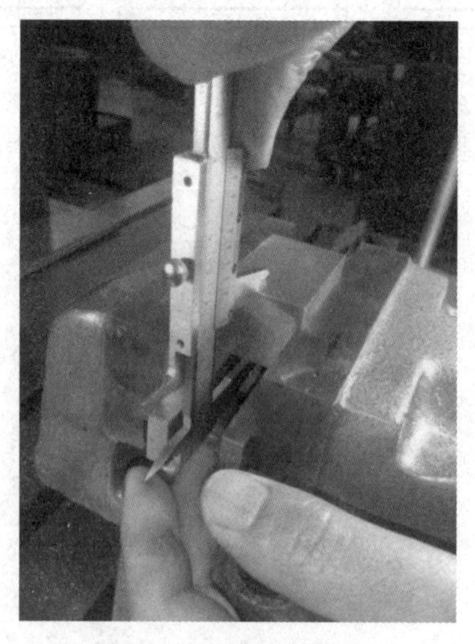

图 3.21 用游标卡尺测量

b. 用游标深度尺测量，如图 3.22 所示。

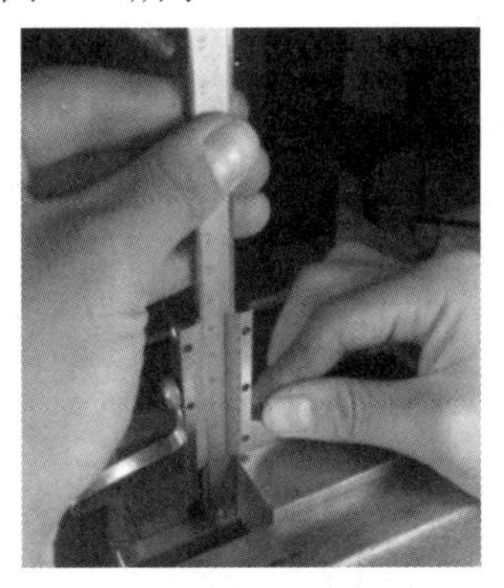

图 3.22 用游标深度尺测量

② 注意事项：

a. 卡尺量爪伸进工件的长度不要太大，大约是量爪长度的一半即可。

b. 往外抽出卡尺时，不允许锁紧卡尺的紧固螺钉。

c. 测量工件时，要擦净工件且工件不能有毛刺。

(2) 矩形工件加工后的检测。工件加工过程中与加工完毕后，都需要对工件进行检测，以确定加工精度是否符合要求。矩形工件的检查工作主要是检测其平面度、垂直度或平行度，以及尺寸误差等是否符合要求。

① 平面度检测，略。

② 垂直度检测，如图 3.23 所示。

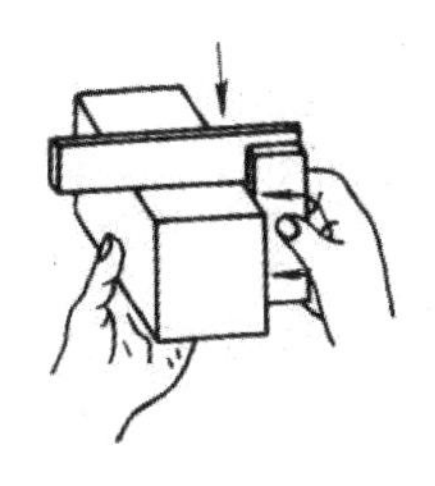

图 3.23 用 90° 角尺检测较小工件的垂直度

用 90° 角尺检测较小工件的垂直度时，将尺座内侧面紧贴在工件被测表面的基准面上，尺瞄内侧面靠向被测表面。观察尺瞄内侧面与工件被测表面之间缝隙的大小，判断其垂直度是否符合要求。

测量时要注意直角尺测量的准确规范。如图 3.24 所示为几种错误的测量方法。

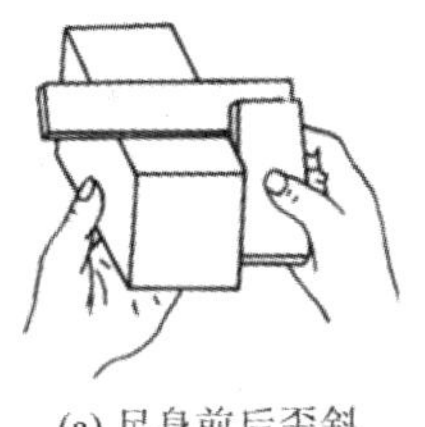

(a) 尺身前后歪斜

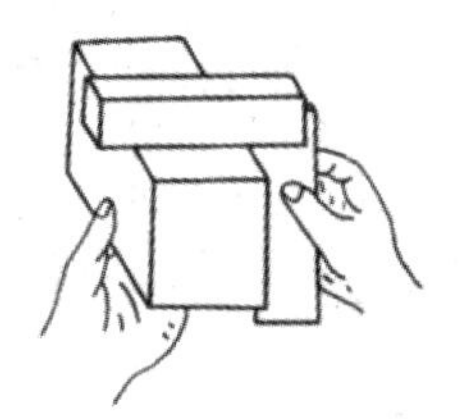

(b) 尺座、尺瞄倒置

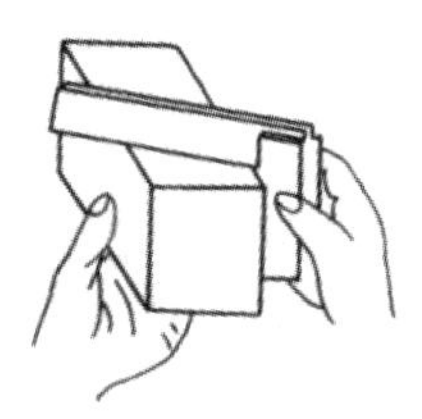

(c) 尺身左右歪斜

图 3.24 错误的测量方法

对于较大的工件可以放置在平板上，用直角尺结合塞尺测量工件的垂直度，如图 3.25 所示。

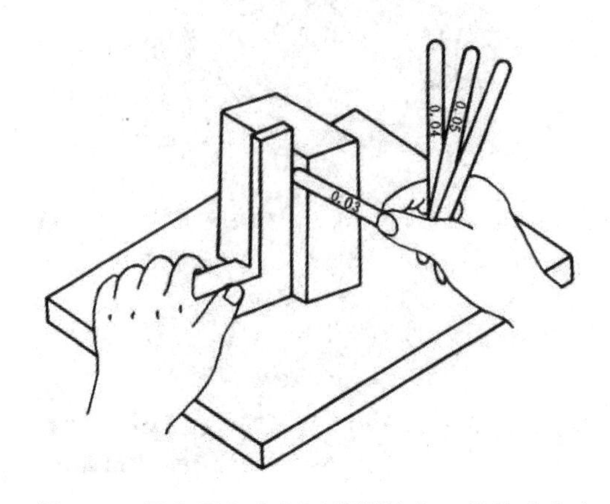

图 3.25　用塞尺和直角尺检测较大工件的垂直度

③ 平行度的检测。精度要求较高的工件可用千分尺多点检测，如图 3.26 所示。

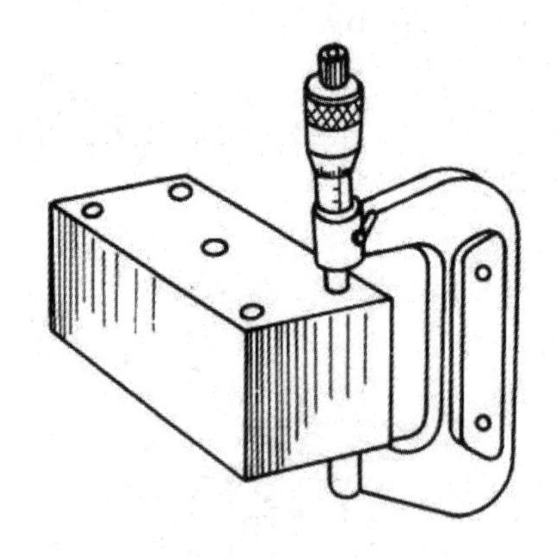

图 3.26　千分尺多点检测

用百分表检测工件的平行度时，如图 3.27 所示，将百分表安装在检测平台上(或在平板上)，使百分表触头与工件表面接触，再压下 0.5 mm 左右，然后在测量触头下移动工件，观察到百分表指针的变动量读数，即为该工件的平行度或平面度误差值。

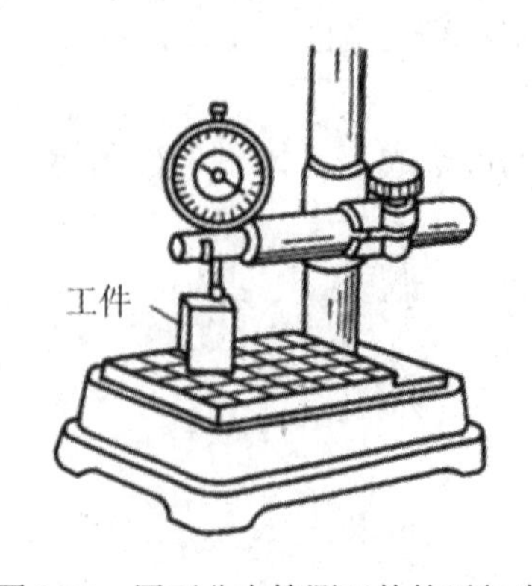

图 3.27　用百分表检测工件的平行度

在平口钳上装夹工件铣削垂直面和平行面。

技能训练 1

硬质合金端铣刀铣矩形工件，如图 3.28 所示。

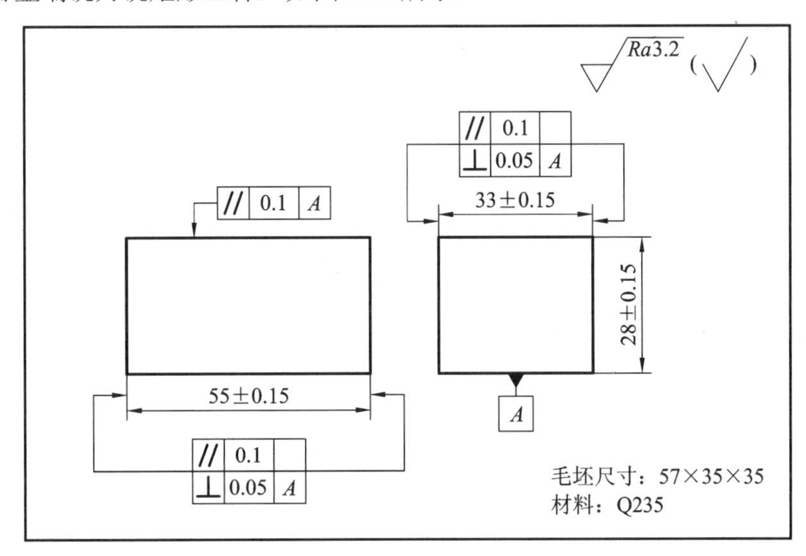

图 3.28　矩形工件铣削训练图

1. 工艺分析

(1) 图样分析：

基本尺寸精度：(55±0.15)mm，(33±0.15)mm，(28±0.15)mm。

形位公差：平行度 0.1 mm，垂直度 0.05 mm。

表面粗糙度：全部表面 *Ra*3.2 μm。

(2) 选择刀具。铣平面时，铣削宽度一般设定为铣刀直径的 70%～90%，故选用直径 ϕ40 硬质合金端铣刀，3 个刀齿。

(3) 切削参数：根据切削速度公式查表、计算选择转速为 1100 r/min。

切削深度：根据机床刚性、功率、加工余量等因素确定切削深度为 0.6～0.7 mm。各尺寸总的加工余量为 2 mm(即 30→28，35→33，57→55)。

进给速度：160 mm/min(先试切，再根据实际效果进行调整)。

2. 加工步骤

(1) 测量毛坯尺寸，确定并合理分配加工余量。

(2) 装夹工件和刀具。

(3) 铣削工件。

(4) 测量工件尺寸，确定尺寸合格后卸下工件。

(5) 去除毛刺。

垂直面的铣削方法

3. 注意事项

用立铣刀圆周刃铣削垂直面的方法

(1) 每一个平面铣削完毕，都要将毛刺锉去，安装、测量工件时要及时清除切屑，以免影响定位精度和尺寸精度。

(2) 注意保护工件的已加工表面，不要锉伤、夹伤工件已加工表面。

(3) 应注意严格控制工件尺寸。

(4) 铣削过程中要注意操作规范及工作现场的5S管理。

技能训练2

铣削底板，如图3.29所示。

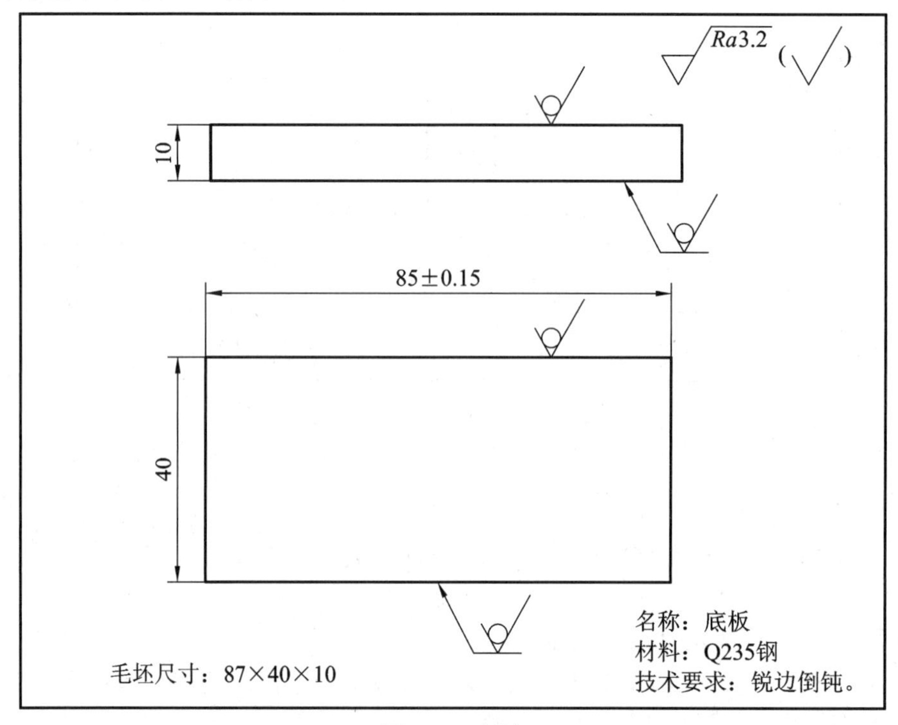

图 3.29　底板

1. 工艺分析

(1) 图样分析。尺寸10 mm与40 mm平面为不加工表面，只加工85 mm两平面，基本尺寸精度：(85±0.15)mm。

表面粗糙度：全部表面 Ra3.2 μm。

(2) 选择刀具。工件属于较薄且长的类型，可采用立铣刀的圆周刃铣削，故选用直径 ϕ16 mm高速钢立铣刀，3个刀齿。

(3) 切削参数。根据切削速度公式查表、计算，可选择转速为550 r/min。

切削深度：根据机床刚性、功率、加工余量等因素确定切削深度为0.6～0.7 mm。

尺寸总的加工余量为2 mm(即87→85)。

进给速度：100 mm/min(先试切，再根据实际效果进行调整)。

2. 加工步骤

(1) 测量毛坯余量，用平口钳结合平行垫铁夹 40 mm 宽度两平面，工件表面与钳口上表面基本平齐，工件在平口钳右侧伸出 5～8 mm。

(2) 安装ϕ16 mm 高速钢立铣刀，刀具距工件一定距离，启动机床。

(3) 调整机床，刀具移到平口钳右侧，靠近工件伸出部分端面，刀具端面刃低于工件下表面约 5 mm。

(4) 刀具轴线与工件宽度中心大致对正，用刀具圆周刃与工件外露面擦刀，数显 X 向坐标清零。工作台 Y 向朝远离操作者方向移动(刀具靠向操作者)，工作台向右侧(X 向)移动 0.6 mm，锁紧工作台 X 向，工作台 Y 向朝靠近操作者方向切削工件。

(5) 切出后，松开工作台 X 向，工作台向右侧(X 向)再移动 0.4 mm，锁紧工作台 X 向，工作台 Y 向朝远离操作者方向切削工件。工件总余量铣去约 1 mm。

(6) 切出后，停止机床主轴转动。工件向左移动，与刀具离开一定距离。

(7) 卸下工件，调头装夹工件，按照上述步骤铣削另一侧。铣削时，为保证工件精度，将余量铣去一半后，先停机测量，再将所剩余量铣去。

(8) 测量工件，合格后卸下工件，去毛刺。

工作任务七　铣直角槽、阶台

训练内容

铣削直角槽和阶台。直角槽和阶台是构成零件的重要几何要素，主要由平面组成。这些平面应具有较高的尺寸精度、形位精度和较小的表面粗糙度值。

知识与技能目标

(1) 强化正确确定矩形工件加工顺序和基准面。
(2) 强化铣垂直面、平行面的方法。
(3) 了解矩形工件铣削时的注意事项。
(4) 掌握直角槽的铣削方法。
(5) 正确选择铣直角槽用的铣刀。
(6) 掌握粗加工、精加工的方法。
(7) 掌握贴纸对刀法。

相关理论知识

1. 铣削直角槽和阶台的刀具特点

构成阶台与直角沟槽的平面是相互垂直的，而立铣刀的特点是既具有圆周刃又具有端面刃，且两部分刀刃互相垂直，因此在实际生产中立铣刀多用于阶台、直角沟槽的铣削。

封闭直角槽两端为圆弧，只能用与圆弧相同直径的刀具。刀具与工件由于槽的两端封闭，深度方向无法从外部进给，只可在工件表面沿刀具轴向进给，因此要选用如图 3.30 所示端面刃过中心且刀具齿数为偶数的立铣刀或键槽铣刀(偶数刃铣刀精度较高且操作者可用千分尺测量刀具直径公差)。

图 3.30　刀刃过中心的铣刀(键槽铣刀)

2. 加工方法

1) 遵循粗、精加工的原则

铣削直角槽时，刀具在相对封闭的空间切削，排屑与冷却都非常困难，大量的切屑和切削热使得切削过程变得不稳定，对工件的加工表面质量与刀具产生不利影响。

可采取先粗加工再精加工的方法，用粗加工刀具在最短的时间内将大部分余量去除，再用精加工刀具将剩余的余量去除，精加工时余量小，刀具磨损小，产生的切屑少，加工空间变大，利于冷却，容易获得较好的表面质量和尺寸精度。

2) 利用坐标法加工

实际生产中，光栅尺数显装置已经是铣床的标准配置，精度很高，普遍达到 0.005 mm；另外立铣刀还具有一个特点，即刀具直径是标准数值，且精度较高。可利用这些特点结合精确对刀，提前将加工轨迹坐标计算出来，加工时只需按照坐标调整机床加工即可，这样减少了测量等辅助时间，加工精度易于保证。采用这种加工方法可以加工阶台和槽，能大大提高效率和加工精度。

3) 对刀方法

铣削阶台、直角槽是在工件外形已加工到尺寸的基础上进行的，加工时需要精确对刀而又不能擦伤工件表面，为解决这一矛盾可采用贴纸对刀法。

贴纸对刀法：先将一小片剪裁平整的薄纸用润滑油贴在工件表面擦刀的位置，对刀时，刀具旋转着接近工件，当铣刀擦到薄纸时，纸被带动，这时记录下刻度示值，在此示值基础上加上薄纸的厚度(≈0.05 mm)即为刀具起点数值，将此种方法称为贴纸对刀法。

技能训练

铣削直角槽、阶台，如图 3.31 所示。

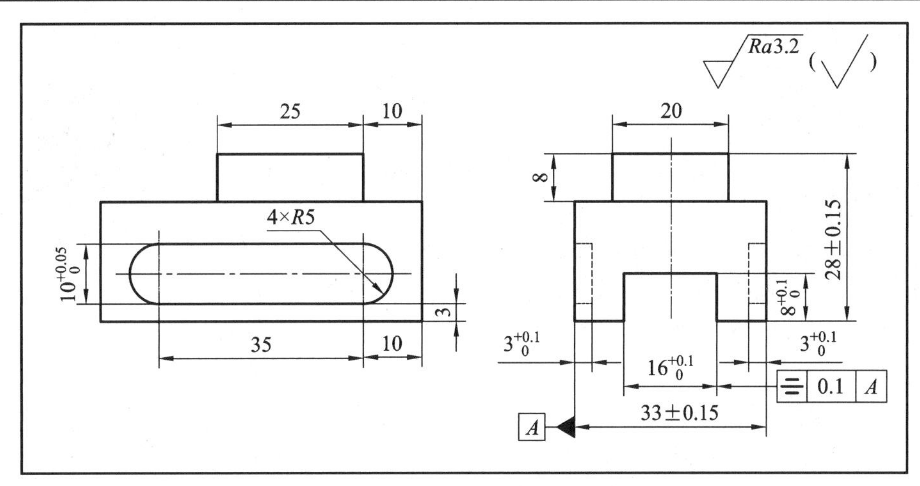

图 3.31　直角槽和阶台训练图

1. 工艺分析

(1) 图样分析：图 3.31 工件要求在加工外形后加工直角槽(1 个通槽、2 个封闭槽)和 25 mm×20 mm×8 mm 阶台。

通槽相关尺寸：宽度为 $16^{+0.1}_{0}$ mm，深度为 $8^{+0.1}_{0}$ mm，对称度为 0.1 mm。

封闭槽相关尺寸：除宽度为 $10^{+0.05}_{0}$、深度为 $3^{+0.1}_{0}$ 以外，长度尺寸为 35 mm。

位置尺寸：3 mm，10 mm，均为未注公差。

阶台相关尺寸：25 mm × 20 mm × 8 mm。

位置尺寸：10 mm，均为未注公差。

表面粗糙度：均为 *Ra*3.2 μm。

(2) 对称度的保证：为保证通槽的对称度，实测预制件的尺寸公差，用实测的尺寸减去中间凹槽的尺寸，将差值除以 2，得到的数值即为两边阶台的尺寸。

例如：实测基本尺寸 33 mm 的实际尺寸为 33.08 mm，求两侧壁厚应加工到的尺寸。(33.08−16)/2 = 8.54 mm，即槽的两侧壁中的一个厚度尺寸控制在 $8.54^{0}_{-0.05}$ mm，中间的凹槽控制在公差范围内即可保证对称度要求。

(3) 选择刀具：通槽选用 ϕ12 mm 立铣刀加工，封闭槽选用 ϕ10 mm 键槽铣刀或端面刃过中心的偶数刃立铣刀，阶台选用 ϕ12 mm 立铣刀。

2. 加工步骤

(1) 加工顺序：外形→通槽→封闭槽→阶台，如图 3.32 所示。

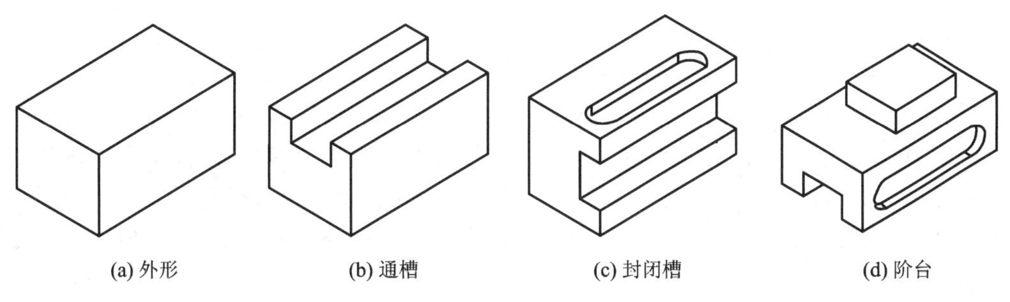

图 3.32　加工顺序图

(2) 通槽加工步骤：

① 校正主轴垂直度。

② 用高度尺划出轮廓线。

③ 平口钳夹 33 mm 尺寸方向，工件上边面(划线面)高出钳口 5 mm 左右，便于测量两侧壁的厚度尺寸。

④ 贴纸对刀，按照坐标调整机床，粗、精加工工件。

直角通槽的铣削方法

⑤ 测量，测量 16 mm 尺寸是否进入公差，再测量两侧壁厚是否相等(允许 0.05 mm 误差)。如无问题，则可卸下工件，去毛刺。

坐标为：

① 对刀坐标： Y→0　　Z→0。

② 粗加工坐标：Z→3.5　　Y→21.5→23.5 (Z→7　Y→21.5→23.5)(粗加工)。

③ 精加工坐标：Z→8　　Y→20.5→24.5 (精加工)。

注意：每一次进给移动坐标一定要使刀具与工件相向运动。

注意事项：按照坐标调整机床时，要注意考虑加上工件公差；工件要及时清除毛刺；装夹工件要将平行垫铁、钳口清擦干净，保证工件夹紧可靠，以确保工件形位公差、尺寸公差与表面粗糙度符合图样要求；加工过程要充分加注切削液或压缩空气，以利于排屑、冷却刀具和工件。

(3) 封闭键槽加工步骤：

① 用高度尺划出封闭键槽的轮廓线。

② 正确安装刀具和工件。

③ 铣削封闭槽。

④ 测量，检验合格后卸下工件。

封闭槽的铣削方法

⑤ 去除毛刺。

重复上面加工步骤，加工另一侧封闭键槽。

(4) 阶台的加工。因阶台尺寸全部为未注公差，精度低于槽的精度，遂采用贴纸对刀法，利用铣刀与机床的精度，采用坐标法分层加工。加工步骤：

① 用高度尺划出 25 mm × 20 mm 阶台的轮廓线。

② 正确装夹工件和刀具。

③ 贴纸对刀，按坐标粗、精加工铣削阶台。

④ 测量，检验合格后卸下工件。

阶台的铣削方法

坐标为：

① 对刀坐标：X→0　　Y→0　Z→0

② 粗加工坐标：Z→7　　Y→5.5→39.5　　X→9→58→48(粗加工)

③ 精加工坐标：Z→7.9　　Y→6.5→38.5　　X→10→57→47(精加工)

注意事项：工件要及时清除毛刺，装夹工件要将平行垫铁、钳口清擦干净，保证工件夹紧可靠，以确保工件的形位公差、尺寸公差与表面粗糙度符合图样要求；加工过程要充分加注切削液或压缩空气，以利于排屑、冷却刀具和工件；每一次进给移动坐标一定要使刀具与工件相向运动。

工作任务八　铣削斜面(角度面)和倒角

训练内容

铣削 20° 斜面、30° 斜槽和 2×45° 倒角。

知识与技能目标

(1) 掌握斜面的铣削方法。
(2) 掌握斜面的测量方法。
(3) 分析斜面铣削容易出现的问题和注意事项。

相关理论知识

1. 斜面铣削条件

斜面(角度面)是指与其基准具有一定角度(成倾斜状态)的平面。

铣削斜面前一定要根据工件的大小、几何形状、斜面与基准面的相互位置以及机床的功能(主轴、平口钳能否旋转，旋转角度范围)合理选择加工方法。

铣削斜面，必须使工件的待加工表面与其基准面以及铣刀之间满足以下条件:

(1) 工件的斜面平行于铣削时工作台的进给方向。

(2) 工件的斜面与铣刀的切削位置相吻合，即采用圆周铣时，斜面与铣刀旋转表面相切；采用端铣时，即用铣刀端面刃铣削时，斜面与铣刀端面刃相重合。

(3) 工件的进给方向应与刀具轴线垂直。

以上三个条件中的第(1)条、第(2)条必须分别与第(3)条同时满足。

铣削时尤其是精加工时，选用刀具的切削刃的宽度(端面刃)或长度(圆周刃)一定要尽量大于加工表面的宽度或长度。

2. 铣削斜面的方法

常用的铣削斜面的方法很多，有倾斜工件铣斜面、倾斜铣刀铣斜面和用角度铣刀铣斜面等。采用角度铣刀铣斜面应用较少，这里主要介绍通用铣刀，倾斜工件和倾斜铣刀铣削斜面的方法。

1) 倾斜工件铣斜面的工件安装方式

(1) 中小型工件可用角度尺安装工件(本例采用)，如图 3.33 所示。

图 3.33　用角度尺安装工件

(2) 利用三角函数计算并在工件上划出斜面(角度面)加工位置线，加工时用划线盘找正加工线。

(3) 用专用角度垫铁安装工件，例如用 90° V 形垫铁装夹工件用于倒角。

2) 倾斜铣刀铣斜面

有些铣床的铣头主轴具有左右、前后方向旋转的功能，可以将主轴倾斜，用刀具圆周刃或端面刃铣削工件，如图 3.34 所示。

图 3.34　倾斜主轴(刀具)铣斜面(倒角)示意图

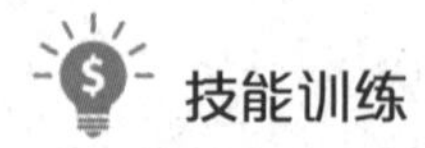

技能训练

铣削斜面(角度面)、斜槽、倒角，如图 3.35 所示。

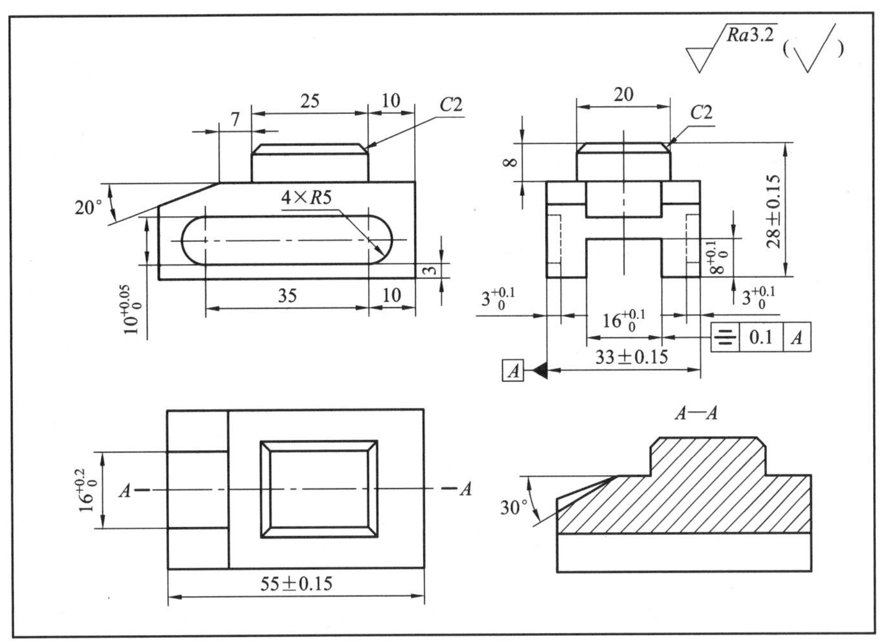

图 3.35　工件斜面(角度面)、倒角训练图

1. 工艺分析

(1) 图样分析：本工序需要加工 20° 斜面、16 mm 宽 30° 斜槽、C2 倒角。

斜面终点距凸台前面 7 mm，角度为 20°，斜面加工宽度约为 13.9 mm，总的吃刀深度小于等于 4.5 mm。

采用同样方法计算出 30° 斜槽的吃刀深度小于等于 2.4 mm，如图 3.36 所示。

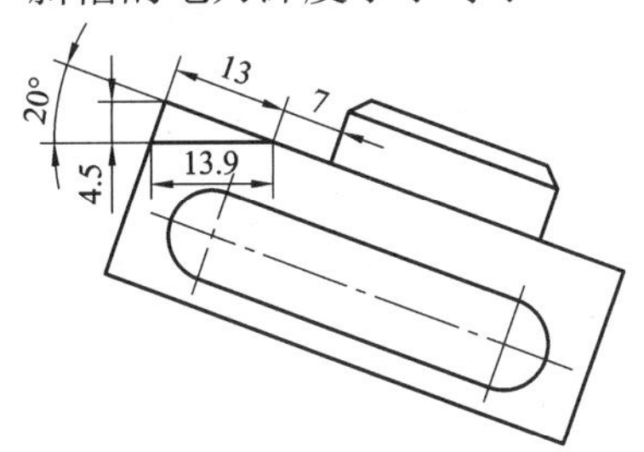

图 3.36　20° 斜面加工尺寸、加工位置示意图

按照铣削斜面的三个条件，本例采用倾斜工件——采用角度尺直接安装工件的加工方法加工斜面、斜槽；用 90° V 形垫铁安装工件铣削倒角。

(2) 选择刀具：加工斜面采用 *Y* 向走刀的方式，选择 ϕ20 mm 直径立铣刀，保证宽度方向一次铣出。

加工 30° 斜槽时，采用 *X* 向走刀方式，槽宽为 16 mm，选择 ϕ12 mm 直径立铣刀。

加工 2 × 45° 倒角时，采用 *Y* 向走刀方式，选择 ϕ12 mm 直径立铣刀。

(3) 切削参数(略)。

2. 加工步骤

(1) 铣削 20° 斜面：

① 划线，划出 7 mm 位置线，20° 斜面加工线。

② 用角度尺安装工件。

③ 安装ϕ20 mm 直径立铣刀。

④ 铣削斜面。

⑤ 卸下工件，角度检验、去除毛刺。

角度面的铣削

(2) 铣削 30° 斜槽：

① 在已加工出的斜面上划出 16 mm 宽度线，在工件左端面划出 2.4 mm 高度线。

② 将角度尺调整为 30° 安装工件。

③ 换装ϕ12 mm 直径立铣刀。

④ 铣削斜槽。

⑤ 卸下工件，角度检验、去除毛刺。

(3) 铣削 2×45° 倒角：

① 划出 2 mm 倒角线(凸台上表面和侧面)。

② 用 90° V 形铁装夹工件。

③ 安装立铣刀。

④ 铣削倒角。

⑤ 角度检验，卸下工件，去除毛刺。

3. 注意事项

(1) 角度尺、主轴调整角度要正确。

(2) 切削斜面时，尽量使刀具的切入点在长直角边所在表面上，如图 3.37 所示箭头所指表面。

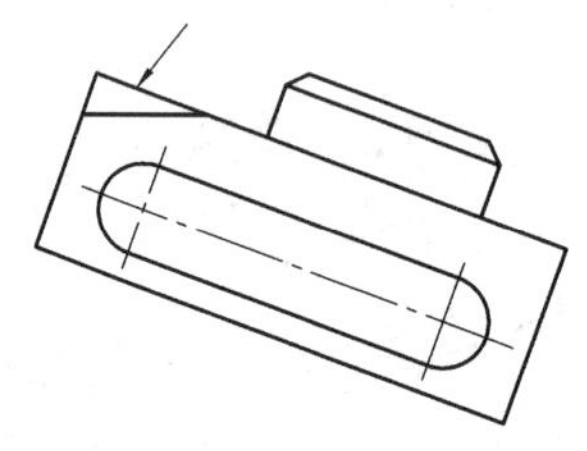

图 3.37　刀具切入点示意图

(3) 倒角时，刀具、刀柄不要与工件、平口钳出现干涉、碰撞。

(4) 工件装夹时，在不影响切削的情况下装夹面要尽量大，不要夹伤工件的已加工面。

(5) 控制好工件吃刀深度，单件或首件加工要少量多次进给，总的吃刀深度要小于等于理论值。

工作任务九　钻孔、铰孔

训练内容

钻铰ϕ5H7 孔。

知识与技能目标

(1) 了解铰刀的结构特点、种类。

(2) 正确选择铰刀，使铰孔精度满足图样要求。

(3) 正确选择切削用量、切削液。

(4) 了解在铣床上铰孔时的注意事项。

相关理论知识

1. 铰刀

铰孔是用铰刀对已粗加工的中小直径的孔进行精加工的方法。其加工精度可达 IT6～IT8 级，表面质量可达 *Ra*1.6～0.4 μm，加工效率高，是精加工孔的常用方法之一。

铰刀齿数多(标准铰刀有 4～12 齿)，槽底直径大(容屑槽浅)、导向性及刚性较好。切除微量的金属层，使被加工孔的精度和表面质量得到提高。在铰孔之前，被加工孔一般需经过钻孔或钻孔、扩孔加工。

铰刀切削部分的直径已标准化，根据其偏差不同可分为 H6、H7、H8 和 H9 几种规格，选择刀具时要根据图样要求合理选择。

切削部分的材质主要有高速钢和硬质合金两种。小直径铰刀多为直柄，大于 12 mm 铰刀多为锥柄。如图 3.38 所示为铰刀结构和几何角度。

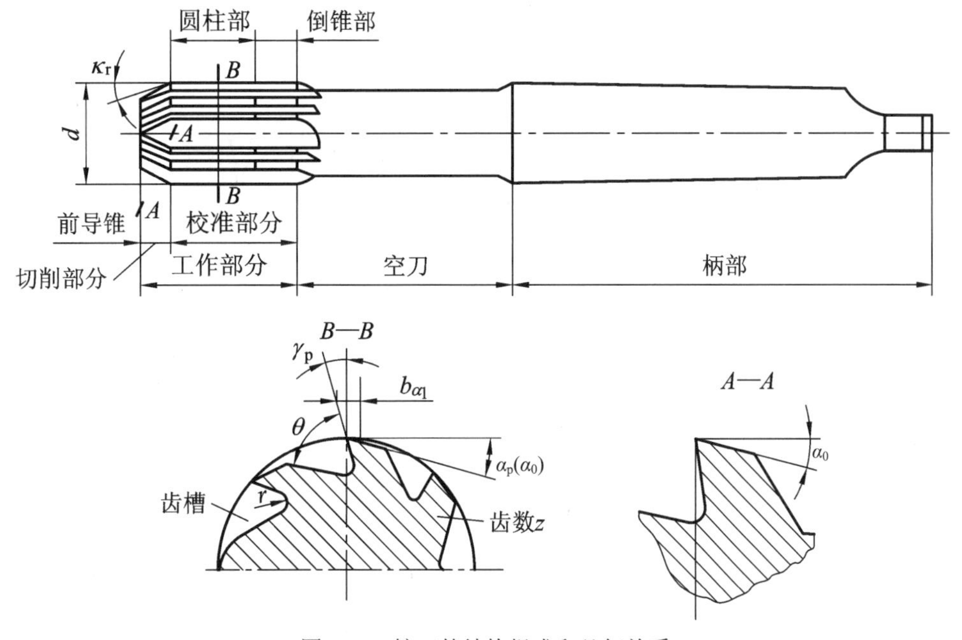

图 3.38 铰刀的结构组成和几何关系

2. 铰孔的切削用量

铰刀的结构特征和用途决定了铰孔的铰削余量和切削速度不能太大，根据铰孔精度、孔的表面粗糙度、孔径大小和铰刀、工件材料而定。例如：高速钢铰刀铰削钢件时，铰削余量为 0.08～0.15 mm，切削速度一般为 $v = 5$ m/min；硬质合金铰刀铰削钢件时，铰削余量为 0.15～0.20 mm，切削速度一般为 $v = 5$ m/min。进给量则根据工件材料、孔径和表面质量等因素而定，一般为 0.04～1.2 mm/r。

为提高铰孔质量，需施加润滑效果较好的切削液，不得干铰。铰钢件时，以浓度较高的乳化液或硫化油作为切削液为好；铰削铸铁件时，则以煤油作为切削液为好。

技能训练

钻铰ϕ5H7 的孔，如图 3.39 所示。

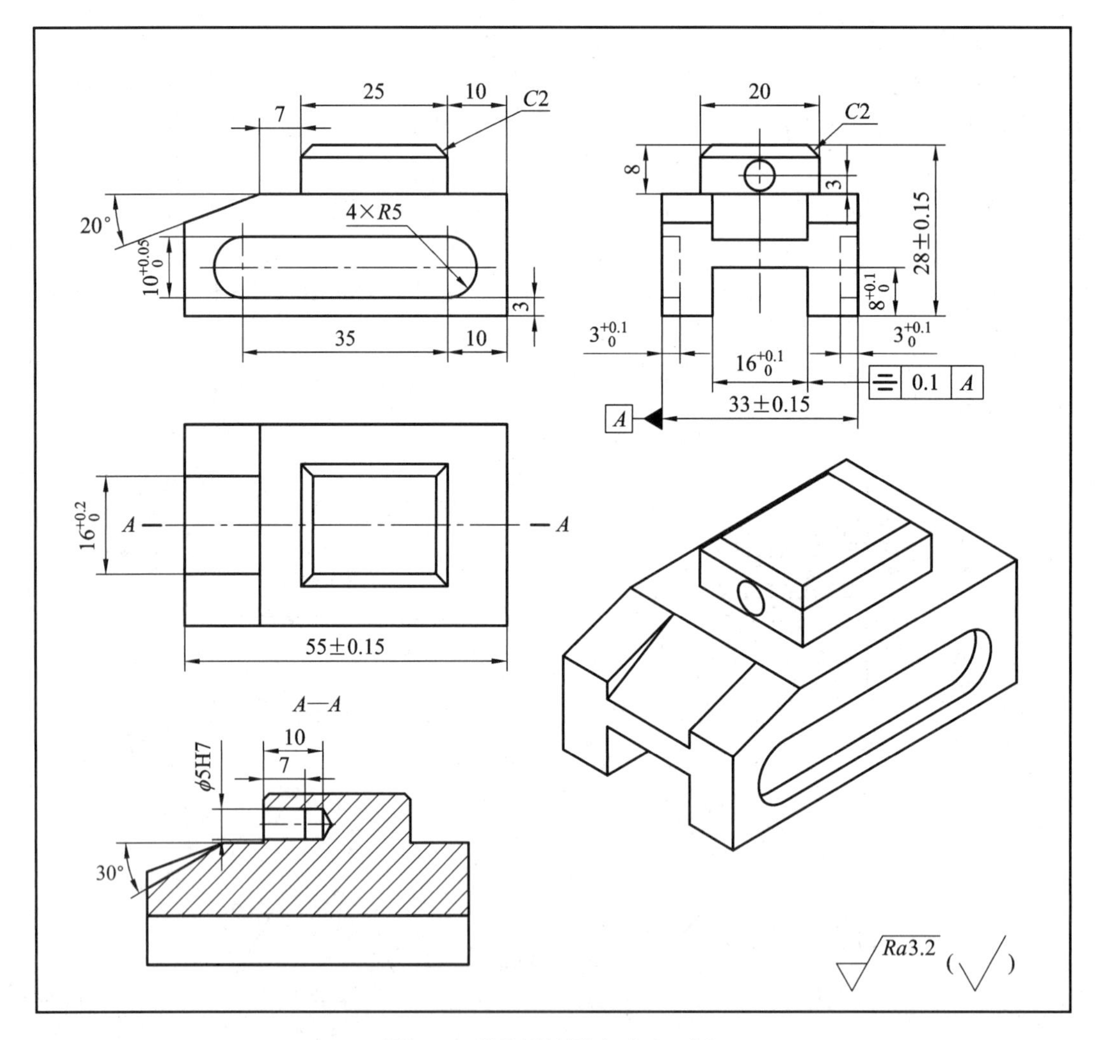

图 3.39　技能训练图(坦克完工图)

1. 工艺分析

(1) 图样分析。孔径为ϕ5H7，表面粗糙度为 Ra3.2 μm。孔的位置尺寸为 3 mm 和 7 mm，均为未注公差。遂采用划位置线，用定心钻找点的方式进行加工。

(2) 选择刀具：选择 90° 定心钻定位，ϕ4.8 mm 钻头钻孔、ϕ5H7 的直柄高速钢铰刀铰孔的方式进行加工。如图 3.40 所示为刀具安装示意图。

图 3.40　刀具及刀具安装图

(3) 切削用量。

① 铰削余量：0.10~0.15 mm(修磨ϕ4.8 钻头，控制钻出的孔大于 4.8 mm 小于 4.9 mm)；

② 转速：根据切削速度公式，按照 v = 5 m/min 计算、选取铰孔转速为 315 r/min；

③ 进给速度：0.05 mm/r。

2. 钻孔、铰孔加工步骤

(1) 在孔的位置划 3 mm、7 mm 位置线。

(2) 校正主轴、安装钻夹头。

(3) 安装工件，为便于观察，夹 33 mm 方向，凸台朝向操作者。

(4) 依次进行钻定位孔→钻孔→铰孔。

(5) 用塞规检验孔径，然后卸下工件，清除切屑。

3. 注意事项

(1) 安装铰刀，应使其径向圆跳动在 0.02 mm 以内为宜。

(2) 测量或确认铰刀直径偏差，应符合图样精度要求。

(3) 所用钻头应保证钻出的孔留有合适的铰孔余量。

(4) 钻孔深度应大于要求的铰孔深度。

(5) 铰孔时应加注切削液，不得干铰。

(6) 在铣床上用定心钻找孔的中心时，为避免钻夹头精度误差，主轴应处于旋转状态，用定心钻的旋转中心去找正孔的中心位置。

本模块考核要求

(1) 学生练习在每个任务时，均应按照教师规定的时间完成(实训教师要考虑学生个体差异规定合理的加工时间)。

(2) 练习完毕后填写实训报告(参见“附录 1　实训报告模板”)。

(3) 练习过程中，学生执行安全文明生产规范情况，操作时和操作完毕后，学生执行 5S 管理规范情况、工件加工时间、加工质量包括劳动态度均作为成绩考核评定的依据。

模块四　数 控 加 工

数控技术是制造业实现现代化、柔性化、集成化生产的基础，同时也是提高产品质量，提高生产效率必不可少的物质手段。世界制造业由于数控技术的广泛应用，部分普通机械已逐渐被高效率、高精度的数控设备所替代。数控技术在机械制造业的广泛应用，已成为国民经济发展的强大动力。

本模块的任务，是使学生掌握数控加工应具备的基础专业操作技能，培养学生理论联系实际、分析和解决生产中一般问题的能力。

本模块以实践为主导结合“机械制造基础”“数控加工技术”等课程所学的理论知识，可以更好地指导学生进行技能训练，并通过技能训练加深对理论知识的理解、消化、巩固和提高。

通过学习，应达到以下具体要求：

(1) 掌握典型数控机床的主要结构、传动系统、操作方法和维护保养方法。

(2) 能合理选择和使用夹具、刀具和量具，并了解其使用和维护保养方法。

(3) 熟练掌握数控加工的基础操作技能，并能对工件进行质量分析。

(4) 独立制定中等复杂工件的铣削加工工艺，并注意吸收、引进较先进的工艺和技术。

(5) 合理选用切削用量和切削液。

(6) 掌握数控加工中相关的计算方法，学会查阅有关的技术手册和资料。

(7) 养成安全生产和文明生产的习惯。

因篇幅有限，本模块以典型数控车削和数控加工中心轴类、块类零件为载体，分解成若干任务学习、训练基础的数控加工技能。

工作任务一　数控机床基础知识的认知

训练内容

了解数控加工技术基础知识。

知识与技能目标

(1) 了解数控技术的概念。

(2) 了解数控机床的种类、组成、加工特点及加工范围。

相关理论知识

1. 数控技术

数控技术是计算机数字控制技术的简称，它是采用计算机实现数字程序控制的技术。数控技术用计算机按事先存储的数控程序来执行对设备的控制功能。由于采用计算机替代用硬件逻辑电路组成的数控装置，使输入数据的存储、处理、运算、逻辑判断等各种控制功能的实现，均可以通过计算机软件来完成。

2. 数控机床概述

数控机床是数字控制机床(Computer Numerical Control Machine Tools)的简称，是一种装有程序控制系统的自动化机床。该控制系统能够逻辑地处理具有控制编码或其他符号指令规定的程序，并将其译码，用代码化的数字表示，通过信息载体输入数控装置。经运算，处理由数控装置发出的各种控制信号来控制机床的动作，按图纸要求的形状和尺寸，自动地将零件加工出来。

1) 数控机床工作原理

数控机床是用计算机控制的机床。操作时，将编写好的加工程序输入机床专用的计算机中，再由计算机指挥机床各坐标轴的伺服电动机去控制机床各轴的运动，并进行反馈控制，使刀具与工件及其他辅助装置严格地按照加工程序规定的顺序、轨迹和参数有条不紊地工作，从而加工出零件。数控机床工作过程见图 4.1 所示。

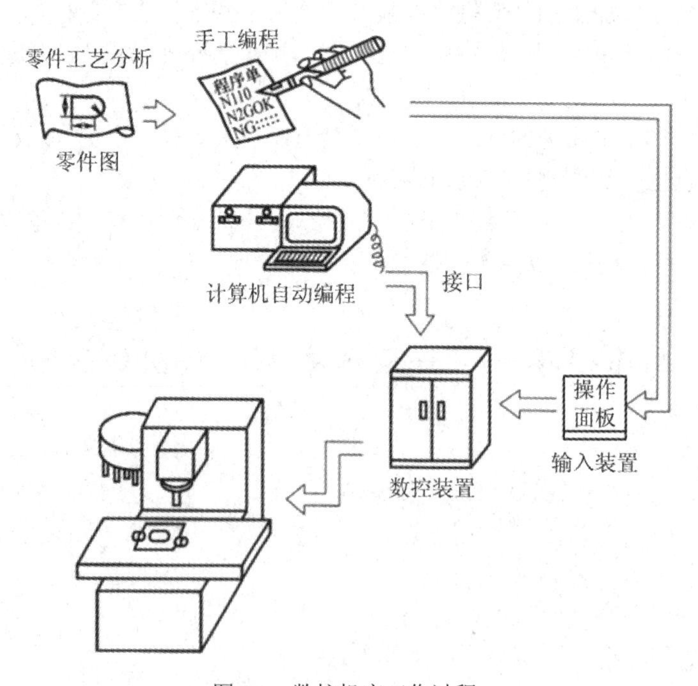

图 4.1　数控机床工作过程

2) 数控机床的组成

数控机床的基本组成包括加工程序载体、数控系统装置、伺服驱动系统装置、机床本体和其他辅助装置，如图 4.2 所示。下面分别对各主要组成部分的基本工作原理进行概要说明。

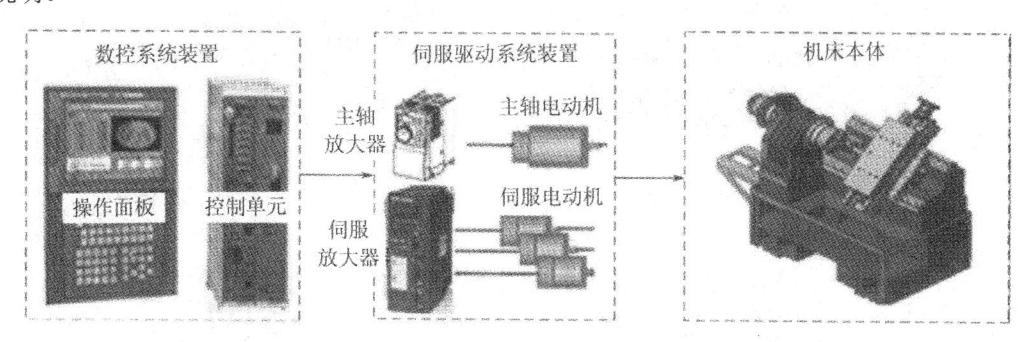

图 4.2　数控机床的组成

(1) 数控系统：是数控机床的智能指挥系统，由专用的计算机组成，称为 CNC 系统，其用于处理数控程序，输出控制加工的信号。目前，我国数控机床常用数控系统有发那科(FANUC)数控系统、西门子(Siemens)系统、三菱(Mitsubishi)、华中(HNC)、广州数控(GSK)和凯恩帝(KND)等。图 4.3 所示为发那科(FANUC)数控系统操作面板。

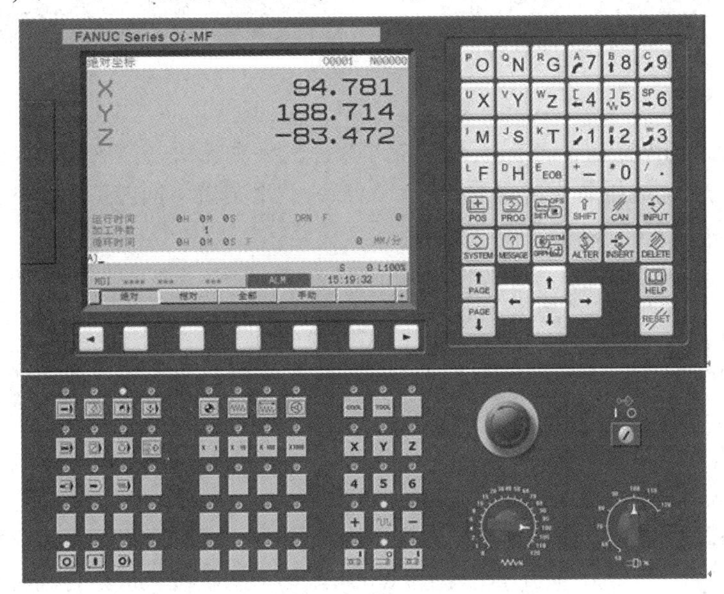

图 4.3　发那科(FANUC)数控系统操作面板

(2) 伺服驱动系统：是机床的动力装置，由伺服放大单元和执行元件(伺服电动机等)组成，伺服单元将控制信号放大成大功率电流，用于驱动执行元件。常用的执行元件有主轴电动机、伺服电动机、步进电动机等。

(3) 机床本体：是数控机床的机械部分，包括主运动部件、进给运动部件(工作台、刀架及自动换刀装置)和支承部件(如床身、立柱)等，它是自动完成各种切削加工的机械部分，机床本体可以是车床、铣床、钻床、磨床等。如图 4.4、图 4.5 所示为数控车床，如图 4.6、

图 4.7 所示为数控加工中心机床。

图 4.4　平床身数控车床(前置刀架)

图 4.5　斜床身数控车床(后置刀架)

图 4.6　立式加工中心

图 4.7　卧式加工中心

(4) 数控机床辅助装置：是保证充分发挥数控机床功能所必需的配套装置，常用的辅助装置包括：气动、液压装置，排屑装置，冷却、润滑装置，回转工作台和数控分度头，防护装置，照明等各种辅助装置。

3) 数控机床的特点

数控机床与传统机床相比，具有以下一些特点。

(1) 具有高度柔性。在数控机床上加工零件，主要取决于加工程序，它与普通机床不同，不必制造、更换许多模具、夹具，不需要经常重新调整机床。因此，数控机床适用于所加工的零件需要频繁更换的场合，亦即适合单件、小批量产品的生产及新产品的开发，缩短了生产准备周期，节省了大量工艺装备的费用。

(2) 加工精度较高。数控机床是用数字信号控制的，数控装置每输出一个脉冲信号，则机床移动部件移动一具脉冲当量(一般为 0.001 mm)，而且机床进给传动链的反向间隙与丝杆螺距平均误差可由数控装置进行自动补偿，因此，数控机床定位精度比较高。

(3) 加工质量稳定、可靠。加工同一批零件，在同一机床上，在相同的加工条件下，使用相同的刀具和加工程序，刀具的走刀轨迹完全相同，因此加工的零件一致性好，质量较稳定。

(4) 生产率高。数控机床可有效地减少零件的加工时间和辅助时间，数控机床的主轴转速和进给量的范围大，允许机床进行大切削量的强力切削。数控机床正进入高速加工时代，数控机床移动部件的快速移动和定位及高速切削加工，极大地提高了生产率。另外，与加工中心的刀库配合使用，可实现在一台机床上进行多道工序的连续加工，减少了半成品的工序间周转时间，提高了生产率。

(5) 改善劳动条件。数控机床加工前是经调整好后，输入程序并启动，机床就能自动连续地进行加工，直至加工结束。操作者要做的只是程序的输入、编辑、零件装卸、刀具准备、加工状态的观测、零件的检验等工作，劳动强度大幅降低，机床操作者的劳动趋于智力型工作。另外，机床一般是封闭起来的，既清洁，又安全。

(6) 有利于生产管理的现代化。数控机床的加工，可预先精确估计加工时间，对所使用的刀具、夹具可进行规范化、现代化管理，易于实现加工信息的标准化，已与计算机辅助设计与制造(CAD/CAM)有机地结合起来，是现代化集成制造技术的基础。

数控机床较好地解决了复杂、精密、小批量、多品种的零件加工问题，是一种柔性的、高效能的自动化机床，代表了现代机床控制技术的发展方向，是一种典型的机电一体化产品。

4) 数控机床加工范围

(1) 数控车床加工范围。数控车床是当今使用较广泛的数控机床之一，主要用于加工轴类、盘类等回转体零件，如图 4.8 所示。它能够通过过程控制自动完成内外圆柱面、圆锥面、圆弧、圆柱螺纹、圆锥螺纹等工序的切削加工，并能进行切槽、钻孔、扩孔、铰孔等工作。由于数控车床在一次装夹中能完成多个表面的连续加工，因此提高了加工质量和生产效率，特别适用于复杂形状的零件或中、小批量零件的加工。

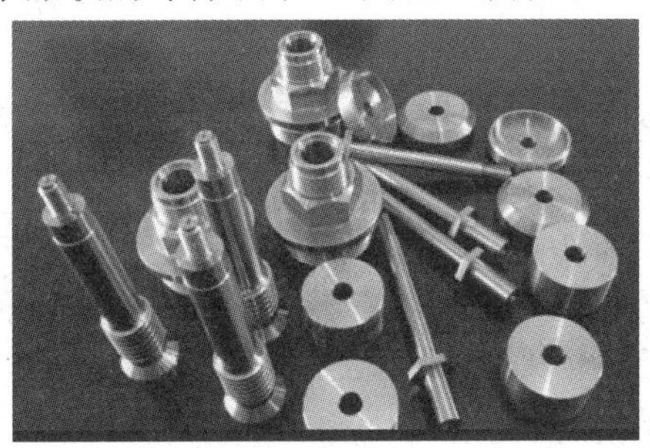

图 4.8　数控车床加工的零件

(2) 数控加工中心加工范围。铣削加工是机械加工中最常用的加工方法之一，它主要包括平面铣削和轮廓铣削，也可以对零件进行钻孔、扩孔、铰孔、镗孔、锪孔加工及螺纹加工等。 如图 4.9 所示为数控铣削主要适合加工的几类零件。

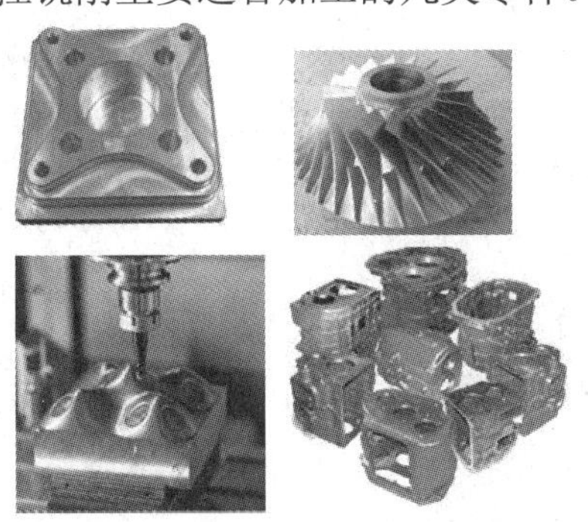

图 4.9　适合数控铣床(加工中心)加工的零件

工作任务二　数控机床坐标系的认知

训练内容

数控机床坐标系的认知。数控机床的加工过程都是在规定坐标系内实现的，坐标系确定了机床的运动方向和距离，在操作数控机床和编制数控加工程序前必须熟悉数控机床坐标系的命名原则，准确判断并记忆机床各坐标轴的移动方向。

知识与技能目标

(1) 掌握数控机床坐标和运动方向的命名原则。
(2) 掌握数控机床的坐标轴判定的方法和步骤。
(3) 会用右手直角笛卡儿定则在数控车床、铣床上建立坐标系。

相关理论知识

1. 数控机床坐标系

在数控机床上，机床的动作是由数控装置控制的，为了确定机床的成形运动和辅助运动，必须先确定数控机床上运动的方向和距离，这需要一个坐标系才能实现。数控机床出厂时，制造厂家在机床上设置了一个固定的点，以这一点为坐标原点建立的坐标系称为机床坐标系，它是用来确定工件坐标系的基本坐标系，是机床本身所固有的坐标系。

机床坐标系中，*X*、*Y*、*Z* 轴采用右手直角坐标系，如图 4.10 所示。用右手拇指、食指和中指分别代表 *X*、*Y*、*Z* 轴，三个手指之间相互垂直，所指方向分别为 *X*、*Y*、*Z* 轴正方向。围绕 *X*、*Y*、*Z* 轴做运动的轴分别用 *A*、*B*、*C* 表示，其正方向用右手螺旋定则确定。刀具移动时，其移动的正方向和轴的正方向相同，正方向移动用＋*X*、＋*Y*、＋*Z*、＋*A*、＋*B*、＋*C* 来指定。

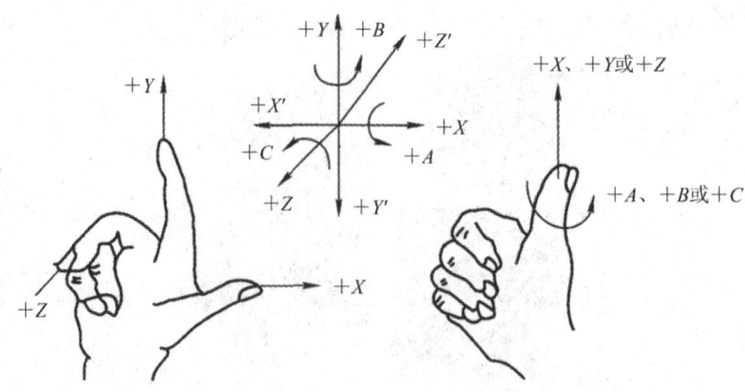

图 4.10　右手笛卡尔直角坐标系

1) 坐标和运动方向的判定原则

刀具相对静止工件而运动的原则：不论机床的具体结构是工件静止还是运动，在确定坐标系时，一律看作是工件不动，刀具相对于工件运动。运用这一原则，使编程人员在编写程序时不必考虑是刀具移向工件，还是工件移向刀具，永远假定工件是静止的，而刀具是相对于静止的工件在运动。

2) 坐标轴和运动方向的快速判定方法

确定机床坐标轴时，一般是先确定 Z 轴，再确定 X 轴，最后确定 Y 轴。Z 轴正方向的规定为增大刀具与工件之间距离的方向为坐标正方向。

(1) Z 轴的判定。规定平行于机床主轴轴线的坐标为 Z 轴，一般取产生切削力的轴线，即主轴轴线为 Z 轴。主轴带动工件旋转的机床有车床等；主轴带动刀具旋转的机床有铣床、加工中心、镗床、钻床等。

(2) X 轴的判定。X 轴一般来说是水平轴，平行于工件装夹平面，是刀具或工件定位平面内运动的主要坐标。

① 对于加工过程中主轴带动工件旋转的机床(如数控车床)，坐标轴沿工件的径向，平行于横向滑座或其导轨，刀架上刀具离开工件旋转中心的方向为坐标轴的正方向。

② 对于刀具旋转的立式机床(立式加工中心)，规定水平方向为 X 轴方向，且当从刀具(主轴)向立柱看时，X 轴正向在右边；对于刀具旋转的卧式机床(卧式加工中心)，规定水平方向仍为 X 轴方向，且从刀具(主轴)尾端向工件看时，右手所在方向为 X 轴正方向。

(3) Y 轴的判定。Y 轴垂直于 X、Z 坐标。Y 轴的正方向根据 X 和 Z 坐标轴正方向按照右手笛卡儿直角坐标系来判断。

2. 数控车床坐标系

(1) 数控车床坐标轴及其方向如图 4.11 所示。

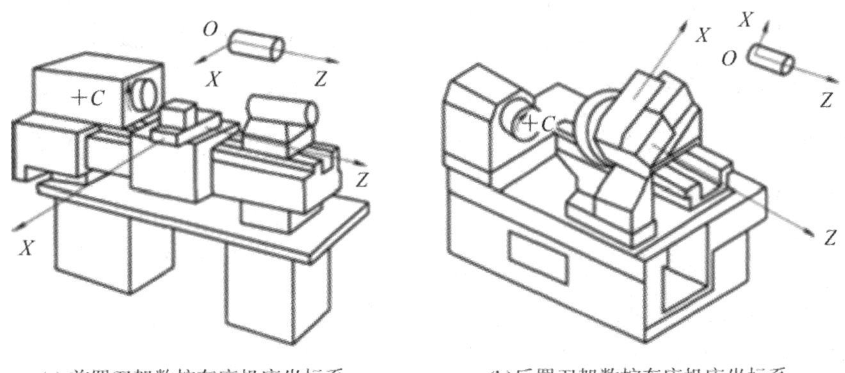

图 4.11 数控车床坐标轴及其方向

(2) 数控车床坐标系。数控车床坐标系一般有两种建立方法：

① 刀架和操作者在同一侧，X 轴的正方向指向操作者，如图 4.12(a)所示，适用于平床身(水平导轨)卧式数控车床。

② 刀架和操作者不在同一侧，X 轴的正方向背向操作者，如图 4.12(b)所示，适用于斜床身和平床身斜滑板(斜导轨)的卧式数控车床。

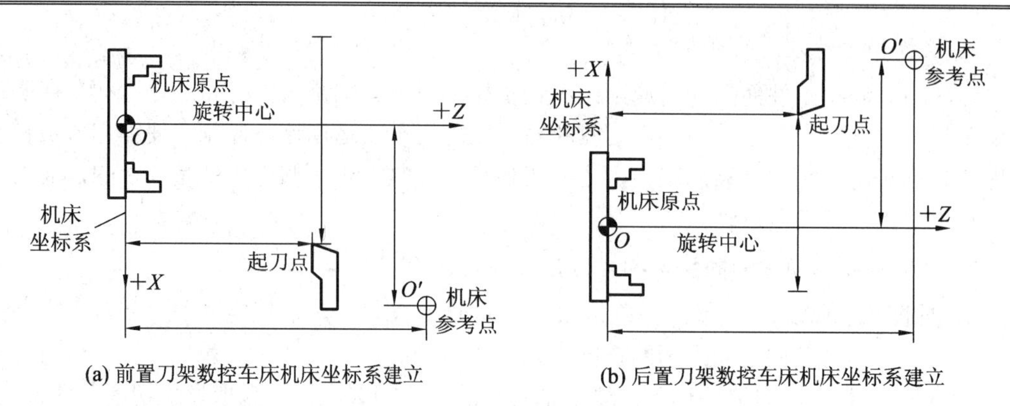

(a) 前置刀架数控车床机床坐标系建立　　(b) 后置刀架数控车床机床坐标系建立

图 4.12　数控车床机床坐标系的建立

3. 数控铣床/加工中心坐标系

根据右手笛卡儿直角定则，立式数控铣床坐标系如图 4.13 所示，卧式数控铣床坐标系如图 4.14 所示。

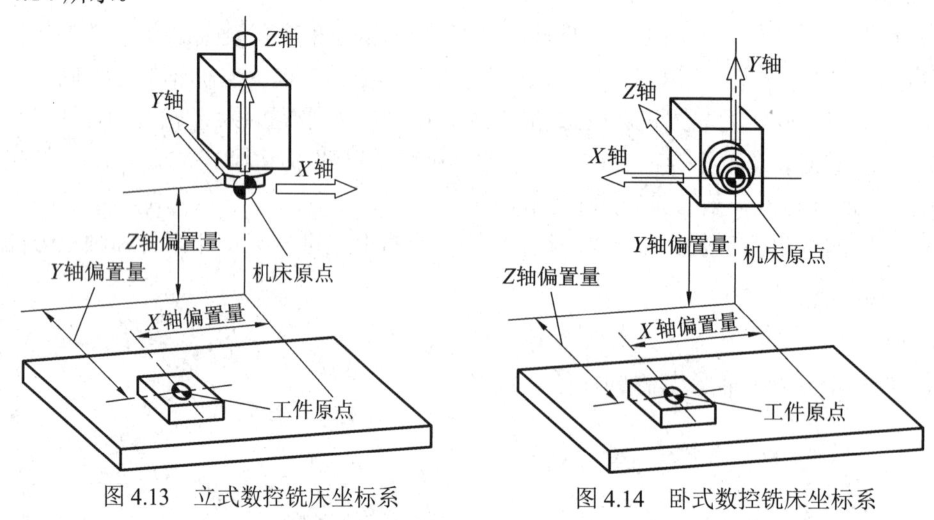

图 4.13　立式数控铣床坐标系　　图 4.14　卧式数控铣床坐标系

技能训练

利用车间的数控车床和数控加工中心用右手直角笛卡尔定则来判定机床坐标轴。

1. 熟悉数控车床运动方向

以斜床身后置刀架数控车床为例。

(1) Z 轴：操作者面对机床，床鞍(刀具)左右方向移动，刀具远离工件(卡盘)方向(向右)为正向。

(2) X 轴：操作者面对机床，中滑板(刀具)前后方向移动，刀具远离操作者方向(向前)为正向。

2. 熟悉数控加工中心运动方向

以立式加工中心为例。

(1) Z 轴：操作者面对机床，主轴(刀具)上下方向移动，刀具远离工件(工作台)方向(向上)为正向。

数控加工中心的结构与操作

数控车床的结构与操作

(2) X 轴：操作者面对机床，工作台左右方向移动，刀具向右移动为正向(假想为工作台不动而刀具移动)。

(3) Y 轴：操作者面对机床，工作台前后方向移动，刀具向前(远离操作者)移动为正向(假想为工作台不动而刀具移动)。

实施要求：必须理解和牢记机床 Z 轴、X 轴、Y 轴的运动方向。

工作任务三　熟悉数控机床的面板

训练内容

熟悉数控机床面板，包括数控系统面板和机床操作面板。数控机床的加工是通过机床面板的操作来控制实现的，机床面板的熟练使用是操作数控机床的基础，在操作机床前必须要熟悉和掌握机床面板的功能。

知识与技能目标

(1) 掌握 FANUC Series 0i-TF 系统数控车床和 FANUC Series 0i-MF 面板功能。

(2) 进一步熟练数控机床的开、关机操作，正确完成手动回原点操作。

(3) 懂得机床运行模式，会手动操作，懂得机床各坐标轴名称及其正方向，以便理解、记忆机床坐标系。

(4) 熟悉机床操作面板与 MDI 面板各按键、旋钮的功能。

相关理论知识

数控机床的加工是通过机床面板的操作来控制实现的，机床面板的熟练使用是操作数控机床的基础，在操作机床前必须要熟悉和掌握机床面板的功能。数控机床的 MDI 面板一般由数控系统生产厂家提供，形式与布局变化不大。而其机床操作面板则由机床生产厂家制作，按键、开关和旋钮的布局与形式会有不同，但机床操作面板所能实现的功能大同小异。熟悉面板的功用是正确操控数控机床的关键，本任务介绍 FANUC Series 0i-TF 系统标准车床操作面板和 FANUC Series 0i-MF 系统标准加工中心操作面板。

1. FANUC Series 0i-TF 和 FANUC Series 0i-MF 系统标准机床操作面板功能介绍

如图 4.15、图 4.16 所示为 FANUC(法那科)0i-TF(数控车床)和 0i-MF(加工中心)数控操作面板，主要由上半部的 CRT 显示屏、编辑面板和下半部的标准操作面板组成。

1) 数控系统 CRT 显示屏

CRT 显示屏是数控机床实现人机对话的窗口，用于显示机床的运行模式、机床的坐标位置、加工程序、系统参数、报警信息等，如图 4.15、图 4.16 所示。CRT 显示屏下有一排白色软键，可通过左右扩展键进行切换，各软键功能可参考 CRT 画面最下方一行对应的文字提示。

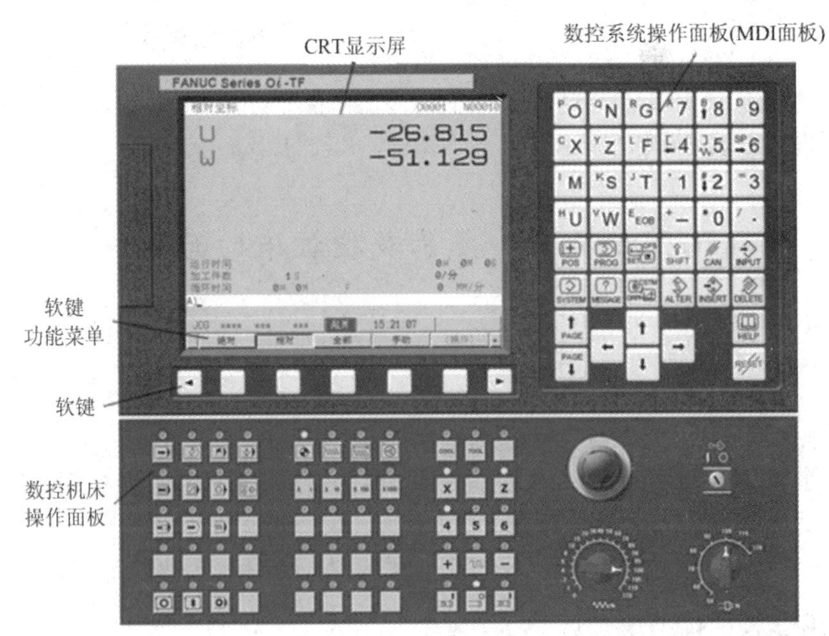

图 4.15　FANUC Series 0i-TF 系统标准车床操作面板

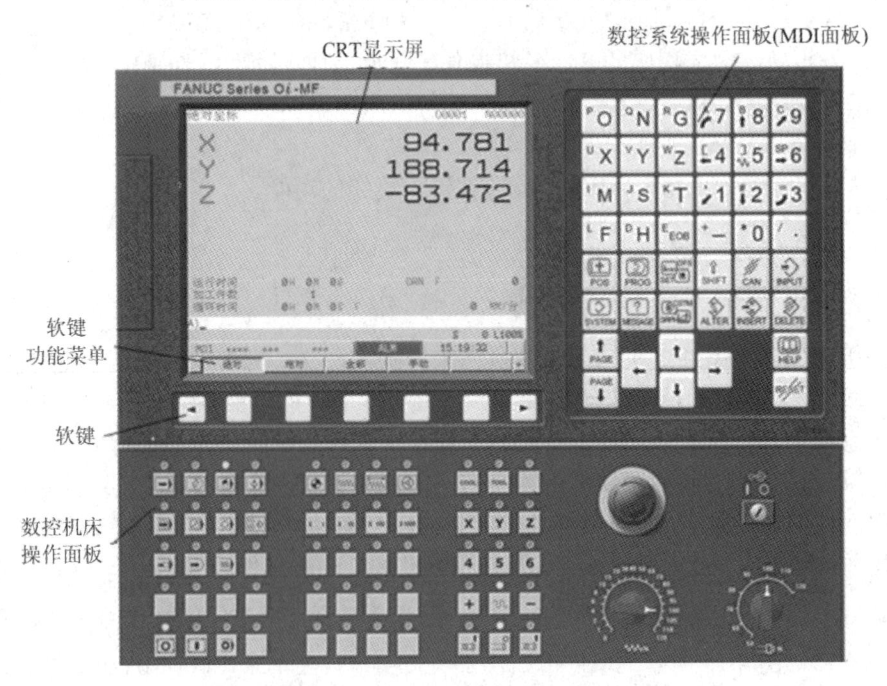

图 4.16　FANUC Series 0i-MF 系统标准加工中心操作面板

2) 数控系统操作面板(MDI 面板)

数控系统操作面板各按键名称、符号及用途见表 4.1。

表 4.1　数控系统操作面板按键名称、功能及用途表

按键符号		按键名称	用　途
功能键	POS	位置键 (Position)	屏幕显示当前位置画面，包括绝对坐标、相对坐标、综合坐标(显示绝对、相对坐标和余移量、运行时间、实际速度等)
	PROG	程序键 (Program)	屏幕显示程序画面，显示的内容由系统的操作方式决定 (1) 在 AUTO(自动执行)或 MDI(手动数据输入)方式下，显示程序内容、当前正在执行的程序段和模态代码、当前正在执行的程序段和下一个将要执行的程序段、检视程序执行或 MDI 程序 (2) 在 EDIT(编辑)方式下，显示程序编辑内容、程序目录
	OFS SET	刀偏设定键 (Offset Setting)	进入参数补偿显示界面，屏幕显示刀具偏移值、工件坐标系等(补正键(OFSET)显示及设定刀具补正值或是工件坐标位移值)
	SYSTEM	系统键 (System)	屏幕显示参数画面、系统画面
	MESSAGE	信息键 (Message)	屏幕显示报警信息、操作信息和软件操作面板
	CSTM GRPH	图形显示键 (Custom Graph)	辅助图形画面，CNC 描述程序轨迹
程序编辑键	CAN	取消键 (Cancel)	按此键可删除已输入到输入缓存区的最后一个字符或符号
	ALTER	替换键 (Alter)	替换光标所在的字
	INSERT	插入键 (Insert)	编辑时在程序中光标所在的位置插入字符
	DELETE	删除键 (Delete)	删除光标所在字，还可删除一个程序或所有程序
	E EOB	分段键 (End of Block)	该键是段结束符，不按上挡键而直接按其将输入“;”号，表示换行结束
HELP		帮助键 (Help)	按此键用来显示如何操作机床，如 MDI 键的操作，可在 CNC 发生报警时提供报警的详细信息、帮助功能
SHIFT		上挡键 (Shift)	在有些键上有两个字符，按此键可以切换选择字符

续表

按键符号	按键名称	用　途
INPUT	输入键 (Input)	用来对参数键入、偏置量设定与显示页面内的数值输入
RESET	复位键 (Reset)	在自动运行模式下，按压此键，作用同急停按钮； 在编辑模式下，按压此键，光标会回到程序号上； 在手动模式下，按压此键，主轴会停止转动； 机床出现报警后一般应按此键后再操作
↑ PAGE　PAGE ↓	翻页键	屏幕显示的页面向上、向下翻页
↑ ← → ↓	光标移动键	有四个光标移动键，按下此键按照所指方向移动光标
PO QN RG UX VY WZ IM JS KT LF DH EEOB	字母键	实现字符的输入，通过SHIFT键切换输入后字符，例如：点击PO将在显示器的光标所处位置输入“O”字符，点击SHIFT键后再点击PO，将在光标所处位置处输入 P 字符；按其中的“EOB”键将输入“；”号，表示换行结束
A7 B8 C9 [4]5 SP6 1 #2 =3 +– *0 /.	数字键	实现字符的输入，例如：点击]5键将在光标所在位置输入“5”字符，点击SHIFT键后再点击]5将在光标所在位置处输入“]”

3) 机床操作面板

机床操作面板主要用于控制机床的运动和选择机床的运行状态，由模式选择键、数控程序运行控制开关等多个部分组成，每一部分的详细说明见表 4.2。

表 4.2　机床操作面板按键及功能

按键	功　能	按键	功　能
	AUTO(MEM)键(自动模式键)：进入自动加工模式		EDIT 键(编辑键)：用于直接通过操作面板输入数控程序和编辑程序
	MDI 键(手动数据输入键)：用于直接通过操作面板输入数控程序和编辑程序		文件传输键：通过 RS232 接口将数控系统与电脑相连并传输文件
	REF 键(回参考点键)：通过手动回机床参考点		JOG 键(手动模式键)：通过手动连续移动各轴
	INC 键(增量进给键)：手动脉冲方式进给		HNDL 键(手轮进给键)：按此键切换成手摇轮移动各坐标轴

续表

按键	功 能	按键	功 能
COOL	冷却液开关键：按下此键冷却液开	TOOL	刀具选择键：按下此键，可在刀库中选刀
	单节：按下此键，运行程序时每次执行一条数控指令		程序段跳过键：在自动模式下按此键，跳过程序段开头带有“/”程序
	程序停止键：自动模式下，遇有M00指令程序暂停运行		程序重启键：由于刀具破损等原因自动停止后，程序可以从指定的程序段重新启动
	机械锁定键：按下此键，机床各轴被锁住		空运行键：按下此键，程序试运行，用于程序检测
	机床主轴手动控制开关：手动模式下，按此键主轴正转		机床主轴手动控制开关：手动模式下按此键主轴反转
	机床主轴手动控制开关：手动模式下，按此键主轴停止		循环(数控)停止键：数控程序运行中，按下此键停止程序运行
	循环(数控)启动键：在“AUTO”或“MDI”工作模式下，按此键自动加工程序，其余时间按下无效		程序运行暂停键：数控程序运行中，按下此键程序暂停运行
X	X轴方向手动进给键	Z	Z轴方向手动进给键
Y	Y轴方向手动进给键	+	机床相应轴正方向进给键
	快速进给键，手动方式下，按下此键，再按相应轴的方向进给键，坐标轴以快速进给速度移动	−	机床相应轴负方向进给键
X 1	选择手动移动(步进增量方式)时每一步的距离。X1为0.001 mm	X 10	选择手动移动(步进增量方式)时每一步的距离，X10为0.01 mm
X 100	选择手动移动(步进增量方式)时每一步的距离。X100为0.1 mm	X1000	选择手动移动(步进增量方式)时每一步的距离，X1000为1 mm
	程序编辑开关：置于“ON”位置，可编辑程序		进给速度(F)调节旋钮：调节进给速度，调节范围从0～120%
	主轴转速调节旋钮：调节主轴转速，调节范围为50%～120%		紧急停止按钮：按下此按钮，可使机床和数控系统紧急停止，旋转可释放(拉拔型的急停开关，按下后可直接拔出)
POWER	系统电源键，按绿色键启动控制系统；按红色键关闭控制系统		

注意：每个机床厂家生产的机床的操作面板的布局和形式都不相同，但是基本功能相同。数控机床面板一般由旋钮、照明式按钮开关(按下指示灯亮，开；弹起指示灯灭，关)或扳钮式切换开关(向上扳，开；向下扳，关)等组成。对于图标所代表的功能要理解和熟

悉，有利于熟练和正确操作机床。

2. 数控机床开关机操作

1) 数控机床开机操作

(1) 将机床总电源开关旋转至“ON”(在机床背面)，打开机床总电源。

(2) 按系统电源启动键(绿色键)，启动数控系统，此操作需等待十几秒直至 CRT 显示屏出现“EMG”报警提示，报警指示灯闪烁。

(3) 拉出或旋开急停旋钮，报警提示消失后，开机成功。

注意：在开机前，应先检查机床润滑油是否充足，电源柜门是否关好，急停开关是否处于压下状态。

数控加工中心的开机与回零操作

2) 数控机床关机操作

(1) 主轴停止转动，将机床各坐标轴移动到安全位置。

(2) 按下急停开关按钮。

(3) 按下系统电源关闭键 (红色键)，关闭 CNC 系统电源。

(4) 将机床总电源开关旋转至“OFF”，关闭机床总电源。

数控车床的开机与回零操作

3) 数控机床回零操作

(1) 数控车床回零操作。按“REF”回参考点模式键，“*X*”轴、“*Z*”轴按键上方指示灯闪烁，依次按“*X*”轴、“*Z*”轴按键，(车床回参考点应先回 *X* 轴，再回 *Z* 轴)，回零后 *X* 轴、*Z* 轴的移动自动停止，这时“*X*”轴、“*Z*”按键上方指示灯停止闪烁，常亮，在 CRT 显示屏中各轴机械坐标值均为零，回零操作成功。

(2) 数控加工中心机床回参考点操作。按“REF”回参考点模式键，“*X*”轴键、“*Y*”轴键、“*Z*”轴键上方指示灯闪烁，依次按“*Z*”轴键和 + (正向)键，*Z* 轴回参考点；按“*Y*”轴键和 + (正向)键，*Y* 轴回零点；按“*X*”轴键 + (正向)键，*X* 轴回参考点。(加工中心机床回参考点应先回 *Z* 轴，再回 *Y* 轴、*X* 轴)，回零后 *Z* 轴、*Y* 轴、*X* 轴的移动自动停止，这时 *X* 轴、*Z* 轴按键上方指示灯停止闪烁，常亮，在 CRT 显示屏中各轴机械坐标值均为零，回零操作成功。

(3) 机床回零操作注意事项：

① 回零操作完成后，按“JOG”手动模式键，按快速进给键，按 x 键，再按 - 方向键，*X* 轴离开参考点一段距离。采用同样的方式将 *Z* 轴离开参考点一段距离。

② 当机床工作台或主轴当前位置已处于参考点位置、接近机床零点或处于超程状态时，应采用手动模式，将机床工作台或主轴移至各轴行程中间位置，否则无法完成回零操作。(参考①)

③ 机床正在执行回零动作时，不允许按其他模式操作键，否则回零操作失败。

④ 当数控机床出现下几种情况时，应重新回机床参考点。

a. 机床关机后重新接通电源开关。

b. 机床解除紧急停止状态以后。

c. 机床超程报警信号解除以后。

d. 机床锁紧解除后。

4) 手动(JOG)模式操作

按“JOG”手动模式键，分别按各坐标轴选择键 X 、 Y 、 Z 键，再按正、负方向键 + 、 - ，即可使机床向 X、Y、Z 的轴沿正、负方向连续进给；若同时按快速移动键，则可快速进给；通过调节进给倍率旋钮、快速倍率旋钮，可控制进给、快速进给移动的快慢。

5) 手轮(HNDL)模式操作

操作手轮时，按手轮(HNDL)模式键，转换至手轮操作模式，通过手轮上的“轴选择旋钮”可选择坐标轴，顺时针转动“手轮脉冲器”，各轴正向移动；反之，则各轴负向移动。通过选择脉动量×l、×10、×100(分别是 0.001、0.01、0.1 毫米/格)来确定进给的快慢，手轮构造见图 4.17 所示。

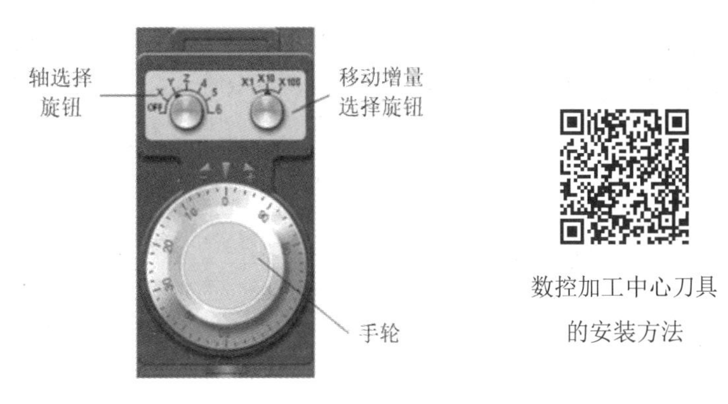

图 4.17　手轮构造

技能训练

(1) 对照课本熟悉、理解机床面板的功能(图标代表的功能)。

(2) 按照规范要求进行开、关机床操作。

(3) 进行机床回参考点操作。

(4) 在“JOG”手动模式下，小倍率、低速、快速和手轮模式下进行机床的坐标轴的移动操作，进一步熟悉机床各坐标轴的正、负方向，同时观察、记忆机床坐标系。

注意事项：一定要在理解、熟悉的前提下进行操作，以免发生事故。

工作任务四　数控机床程序的输入、编辑及 MDI 操作

训练内容

数控机床加工程序的输入、编辑及进行手动输入(MDI)模式操作。数控机床的加工由数控加工程序控制，数控加工程序的输入、编辑是经常且必须进行的操作；加工前的一些准备工作，例如数控机床主轴启停、换刀等操作在手动输入(MDI)模式下进行。

知识与技能目标

(1) 掌握程序的输入、编辑方法。

(2) 会数控程序的输入。

(3) 会进行程序内容的编辑处理。

(4) 熟练按照教师指令进行机床各轴运动操作。

相关理论知识

1. FANUC 系统数控程序组成

数控机床的加工由数控加工程序控制，零件加工程序可以记录在穿孔纸带、U 盘、计算机硬盘等介质上。零件加工程序单如图 4.18 所示，加工程序由 7 个部分组成：纸带程序起始符、引导区、程序起始符、程序正文、注释、程序结束符、纸带程序结束符。

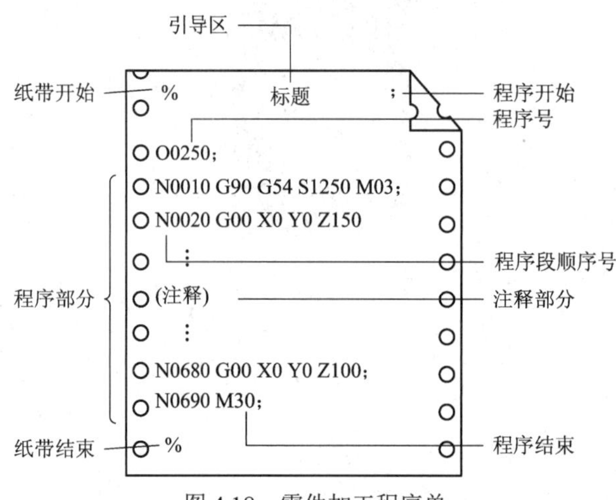

图 4.18　零件加工程序单

(1) 纸带程序起始符。早期的数控加工程序，以纸带为存储介质，符号“%”表示程序文件开始，使用计算机输入程序不需要该符号。该符号标记不在屏幕上显示，如果输出纸带文件，该符号会自动出现在文件的开头。

(2) 引导区。引导区中有程序文件标题、说明等内容。当文件读入时，数控装置会自动跳过引导区，所以引导区可以包含任何内容。

(3) 程序起始符。数控装置从引导区的分号“；”后读入程序内容。“；”标识程序正文部分的开始。

(4) 程序正文。程序正文部分是由一系列程序段组成的。数控加工程序是分行书写的，程序中的每一行称为一个程序段。

(5) 注释。在任何地方，一对圆括弧之间的内容即为注释部分，数控系统(NC)对这部分内容只显示，不会执行。

(6) 程序结束符。标识程序正文的结束，所用符号有：M30、M02、M999(子程序结束)。

(7) 纸带程序结束符。符号“%”放置在数控程序文件的末尾。同样，采用计算机输入程序时，不需要输入“%”。“%”在屏幕上不显示，但是当输出纸带文件时，该标记会自动出现在文件末尾。

2. FANUC 数控程序的输入

1) 系统程序的输入

(1) 将程序保护锁调到开启状态(O)，按 EDIT 键，进入编辑工作模式，屏幕左下角状态显示为“EDIT”。

(2) 按 PROG(程序)键，显示程序编辑画面或程序目录画面。

(3) 键入新程序名，如“O0010”，显示在屏幕下方符号“＞”的后面(该位置为输入缓存区，如在输入缓存区键入了错误的字符，可按“CAN”键取消)。按“INSERT”键，再按“EOB”键和“INSERT”键。

(4) 程序段的输入是键入程序段内容，按“EOB”键，然后按“INSERT”键，换行后继续输入程序。

具体过程是：主功能“EDIT”(编辑模式)→“PROG”(程序界面)→程序名(O 和数字)→“INSERT”(插入键)→“EOB”键→“INSERT”键→程序段→“EOB”键→“INSERT”键。

2) 数控程序的编辑

(1) 程序的查找与打开。

方法一：

① 按“EDIT”编辑键或“AUTO/MEM”键，使机床处于编辑或自动工作模式。

② 按“PROG”(程序)键，显示程序画面。

③ 按“程序”对应软键，按“操作”对应软键，出现“检索程序”。

④ 按“检索程序”对应软键，再按“下一程序”对应软键，便可依次打开存储器中的程序。

⑤ 输入程序名如“O0010”，按“检索程序”对应软键，便可打开该程序。

方法二：

① 按“EDIT”键或“AUTO/MEM”键，使机床处于编辑或自动工作模式。

② 按“PROG”程序键，显示程序画面。

③ 输入要打开的程序名，例如“O0010”。

④ 按光标“向下移动键”即可打开该程序。

(2) 程序的删除。

① 按“EDIT”键，使机床处于编辑工作模式。

② 按“PROG”(程序)键，显示程序画面。

③ 输入要删除的程序名。

④ 按“DELETE”(删除)键，即可将程序删除。

(3) 字的插入。

① 打开程序，并使之处于“EDIT”(编辑)工作模式。

② 按光标键，将光标移动到字要插入的位置。

③ 输入要插入的字。

④ 按“INSERT”键即可完成字的插入。

程序的新建与编辑

(4) 字的替换。

① 打开程序，并使之处于 EDIT(编辑)工作模式。

② 按光标键，将光标移动到需要替换更改的字的位置。

③ 输入要替换的字。

④ 按“ALTER”键即可完成字的替换。

用 U 盘和 CF 卡传程序

(5) 字的删除。

① 打开程序，并使之处于“EDIT”(编辑)工作模式。

② 按光标键，将光标移动至将要删除的字的位置。

③ 按“DELETE”键即可删除字。

技能训练

(1) 按照教师提供的程序，熟悉程序结构。

(2) 按照要求新建程序，并进行程序的编辑操作。

工作任务五　典型零件的数控加工

训练内容

在数控机床上加工典型轴类和模板类零件。结合数控机床的特点，选取典型轴类工件和典型模板类零件在数控机床上进行加工，掌握对刀等相关操作。

知识与技能目标

(1) 掌握开关机床操作。

(2) 掌握数控车床对刀操作。

(3) 掌握数控加工中心对刀操作。

(4) 加工工件。

相关理论知识

1. 主轴的启动与停止

(1) 选择“MDI”模式，按 PROG(程序)键，显示程序画面，按“EOB”键和“INSERT”键，再输入指令“M03 S500”，按“EOB”键和“INSERT”键，再按循环启动键，主轴正转。

(2) 选择“JOG”手动模式，按主轴停止键，主轴停止转动。

注：如机床刚通电，只能采用“MDI”方式启动机床运转。

(3) 选择“JOG”手动模式或“HND”手轮模式，按“主轴正转”键，主轴正转，按主轴停止键，主轴停止转动。

2. 数控车床对刀

数控车床刀具的安装

数控车床对刀

1) 绝对刀具偏移补偿设置

绝对刀具偏移补偿在机床坐标系下操作，所用的每一把刀具均按照工件坐标系分别单独试切对刀，取得的刀补值存入相应刀补号，每个刀补值不互相关联，互不影响，调整起来相对较简单，在实际加工中得到广泛应用。此法操作简单、快捷，不易出错，在单件生产和数控大赛中常用此法。

直接输入多把刀具偏移值步骤(绝对刀具偏移补偿)步骤：

(1) 开机，回零操作，建立机床坐标系。

(2) 装夹工件。

(3) 调用、安装 1 号刀。选择“MDI”模式，按 PROG(程序)键，显示程序画面，按“EOB”键和“INSERT”键，再输入指令“T0101”，按“EOB”键和“INSERT”键，再按循环启动键，调用车刀架 1 号刀位，安装外圆车刀。

(4) 试切端面 *Z* 向对刀。依次采用手动(JOG)模式和手轮模式，将刀具移动至工件右端面处，试切削端面，端面车平即可，*Z* 向保持不动，车刀沿 *X* 正方向退出→按下“OFS/SET”键→按“刀偏”软键→按“形状”软键→用方向键将光标移动至对应的刀号 G001 行 *Z* 轴框格内，输入“Z0”→按“测量”软键，方框内的数据即被刷新，完成 1 号刀 *Z* 向对刀。

(5) 试切外圆 *X* 向对刀。移动刀具试切外圆，要尽量少切，车出一个完整的圆柱面即可，长度 5 mm 左右，方便卡尺测量即可→将刀具沿外圆表面 *Z* 轴正方向退出→按“RESET”复位键或主轴停止键，停车，测量试切外圆的直径(记住这个直径值)→按下“OFS/SET”参数列表键，弹出参数窗口→按“刀偏”软键→按“形状”软键→用光标方向键将光标移动至对应的刀号 G001 行 *X* 轴框格内，输入“X”和测量的直径值，如“X44.1”→按“测量”软键，方框内的数据即被刷新，完成 1 号刀 *X* 向对刀。

手动移动刀具，分别向 *X*、*Z* 轴的正方向移动，远离工件，注意不要超程。

(6) 调用、安装 2 号刀。选择“MDI”模式，按“PROG”(程序模式)键，显示程序画面，按“EOB”键和“INSERT”键，再输入指令“T0202”，按“EOB”键和“INSERT”键，再按循环启动键，调用车刀架 2 号刀位，安装切槽车刀。

(7) 依次采用手动“JOG”模式和“HND”手轮模式，将刀具移动至工件右端面处，用刀尖左侧刀尖轻触工件右端面，按照 1 号刀的操作将光标移动至对应的刀号 G002 行 *Z* 轴框格内，输入“Z0”→按“测量”软键，方框内的数据即被刷新，完成 2 号刀 *Z* 向对刀。

(8) 移动刀具，用切槽刀主刀刃轻触 1 号刀切削过的外圆表面，按照 1 号刀的操作将光标移动至对应的刀号 G002 行 *X* 轴框格内，输入“X”和测量的直径值，如“X44.1”→按“测量”软键，方框内的数据即被刷新，完成 2 号刀 *X* 向对刀。

(9) 调用、安装 3 号刀。选择“MDI”模式，按 PROG(程序)键，显示程序画面，按“EOB”键和“INSERT”键，再输入指令“T0303”，按“EOB”键和“INSERT”键，再按循环启动键，调用车刀架 3 号刀位，安装外螺纹车刀。

3 号刀对刀过程与 2 号刀相同，只是在 *Z* 向对刀时，要使螺纹刀尖尽量对正工件端面与外圆的尖角处。

2) *对刀检验*

选择“MDI”模式，按 PROG(程序)键，显示程序画面，输入以下程序段。

M3 S500;　　　　(主轴正转 M3，转速为 500 r/min S500。)

T0101;　　　　(调用刀具及刀具参数，跟实际使用刀具对应即可。)

G00 X44.1;

G01 Z0. F1.;　　　　(直线运动到端面与外圆交点处。)

按循环启动键，运行检测程序。程序输入结束后，观察刀具位置是否与屏幕上显示的绝对坐标一致。若一致，则对刀正确；若不一致，则需查找原因，重新对刀。

3. 数控加工中心对刀

1) *X 轴、Y 轴的四面分中对刀方法*

用寻边器四面分中对刀的操作方法

用寻边器单边对刀的操作方法

数控加工中心当要把工件上表面中心作为坐标系原点时，采用四面分中的方法。

对刀时，先开机回零，装夹好工件，主轴安装刀具或寻边器后在“MDI”模式下使主轴以一个合理的转速(使用寻边器使主轴转速 400～600 r/min)旋转，转到手动或手轮模式，从多个角度观察，使刀具或寻边器靠近工件，在手轮模式下以较低的倍率靠近工件左侧，直至刀具或寻边器刚刚接触到工件。然后按“POS”键后按“相对”对应软键，直至出现相对坐标界面，按下“X”键，屏幕上的“X”会闪烁，按下“起源”对应软键，按“执行”对应软键，这样就将 *X* 轴的相对坐标清零了。

将刀具移动到工件右侧，对工件右边进行同样的操作。再次进入相对坐标界面，记录显示的 *X* 轴相对坐标值，将坐标值除以 2，计算出中间点的相对坐标值，例如为 52.412 按“OFF/SET”键，按“坐标系”对应软键，按光标移动键，找到对此工件设定的坐标系(常用 G54 坐标系)的 *X* 轴位置上，输入“X52.412”(计算出的中间点相对坐标值)，按“测量”对应软键即可。或者是将刀具移动至 *X* 轴相对坐标值为“X52.412”处，输入“X0”，按“测量”对应软键即可。*X* 轴对刀完成。

用同样的方法完成工件 *Y* 轴的对刀。这样就将工件的中心设为坐标系的原点。

2) *X 轴、Y 轴单边对刀法*

数控加工中心刀具 *Z* 向对刀法

除四面分中对刀法外，如果需要把工件坐标系原点设定在工件 4 个角中的某一个角上，可以把寻边器分别对在 *X*、*Y* 轴相临的某两个边上，抬刀，按“OFS/SET”键，按“坐标系”对应软键，按光标移动键找到对此工件设定的坐标系的 *X*、*Y* 轴的位置上，例如为 G54 坐标系，分别键入 *X* 和正、负 *R*；*Y* 和正、负 *R*”，按“测量”软键即可。*R* 值为刀具中心到工件边缘的距离(刀具半径值)。

注意： *X* 坐标轴对刀时，刀具在工件左侧，*R* 为负值；刀具在工件右侧，*R* 为正值。*Y*

坐标轴对刀时，刀具在工件靠近操作者一侧，*R* 为负值；刀具在工件远离操作者一侧，*R* 为正值。

3) *Z* 轴对刀(长度补偿)方法

Z 轴可以采用刀具试切、刀具+塞尺/刀柄、*Z* 轴设定器等工具对刀。这里介绍刀具+刀柄对刀的方法，采用直径 10 mm 的硬质合金刀具的刀柄，其径向尺寸公差较小。

操作步骤如下：

(1) 开机回零后，在“MDI”模式下，按“PROG”键，输入“T1 M6”，按循环启动键，执行换刀动作，然后手动将刀具安装到主轴上，不需要启动主轴。

(2) 将刀具移动至工件上方，再向下移动刀具，目测刀具端面刃距离工件表面稍大于 10 mm 时，将刀柄塞到工件与刀具之间，采用手轮方式，用×0.01 或×0.001 的倍率小心向下摇动刀具。交替进行刀具向下移动和刀柄在工件和刀具端面刃之间的来回移动的操作，感知刀柄是否能通过该间隙。直至刀柄在刀具和工件表面移动具有轻微阻滞感时，停止刀具移动。

注意：刀柄在工件平面和刀具之间来回移动时不要向下移动 *Z* 轴。

(3) 按“POS”键后按“全部”对应软键，直至出现综合坐标界面，记下此时的“机械坐标”中 *Z* 轴的数值。

(4) 按“OFS/SET”键，按“坐标系”软键，再按光标移动键找到对此工件设定的坐标系的 *Z* 轴的位置上，例如为 G54 坐标系。确定 *Z* 轴位置数字为“0”，如果不为“0”，可以按下“0”，然后按“INPUT”键或“输入”对应软键，将 *Z* 轴位置数字置为“0”。

(5) 按“OFS/SET”键，按“刀偏”对应软键，再按“光标移动键”将光标移动到“形状(H)”下面 001 号方框位置，把刚才对刀时记住的 *Z* 轴的机械坐标值减去刀柄直径(10 mm)填入。例如，机械坐标值为“−123.456”，则输入“−133.456”(−123.456−10)，然后按“INPUT”键或“输入”对应软键即可。1 号刀 *Z* 轴对刀完毕。

对其他刀具可采用同样方法按照以上步骤进行操作。

4) 对刀检验

略。

5) 刀具的半径补偿值的设定

刀具半径补偿在程序中一般由 D 代码指定刀具偏置量。加工前要把刀具偏置值输入 D 地址中，即显示刀具补偿界面，并在该界面设定刀偏值。例如，在 1 号刀 D01 中设定补偿值，操作步骤如下：按“OFS/SET”键，再按“刀偏”对应软键，按“光标移动键”将光标移动到“形状(D)”下面 001 号方框位置，按键“8”(刀具半径值)，按“INPUT”键或“输入”对应软键即可。

其他刀具的刀偏值可采用同样方法按照以上步骤进行操作。

技能训练

技能训练 1

用数控车床加工典型轴类零件。典型轴类工件如图 4.19 所示，车削端面及外轮廓，并切断。毛坯：硬铝(LY12)圆棒。

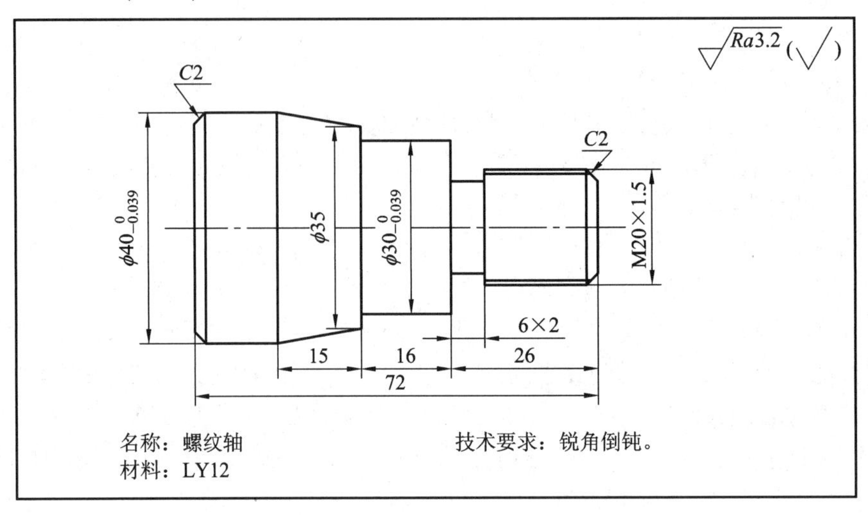

图 4.19　螺纹轴

1. 工艺分析

(1) 零件分析。该零件表面由圆柱面、圆锥面和螺纹组成，采用数控车床加工。

(2) 零件坐标系原点。*X* 轴原点设在工件的轴线上；*Z* 轴原点设在右端面。

(3) 换刀点。换刀点设在工件坐标系 *X*=100，*Z*=200，*X* 轴是直径值。

(4) 刀具选择。一般应遵循以下原则：

① 尽量减少刀具数量。

② 一把刀具装夹后，应完成其所能进行的所有加工部位。

③ 粗加工和精加工的刀具应分开使用，即使是相同尺寸规格的刀具也须如此。

④ 在可能的情况下，应尽可能利用数控机床的自动换刀功能，以提高生产效率。本例选用的刀具见表 4.3。

⑤ 倒角。倒角安排在精车工步中，同外圆连续车削成 45°。

⑥ 工序。车削流程：粗车外圆→精车外圆→车槽→车螺纹→切断，见表 4.3。

表 4.3　数控车床加工工序卡片

单位名称		产品名称或代号		零件名称		零件图号	
工序号	程序编号	夹具名称		使用设备		车　间	
		卡盘		数控车床			
工步号	工步内容	刀具号	刀具规格	主轴转速/(r/min)	进给速度/(mm/r)	背吃刀量/mm	备注
1	粗车外圆	1	90° 偏刀	1000	0.2		
2	精车外圆	2	90° 偏刀	1500	0.1		
3	切断刀	3	刀头宽度 4mm	600	0.08		切槽
4	外螺纹车刀	4	60° 螺纹车刀	400			
5	切断刀	3	刀头宽度 4 mm	600	0.08		切断

2. 加工步骤

(1) 程序编制。

(2) 开机，回参考点。

(3) 安装工件，工件伸出卡盘约 85 mm。

(4) 调用、安装刀具并对刀。

(5) 执行程序，自动加工。

(6) 检验工件。

(7) 关闭机床，整理工具，清擦机床。

参考程序见表 4.4 所示。

表 4.4 螺纹轴加工程序

主程序	程序说明
O0020；	程序号
N1；	当工步较多时，可以提高程序的可读性
G21 G99 G40；	初始单位设定，取消刀尖圆弧半径补偿
T0101；	换 1 号刀，1 号刀补，确定其坐标系，原点在右端面
G50 S1500；	限制最高主轴转速为 1500 r/min
G96 S120 M03；	恒切削速度为 120 m/min
G00 X50.0 Z0 M8；	定位到车端面始点，切削液开
G01 X-0.5 F0.1；	车端面
G00 Z10.0；	轴向退刀 10 mm
G00 X47.0 Z2.0；	定位到外圆粗车始点
S1000 M03；	启动主轴转速 1000 r/min，正转
G71 U2.0 R1.0；	粗车外圆循环(每次切深 2 mm，退刀距离为 1 mm)
G71 P10 Q20 U0.4 W0.1 F0.2；	留 X 方向精车余量 0.2 mm，Z 方向精车余量 0.1 mm
N10 G00 G42 X11.85 Z2.0；	定位到精车始点(N10～N20 为精车外圆轨迹)，建立刀尖圆弧半径补偿
G01 X19.85 Z-2.0；	倒角
G01 Z-26.0；	车ϕ20 mm 外圆至ϕ19.85 mm
X30.0 C0.2；	车轴肩并倒角
Z-42.0；	车ϕ30 mm 外圆表面
X35.0 C0.2；	车轴肩并倒角
X40.0 Z-57.0；	车圆锥面

续表一

主程序	程序说明
Z-78.0；	车ϕ40 mm 外圆表面
N20 G01 X47.0；	径向退刀(精车轨迹结束段)
G0 X100.0 Z200.0；	快速回到换刀点
M5；	主轴停止
M9；	切削液停止
N2；	
T0202；	换精车刀
G97 G99 G40 S1100 M3；	
G0 X47 Z2 M8；	快速定位至精车循环起点
G70 P10 Q20 F0.1；	精车循环，进给速度为 0.01 mm/r
G00 X100.0 Z200.0；	快速回到换刀点
M5；	
M9；	
M0；	程序暂停，测量并修改刀具磨损补偿以控制尺寸精度
N3；	
T0303；	换切槽刀，刀具补偿，确定其坐标系
G97 G99 G40 S600 M3；	主轴正转，转速 600 r/min
G00 X32.0 Z-26.0；	定位到切槽始点
G01 X16.0 F0.08；	切槽(第 1 刀)
G04 P1.0；	刀停 1 s(使槽底光滑)
G00 X28.0；	快速退刀
Z-24.0；	横向定位至槽宽
G01 X16.0 F0.08；	切槽(扩槽到尺寸)
G04P1.0；	刀停 1 s(使槽底光滑)
X31.0 F0.03；	退刀
G00 X100.0；	快速退刀
Z200.0；	快速回到换刀点
M5；	

续表二

主程序	程序说明
M9;	
N4;	
T0404;	换螺纹刀，刀补，确定其坐标系
G97 G99 G40 S400 M3;	
G00 X22.0 Z8.0 M8;	定位到车螺纹始点
G92 X19.0 Z-23.0 F1.5;	车螺纹循环，螺纹导程 1.5 mm，走刀 1 次
X18.4;	车螺纹，第 2 次
X18.2;	车螺纹，第 3 次
X18.05;	车螺纹，第 4 次
X18.05;	空走刀修光 1 次
G00 X100.0 Z200.0;	快速回到换刀点
M5;	
M9;	
M0;	此处必须有暂停，用于螺纹测量和再次加工
N5;	
T0303;	换切断刀，刀补
G97 G99 G40 S600 M3;	主轴正转，转速 600 r/min
G00 X47.0 Z-76.0;	定位到切断长度位置(加刀宽)
G01 X30.0 F0.08;	切槽，槽深 5 mm(准备倒角用槽)
G00 X47.0;	径向退刀
Z-74.0;	切断刀定位到倒角起始位置
G01 X40;	
G01 X36.0 Z-76.0 F0.05;	倒角
G00 X44.0;	退刀
G01 X0.0 F0.05;	切断
G00 Z-74.0;	*Z* 向退刀 2 mm
G00 X50.0;	*X* 向退刀
X100.0 Z200.0;	回换刀点
M05;	主轴停止
M9;	冷却液停
M30;	程序结束

技能训练

用数控加工中心加工典型模板。典型模板如图 4.20 所示，铣削外形轮廓，并进行孔加工。毛坯外形尺寸：100 mm × 80 mm × 26 mm，材质为硬铝。

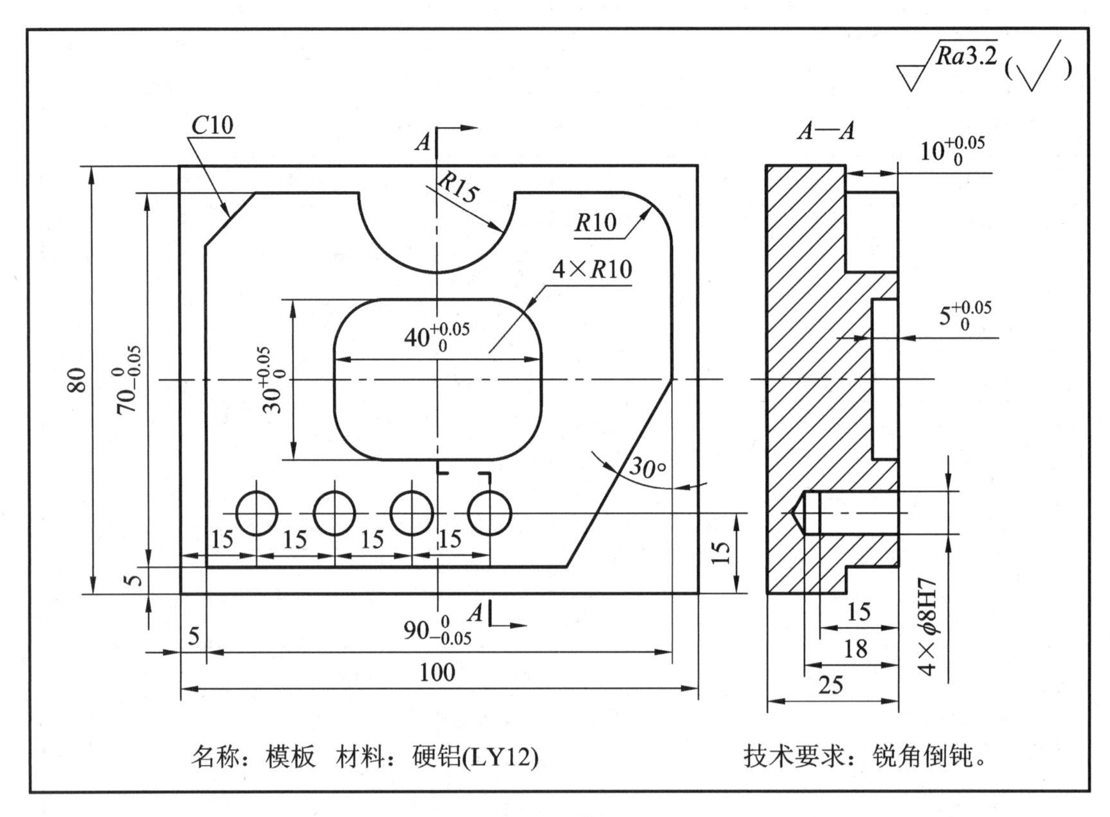

图 4.20　模板

1. 工艺分析

(1) 零件分析。该零件由外形轮廓、矩形腔和孔组成，采用数控加工中心加工。

(2) 零件坐标系原点。*X* 轴和 *Y* 轴原点设定在工件的左下角；*Z* 轴原点设在工件的上表面。

(3) 刀具选择。一般应遵循以下原则：

① 由于该零件为单件加工，所以应尽量减少刀具数量。

② 粗加工刀具应具有较高的加工效率，如采用波刃立铣刀。

③ 为保证零件的加工精度，粗、精加工的刀具应分开使用，即使是相同尺寸规格的刀具亦如此。

④ 在加工型腔时，应考虑内圆角对刀具选择的限制。

⑤ 工序卡片，如表 4.5 所示。

表 4.5　数控加工工序卡片

<table>
<tr><td colspan="2">单位名称</td><td colspan="2">产品名称或代号</td><td colspan="2">零件名称</td><td colspan="2">零件图号</td></tr>
<tr><td colspan="2"></td><td colspan="2"></td><td colspan="2"></td><td colspan="2"></td></tr>
<tr><td>工序号</td><td>程序编号</td><td colspan="2">夹具名称</td><td colspan="2">使用设备</td><td colspan="2">车　间</td></tr>
<tr><td></td><td></td><td colspan="2"></td><td colspan="2"></td><td colspan="2"></td></tr>
<tr><td>工步号</td><td>工步内容</td><td>刀具号</td><td>刀具规格</td><td>主轴转速/(r/min)</td><td>进给速度/(mm/min)</td><td>背吃刀量/mm</td><td>备注</td></tr>
<tr><td>1</td><td>平面铣削</td><td>10</td><td>ϕ63 面铣刀</td><td>750</td><td>110</td><td>0.5</td><td></td></tr>
<tr><td>2</td><td>中心孔</td><td>7</td><td>A3 中心钻</td><td>2200</td><td>200</td><td></td><td></td></tr>
<tr><td>3</td><td>钻孔</td><td>8</td><td>ϕ7.8 麻花钻</td><td>1000</td><td>100</td><td></td><td></td></tr>
<tr><td>4</td><td>型腔粗加工</td><td>2</td><td>ϕ12 立铣刀</td><td>800</td><td>160</td><td>2.5</td><td></td></tr>
<tr><td>5</td><td>外形轮廓粗加工</td><td>1</td><td>ϕ16 立铣刀</td><td>800</td><td>120</td><td>5</td><td></td></tr>
<tr><td>6</td><td>型腔精加工</td><td>4</td><td>ϕ12 立铣刀</td><td>900</td><td>160</td><td></td><td></td></tr>
<tr><td>7</td><td>外形轮廓精加工</td><td>3</td><td>ϕ16 立铣刀</td><td>800</td><td>120</td><td></td><td></td></tr>
<tr><td>8</td><td>铰孔</td><td>9</td><td>ϕ8H7 铰刀</td><td>100</td><td>40</td><td></td><td></td></tr>
</table>

2. 加工步骤

(1) 程序的编制。

(2) 开机，回参考点。

(3) 用平口钳安装工件，工件露出钳口≥12 mm。

(4) 调用、安装刀具并对刀。

(5) 执行程序，自动加工。

(6) 检验工件。

(7) 关闭机床，整理工具，清擦机床。

参考程序如表 4.6 所示。

表 4.6　模板加工程序

主程序	程序说明
O0020;	程序号
N1;	工步 1：面铣
T10 M6;	调用面铣刀
G90 G54 G0 G40 X40 Y12 S750 M3;	调用坐标系，并快速移动至下刀点，启动主轴
G43 Z100 H10;	建立刀具长度补偿，并定位至 Z100
Z2 M8;	快速定位至 Z2 高度，并开启冷却液
G1 Z0 F80;	工进至 Z0 高度
G1 X140 F110;	铣削平面
Y68;	
X-40;	

续表一

主程序	程序说明
G0 Z100；	快速抬刀至 Z100 高度
M5；	主轴停止
M9；	冷却液停止
N2；	工步 2：钻中心孔
T7 M6；	调用中心钻
G90 G54 G0 X15 Y15 S2200 M3；	调用坐标系，并快速移动至孔位，启动主轴
G43 Z100 H7；	建立刀具长度补偿，并定位至 Z100
M8；	开启冷却液
G81 X15 Y15 Z-5 R2 F200；	孔加工循环
X30；	
X45；	
X60；	
G0 Z100；	抬刀至 Z100 高度，并取消孔加工循环
M5；	主轴停止
M9；	冷却液停止
N3；	工步 3：钻 φ7.8 mm 底孔
T8 M6；	调用ϕ7.8 mm 钻头
G90 G54 G0 X15 Y15 S1000 M3；	调用坐标系，并快速移动至孔位，启动主轴
G43 Z100 H8；	建立刀具长度补偿，并定位至 Z100
M8；	开启冷却液
G81 X15 Y15 Z-20 R2 F100；	孔加工循环
X30；	
X45；	
X60；	
G0 Z100；	抬刀至 Z100 高度，并取消孔加工循环
M5；	主轴停止
M9；	冷却液停止
N4；	工步 4：型腔粗加工
T2 M6；	调用ϕ12 mm 粗加工立铣刀
G90 G54 G0 X62 Y40 S600 M3；	调用坐标系，并快速移动至下刀点，启动主轴
G43 Z100 H2；	建立刀具长度补偿，并定位至 Z100
Z2 M8；	快速定位至 Z2 高度，并开启冷却液
G1 X38 Z-2.5 F60；	工进至 Z-2.5
M98 P0021；	调用型腔加工子程序 O0021

续表二

主程序	程序说明
G1 X38 Z-5 F60;	工进至 Z-5
M98 P0021;	调用型腔加工子程序 O0021
G0 Z100;	抬刀至 Z100 高度
M5;	主轴停止
M9;	冷却液停止
N5;	工步 5：外形轮廓粗加工
T1 M6;	调用ϕ16 mm 粗加工立铣刀
G90 G54 G0 X110 Y25 S800 M3;	调用坐标系，并快速移动至下刀点，启动主轴
G43 Z100 H1;	建立刀具长度补偿，并定位至 Z100
Z2 M8;	快速定位至 Z2 高度，并开启冷却液
G1 Z-5 F80;	工进至 Z-5
M98 P0022;	调用外形轮廓加工子程序 O0022
G0 Z2;	抬刀
X110 Y25;	定位至下刀点
G1 Z-10 F80;	工进至 Z-10
M98 P0022;	调用型腔加工子程序 O0022
G0 Z100;	抬刀至 Z100 高度
M5;	主轴停止
M9;	冷却液停止
N6;	工步 6：型腔精加工
T4 M6;	调用ϕ12 mm 精加工立铣刀
G90 G54 G0 X62 Y40 S600 M3;	调用坐标系，并快速移动至下刀点，启动主轴
G43 Z100 H2;	建立刀具长度补偿，并定位至 Z100
Z2 M8;	快速定位至 Z2 高度，并开启冷却液
G1 X38 Z-5 F60;	工进至 Z-5
M98 P0021;	调用型腔加工子程序 O0021
G0 Z100;	抬刀至 Z100 高度
M5;	主轴停止
M9;	冷却液停止
N7;	工步 7：外形轮廓精加工
T3 M6;	调用ϕ16 mm 精加工立铣刀
G90 G54 G0 X110 Y25 S800 M3;	调用坐标系，并快速移动至下刀点，启动主轴
G43 Z100 H1;	建立刀具长度补偿，并定位至 Z100
Z2 M8;	快速定位至 Z2 高度，并开启冷却液

续表三

主程序	程序说明
G1 Z-10 F80；	工进至 Z-10
M98 P0022；	调用外形轮廓加工子程序 O0022
G0 Z100；	抬刀至 Z100 高度
M5；	主轴停止
M9；	冷却液停止
N8；	工步 8：铰孔
T9 M6；	调用ϕ8H7 铰刀
G90 G54 G0 X15 Y15 S100 M3；	调用坐标系，并快速移动至孔位，启动主轴
G43 Z100 H9；	建立刀具长度补偿，并定位至 Z100
M8；	开启冷却液
G85 X15 Y15 Z-17 R2 F40；	孔加工循环
X30；	
X45；	
X60；	
子程序	程序说明
G0 Z100；	抬刀至 Z100 高度
M5；	主轴停止
M9；	冷却液停止
M30；	程序结束
O0021；	型腔轮廓子程序
G1 G41 X70. D2 F120；	建立刀具半径补偿
Y45；	型腔轮廓程序段
G3 X60 Y55 R10；	
G1 X40；	
G3 X30 Y45 R10；	
G1 Y35；	
G3 X40 Y25 R10；	
G1 X60；	
G3 X70 Y35 R10；	
G1 Y40；	
G1 G40 X62；	取消刀具半径补偿
M99；	子程序返回
O0022；	外形轮廓子程序
G1 X92 Y-10 F120；	

续表四

子程序	程序说明
G0 X-10；	
G1 G41 X5 D1 F120；	建立刀具半径补偿
G1 Y65；	外形轮廓程序段
X15 Y75；	
X35；	
G3 X65 R15；	
G1 X85；	
G2 X95 Y65 R10；	
G1 Y40；	
X74.793 Y5；	
X0；	
G1 G40 Y-10；	取消刀具半径补偿
M99；	子程序返回

3. 注意事项

(1) 加工程序的编制和录入要进行检查、校对，确保准确无误。

(2) 对刀时，刀补号要与程序中调用的刀具号相符合。

(3) 加工过程中，操作者要随时观察机床状态和加工状态，有异常应及时停止加工并排除故障。

(4) 工件和刀具必须安装正确与牢固，防止松动而发生事故。

(5) 要严格按照正确顺序开关机。

(6) 工件加工完毕要及时测量，合格后方可卸下工件。

本模块考核要求

(1) 学生在每个任务进行练习时，均应按照教师规定的时间完成(实训教师要考虑学生个体差异规定合理的加工时间)。

(2) 练习完毕后填写实训报告(参见“附录 1　实训报告模板”)。

(3) 练习过程中学生执行安全文明生产规范情况、操作时和操作完毕后执行 5S 管理规范情况、工件加工时间、加工质量包括劳动态度均作为成绩考核评定的依据。

模块五　磨削加工——平面磨削

磨削加工在机械加工中属于精加工，加工量少、精度要求较高。磨削加工是应用较为广泛的切削加工方法之一。

磨削是利用高速旋转的砂轮等磨具对工件表面进行切削加工。磨削用于加工各种工件的内外圆柱面、圆锥面和平面，以及螺纹、齿轮和花键等特殊、复杂的成形表面。

砂轮是有许多细小且极硬的磨料微粒用结合剂粘结的一种切削工具。从它的切削作用来看，砂轮表面上的每一颗微细磨粒，其作用相当于一把细微刀刃，加工时如同无数细微刀刃同时切削。

本模块学习应用广泛、实用性较强的平面磨削加工，以矩形(六面体)工件的磨削为载体分解成若干个任务进行学习。

工作任务一　磨削安全操作

训练内容

安全文明生产知识是实训教学顺利进行的保障。

知识与技能目标

理解并严格遵守文明生产和安全生产的内容和要求。

相关理论知识

(1) 开机前必须穿好工作服，扣好衣、袖，留长发者，必须将长发盘入工作帽内，不得系围巾、戴手套操作机床。

(2) 作业前，应将工具、卡具、工件摆放整齐，清除任何妨碍设备运行和作业活动的杂物。

(3) 作业前，应检查传动部分安全护罩是否完整、固定，发现异常应及时处理。

(4) 开车前，应检查机床传动部分及操作手柄是否正常和灵敏，按维护保养要求加足各部位润滑油。

(5) 作业前，应按工件磨削长度调整好左右限位换向撞块的位置，并固紧。调整限位块时工作台必须停止运动。

(6) 安装砂轮必须进行静平衡，修正后应再次平衡，法兰盘与砂轮之间要垫好衬垫，砂轮孔径与主轴的配合要适当；砂轮修整器的金刚石必须尖锐，其尖点高度应与砂轮中心线的水平面一致，禁止用磨钝的金刚石修整砂轮；修整时，必须使用冷却液。

(7) 启动砂轮前，应将工作台自动进给手柄放在“关”位置，调速钮在低速区域。

(8) 启动磨床空转 3～5 min，观察运转情况，应注意砂轮应高于工件 5～10 mm 以上；确认润滑冷却系统畅通，各部位运转正常无误后再进行磨削作业。

(9) 测量、装卸、调整工件和擦拭工作台时，砂轮要停止转动并退到安全位置，以防磨手。

(10) 不准在工作面、工件、磁力吸盘上放置非加工物品，禁止在工作面、电磁盘上敲击、校准工件。

(11) 安装工件时，必须检查并确认其安装正确与牢固后再进行磨削；吸附较高或较小的工件时，应另加适当高度的靠板，防止工件歪倒而造成事故。

(12) 砂轮接近工件时，不准机动进给；砂轮未离开工件时，不准停止运转。

(13) 磨削进给量应由小渐大，不得突然增大，以防砂轮破裂。

(14) 磨削过程中，应注意观察各运动部位温度、声响等是否正常。滤油器、排油管等应浸入油内，防止油压系统内有空气进入，油缸内进入空气，应立即排除；砂轮主轴箱内温度不应超过 60 ℃。发现异常情况应停车进行检查或检修，查明原因且恢复正常后才能继续作业。

(15) 操作时，必须集中精力，不得做与加工无关的事，不得离开磨床。

(16) 砂轮切线方向不准站人，操作者应站在砂轮的侧面。

(17) 作业完毕，应先关闭冷却液，将砂轮空转 2 min 以上，甩干水分后，关闭电源停止设备运转，将各手柄放于非工作位置并切断电源。

(18) 下班前，应清理工具、工件，并将其摆放整齐，做好机台及周边清洁工作。连续工作一周后，应清除冷却液箱内的磨屑。

教学实施

学生抄写相关内容，通过教师的讲解理解安全文明生产是学生在整个学习期间都必须高度重视和严格遵守的一项重要内容。

以上为学生在实训期间必须遵守的安全文明生产的规定，学生必须无条件地遵守。学生必须承诺遵守以上规定方可进入车间进行实训课程学习(需签字确认)。如有违犯者，教师有权终止其实训学习资格，并需重新接受安全教育，待实训教师认可后方可恢复实训课学习。

工作任务二　认识和操纵平面磨床

训练内容

熟悉和操纵平面磨床(手摇型)。

知识与技能目标

(1) 理解平面磨削的切削原理。
(2) 了解平面磨床的加工范围及其应用。
(3) 了解平面磨床的结构及传动过程。
(4) 熟悉平面磨床的主要部件及功用。
(5) 熟悉平面磨床的操作。
(6) 了解平面磨床操作练习时的注意事项。

相关理论知识

1. 平面磨床的结构与各主要部位功能

平面磨床的规格、型号较多，在精密机械、模具制造行业，618 型及相近型号的手动磨床应用非常广泛，这里以建德 KGS-618 型手动平面磨床为例，介绍机床结构及其主要部件功能，如图 5.1 所示。

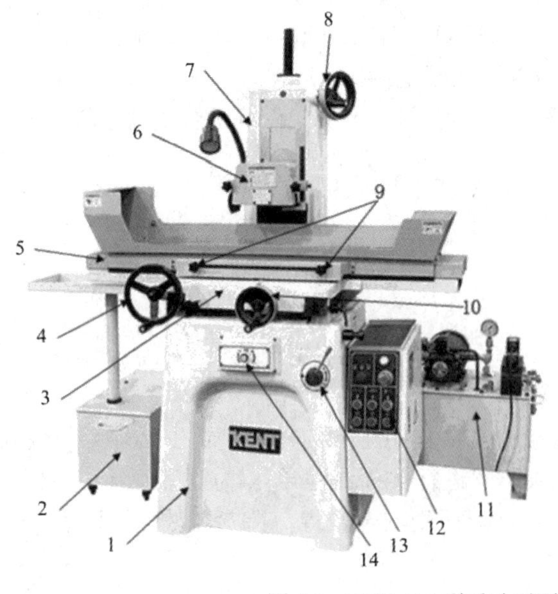

1—机座；
2—吸尘器和冷却水箱；
3—床鞍；
4—工作台移动手轮；
5—工作台；
6—机头(砂轮)；
7—立柱；
8—机头移动手轮；
9—工作台行程调节钮；
10—床鞍移动手轮；
11—液压油箱；
12—机床电源箱(操作面板)；
13—工作台自动走刀手柄；
14—工作台自动走刀调速按钮

图 5.1　KGS-618 型手动平面磨床

(1) 机座。机座是机台的主机架，除了液压箱和冷却箱之外，其他组件都安装在机座上。

(2) 吸尘器和冷却水箱。该机型将吸尘器和冷却水箱集成在一起，可以通过水箱上的电源开关切换选择使用吸尘器还是冷却液。

(3) 床鞍。床鞍可以做前后进给运动，工作台安装在床鞍上。

(4) 工作台移动手轮。摇动手轮可以使工作台做左右进给运动。

(5) 工作台。工作台上有 T 形槽，可以安装磁力吸盘等用于安装工件。工作台通过液压系统提供动力做左右方向的自动进给运动。四周有防护罩，可以防止切削液飞溅。

(6) 机头(砂轮)。机头用来安装砂轮并通过主轴电机带动砂轮旋转。正面为砂轮盖，打开砂轮盖安装、拆卸砂轮，安装好砂轮一定要安装砂轮盖才可以开机。机头可做上下手动进给运动。

(7) 立柱。立柱用于支撑、安装机头，机头可延立柱上的导轨做上下进给运动。

(8) 机头移动手轮。转动手轮可使机头做上下进给运动，手轮上有刻度值，每小格为 0.005 mm，一圈 1 mm。

(9) 工作台行程调节钮。可通过调整两个钮间的距离来控制工作台左右往复运动行程。

(10) 床鞍移动手轮。转动手轮可使床鞍带动工作台做前后进给运动，手轮上有刻度值，每小格为 0.01 mm，一圈 3 mm。

(11) 液压油箱。液压油箱内装液压油，上面为一个电机带动一个液压泵，其为磨床的液压系统提供动力，主要是工作台的左右移动。

(12) 机床电源箱(操作面板)。在电源箱背面有电源总开关。其他功能电源开关按钮见图 5.2 所示。

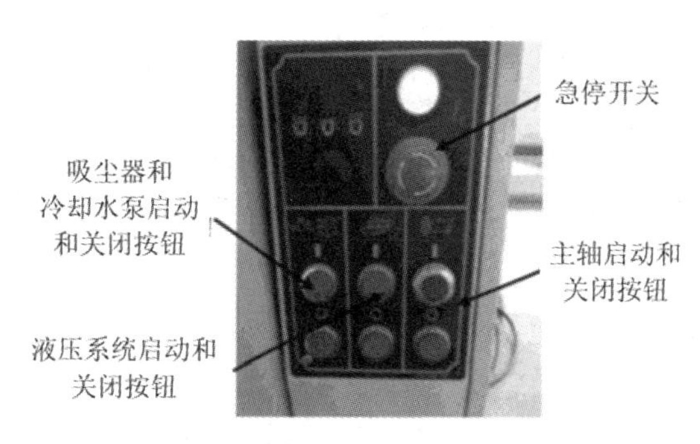

图 5.2　机床电源箱(开关面板)

(13) 工作台自动走刀手柄。按下手柄，工作台做左右进给运动。

(14) 工作台自动走刀调速钮。转动旋钮，可以调节工作台左右进给运动的速度。逆时针转动，进给速度增大；顺时针转动，进给速度降低。

2. 磨床的工作原理

(1) 主运动。机头主轴上的砂轮高速旋转运动(主轴线与工作台平行)。

(2) 进给运动。

① 纵向进给运动：工作台沿床身纵向导轨的直线往复运动，由液压传动系统来实现。

② 横向进给运动：机头沿床鞍上的水平导轨所做的横向间歇进给运动，在工作台每一

往返行程终了时完成。

③ 垂直进给运动：机头沿立柱的垂直导轨所做的运动，用以调整主轴的高低位置和控制磨削深度。

手动磨床的结构与操作方法

操纵机床。

1. 平面磨床的操纵

(1) 熟悉机床结构和主要部件功能。

(2) 空机进行机头、工作台、床鞍的移动操作，熟悉手轮刻度。

(3) 启动主轴操作。

(4) 启动液压系统，进行工作台左右自动进给运动，调整进给速度，由低速至较高速。

2. 注意事项

(1) 启动主轴(砂轮)前，确定砂轮在工作台上部。

(2) 启动液压系统前，工作台自动走刀手柄 13 必须处于关闭位置。

(3) 进行工作台左右进给运动前，工作台上不能有任何物品。

(4) 床鞍手轮摇动要顺畅无阻滞，方向正确。

工作任务三　认识和使用砂轮

砂轮的使用，安装、拆卸砂轮，修整砂轮。

知识与技能目标

(1) 了解砂轮的构成。

(2) 了解砂轮的种类及代号。

(3) 掌握砂轮的安装与拆卸。

(4) 掌握砂轮的修整。

相关理论知识

1. 砂轮

砂轮是用各种类型的结合剂把磨料粘合起来，再经过压坯、干燥、焙烧及车整而成的磨削工具。

1) *砂轮常用磨料的种类及其应用*

(1) 棕刚玉(A)磨料，色泽为棕褐色，硬度高、韧性大。适用于磨抗张强度较高的金属，如碳素钢、合金钢、可锻铸铁、硬青铜等。

(2) 白刚玉(WA)磨料，色泽为白色，硬度高于棕刚玉，磨粒易破碎，棱角锋利，切削性能好，磨削热量小。适用于磨淬火钢、合金钢、高速钢、高碳钢、薄壁零件等。

(3) 单晶刚玉(SA)磨料，色泽为淡黄色，与 A、WA 磨料比较，硬度高、韧性大，呈单颗粒球状晶体，抗破碎性较强。适用于磨不锈钢、高钒高速钢等韧性大、硬度高的材料及易变形烧伤的工件。

(4) 铬刚玉(PA)磨料，色泽为玫瑰色或紫红色，切削刃锋利，棱角保持性好，耐用度较高。适用于磨刀具、量具、仪表、螺纹等工件表面粗糙度值要求低的工件。

(5) 绿碳化硅(GC)磨料，色泽为绿色，硬度高、性脆、磨料锋利，具有一定的导热性。适用于磨铸铁、黄铜、铅、锌及橡胶、皮革、塑料、木材、矿石等。

(6) 黑碳化硅(C)磨料，色泽为灰黑色，硬度高、脆性较大、磨粒锋利、导热性好。适用于磨硬质合金、光学玻璃、陶瓷等硬脆材料。

2) *砂轮(磨料)的粒度*

砂轮磨料的粒度指的是磨料颗粒的粗细程度，用粗粒度砂轮磨削时，生产效率较高，但磨出的工件表面较粗糙；用细粒度砂轮磨削时，磨出的工件表面粗糙度较好，而生产率较低。在满足粗糙度要求的前提下，应尽量选用粗粒度的砂轮，以保证较高的磨削效率。一般粗磨时选用粗粒度砂轮，精磨时选用细粒度砂轮。如图 5.3 所示为不同粒度的砂轮。

常用的粒度有：30#、46#、60#、80#、100#。号数小颗粒粗大，号数大颗粒小。

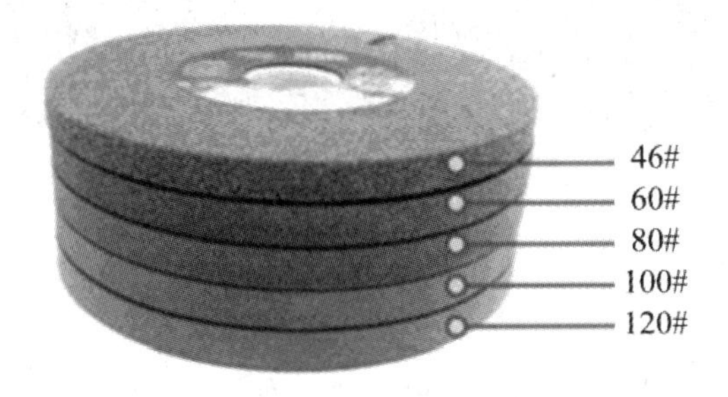

图 5.3　不同粒度的砂轮

3) *砂轮的硬度*

砂轮的硬度是指砂轮表面上的磨粒在磨削力作用下脱落的难易程度。砂轮的硬度软，表示砂轮的磨粒容易脱落；砂轮的硬度硬，表示磨粒较难脱落。磨削软材料时要选较硬的砂轮，磨削硬材料时则要选软砂轮；磨削软而韧性大的有色金属时，硬度应选得软一些。

磨具硬度由软至硬的代号依次为：D、E、F(超软)；G、H、J(软)；K、L(中软)；M、N(中)；P、Q、R(中硬)；S、T(硬)；Y(超硬)。

经常使用的为中软、中和中硬。

4) *砂轮的粘结剂*

砂轮粘结剂最常用的有两种：

(1) 陶瓷(V)：陶瓷粘结剂是一种无机结合剂，化学性能稳定、耐热、抗腐蚀性好，气孔率大，这种粘结剂制造的砂轮磨削效率高、磨耗小，能较好地保持砂轮的几何形状，应用范围最广。适于磨削普通碳钢、合金钢、不锈钢、铸铁、硬质合金、有色金属等。但是陶瓷结合剂砂轮脆性较大，不能受剧烈的振动，一般只能在 35 m/s 以内的速度下使用。

(2) 树脂(B)：强度高、弹性大、耐冲击、坚固性和耐热性差、气孔率小，可制造工作速度高于 50 m/s 的砂轮和很薄的砂轮。

5) 砂轮代号

以图 5.4 中所示砂轮规格型号为例，其中主要字母代号、数据代表意义如下：

WA——砂轮采用的磨料材质白刚玉；

46——砂轮的粒度为 46#；

L——砂轮硬度为中软；

V——砂轮粘合剂为陶瓷；

1TA——平行砂轮；

33 m/s——砂轮使用线速度为 33 m/s；

3075RPM——最高限速为 3075 r/min；

180 × 12.7 × 31.75 mm——砂轮外径尺寸为 180 mm，砂轮厚度尺寸为 12.7 mm，砂轮内孔直径为 31.75 mm。

图 5.4　砂轮型号

2. 安装与修整砂轮

1) 安装砂轮

在平磨上，砂轮是用法兰盘安装在主轴上的，如图 5.5 所示为 618 型平磨砂轮法兰。

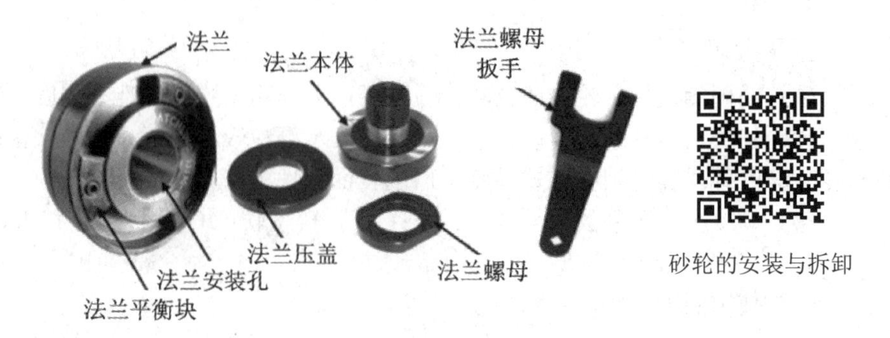

图 5.5　砂轮法兰及扳手

(1) 将砂轮安装在法兰上，再用法兰扳手紧固。如图 5.6 所示为安装示意图。

(2) 将砂轮与法兰安装在磨床主轴上，用图 5.7 所示螺母锁紧固定。

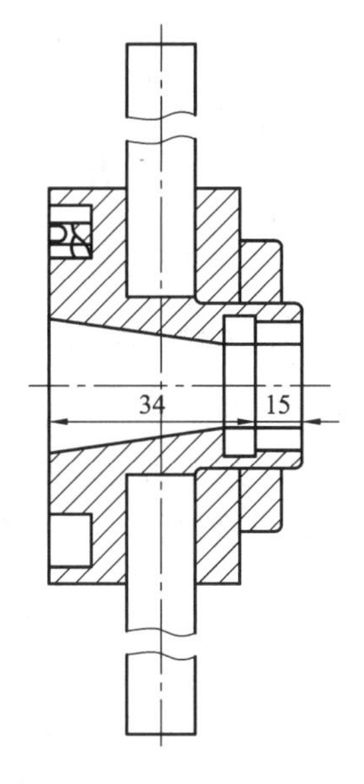

图 5.6　砂轮安装在法兰上示意图

5.7　主轴锁紧螺母

2) 砂轮的平衡

砂轮安装到主轴上前应进行砂轮的静平衡。不平衡的砂轮在高速旋转时会产生振动，影响加工质量和机床精度，严重时还会造成机床损坏和砂轮碎裂。引起不平衡的原因主要是砂轮各部分密度不均匀，几何形状不对称以及安装偏心等。砂轮的平衡一般是在静平衡架上进行。如图 5.8 所示为砂轮在静平衡架上。

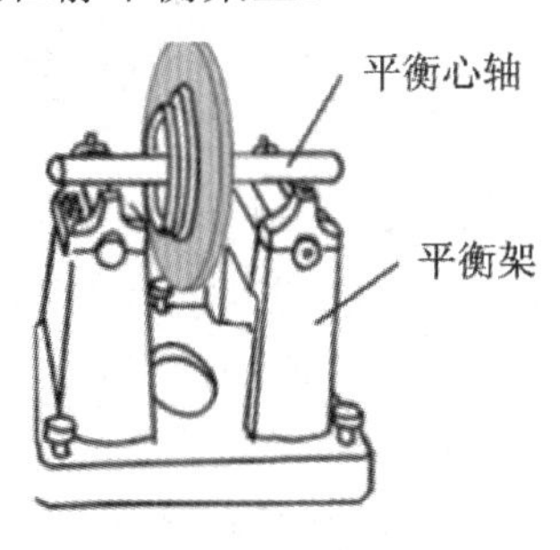

图 5.8　砂轮与静平衡架

进行静平衡的步骤如下。

(1) 将平衡架放置在平整的地方，用水平仪将平衡架调水平，如图 5.9 所示。

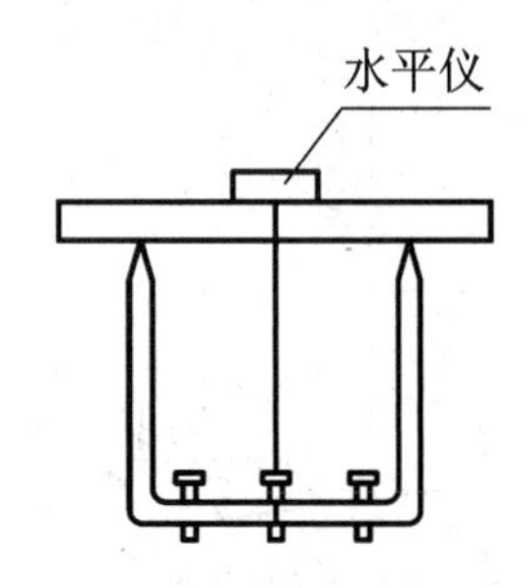

图 5.9　用水平仪将平衡架调水平

(2) 把砂轮安装到砂轮法兰上，再将砂轮和法兰整体套装在专用芯轴上，然后放到平衡架上转动砂轮。当砂轮存在不平衡时，会停止在重的地方，砂轮最重的地方在最下面。此时，可用记号笔在法兰盘上如图 5.10 所示 *A* 点做一个标记。

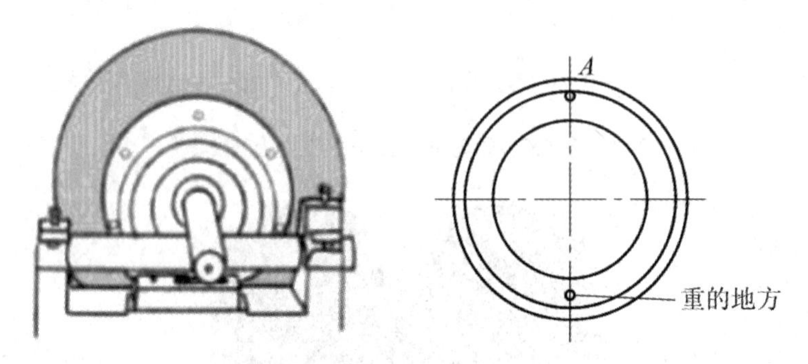

图 5.10　找砂轮重心

(3) 在记号笔标记的位置装上一个平衡块，拧紧螺钉，将平衡块固定在法兰盘的沟槽中，如图 5.11 所示。

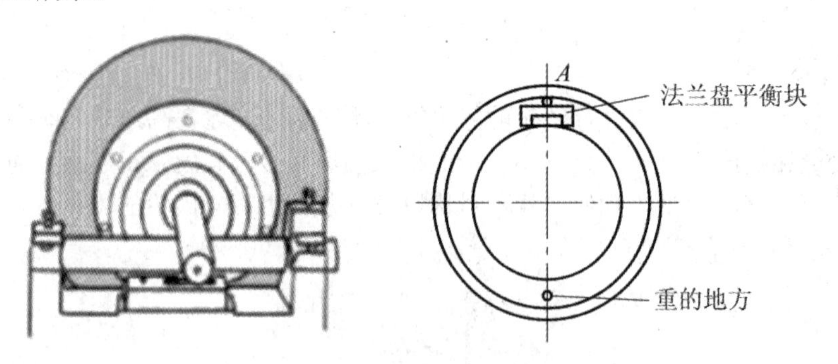

图 5.11　找到重心安装平衡块

(4) 将砂轮旋转 180°，在左右距离记号笔标记 120° 的位置分别装上一个平衡块，逆时针旋转螺钉，将平衡块轻轻地夹在法兰盘的沟槽中。

(5) 将砂轮旋转 90°，使标记的记号处于水平位置，然后松开手。顺时针旋转时，按图示方法把 *B*、*C* 平衡块相对方向移动相同的角度；逆时针旋转时，按图 5.12 方法把 *B*、*C* 平衡块相反方向移动相同的角度调整到手离开砂轮静止不动。

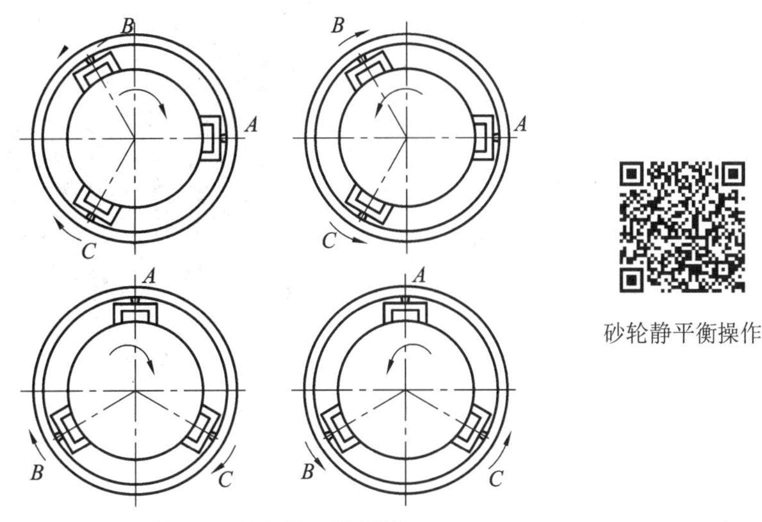

砂轮静平衡操作

图 5.12　平衡块安装调整

(6) 反复进行步骤(5)的操作，进行砂轮平衡，平衡后把平衡块的三个螺钉拧紧。

(7) 砂轮完成静平衡后，把砂轮从平衡架上取下，即可在安装的主轴上正常工作了。

3) 砂轮的修整

用修整工具将砂轮修整成形或修去磨钝的表层，以恢复工作面的磨削性能和正确的几何形状的操作过程称为砂轮的修整。

砂轮的修整方法

新安装的砂轮圆周表面不圆整，对磨削有影响。而且砂轮在磨削过程中，工作表面的磨粒将逐渐变钝(微刃不再锋利)，磨粒所受的切削抗力随之增大，从而使磨削效率和表面质量降低，这时要对磨钝的砂轮及时进行修整。

砂轮的修整一般是采用金刚石笔(用大颗粒金刚石镶焊在特制的刀杆上制成)“车削”砂轮工作面方法，修整层厚度约为 0.1 mm。金刚石笔要用专用基座装夹，将其固定在磨床工作台上，然后对砂轮进行修整，如图 5.13 所示。

图 5.13　金刚石笔和固定底座

修整时，将金刚笔和基座固定在工作台上，按照图 5.14 所示的角度和位置调整砂轮与金刚笔之间的位置，确定砂轮在金刚笔上部；固定工作台，使之在左右方向不能移动；启动砂轮旋转，向下移动砂轮，使砂轮与金刚笔尖轻轻接触，低速而均匀地前后移动床鞍，修整砂轮工作表面(圆周面)，粗修的切深每次为 0.01～0.03 mm，精修则应小于 0.01 mm。经过多次往复修整直至砂轮出现新的工作面。

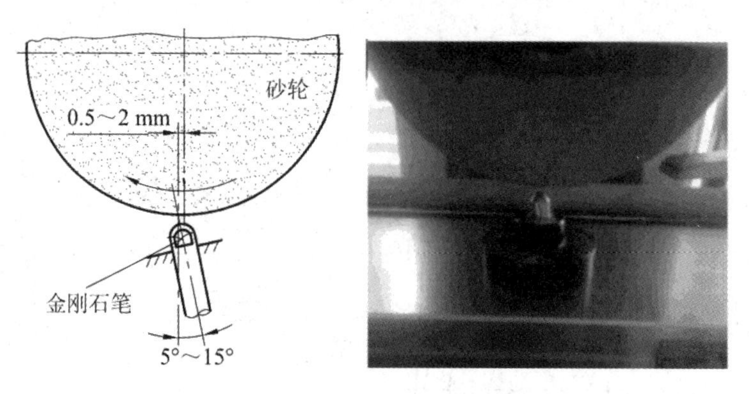

图 5.14 金刚石笔工作位置示意图

技能训练

1. 安装并修整砂轮

(1) 将砂轮安装到砂轮法兰上。

(2) 给砂轮做静平衡。

(3) 将砂轮安装至主轴上。

(4) 修整砂轮。

2. 注意事项

(1) 砂轮在安装使用前必须进行外观检查，要视其是否有裂纹或损伤，并用木锤敲击砂轮，发出的声音应当清脆为宜。

(2) 只允许使用专用螺母扳手紧固砂轮。

(3) 平衡架一定要放置平稳且已找水平。

(4) 砂轮安装完毕，一定要安装好防护罩。

(5) 修整砂轮时要戴好护目镜，以防砂粒崩眼。

(6) 金刚笔一定要安装在底座上，且要保证其固定可靠。

(7) 金刚笔一定要按照与砂轮旋转方向顺向倾斜角度安装。

工作任务四 磨削矩形块

训练内容

磨削矩形工件，矩形工件的磨削是平面磨床加工最常见的加工内容。

知识与技能目标

(1) 掌握工件的安装方法。

(2) 了解平面磨削用量。

(3) 掌握平行面、垂直面的磨削方法。

相关理论知识

1. 安装工件

在平面磨床上最常用的工件安装方法是用磁力吸盘和精密平口钳安装工件。

1) *用磁力吸盘安装文件*

如图 5.15 所示为磁力吸盘，它具有精度高，吸力大而均匀，使用安全等特点，其吸力一般大于等于 100 N/cm^2。

(1) 使用压板和 T 形螺栓将磁力吸盘安装在工作台上，如图 5.16 所示。

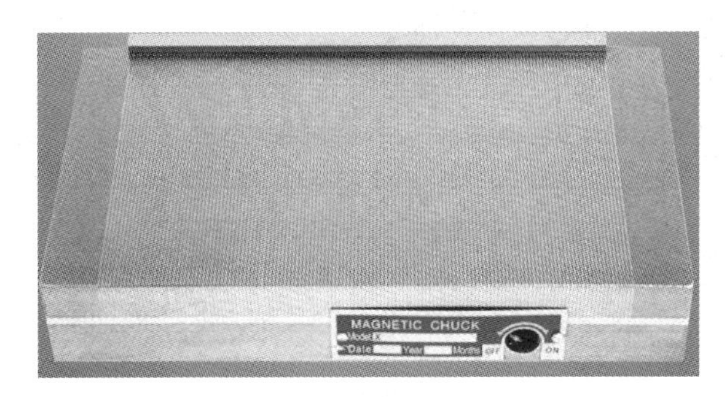

图 5.15　磁力吸盘和配件

图 5.16　磨床上安装的磁力吸盘

(2) 将工件摆放到吸盘工作台面上磁极范围内，然后将扳手插入轴孔内，顺时针扳到“ON”位置，吸住工件，取下扳手，准备进行加工，如图 5.17 所示。

图 5.17　磁力吸盘轴孔位置

(3) 工件加工完毕，再将扳手插入轴孔内，逆时针扳到“OFF”位置，即可完成退磁，再安全取下工件。

(4) 注意事项：

① 吸盘在使用前应将表面擦拭干净，以免划伤工件影响精度；吸盘在使用过程中严禁敲击，以防磁力降低；吸盘使用完毕，工作面应涂防锈油，以防生锈。

② 对于定位面积较大的工件如(图 5.18 所示)，可将工件直接安装在磁力吸盘上进行磨

削加工。

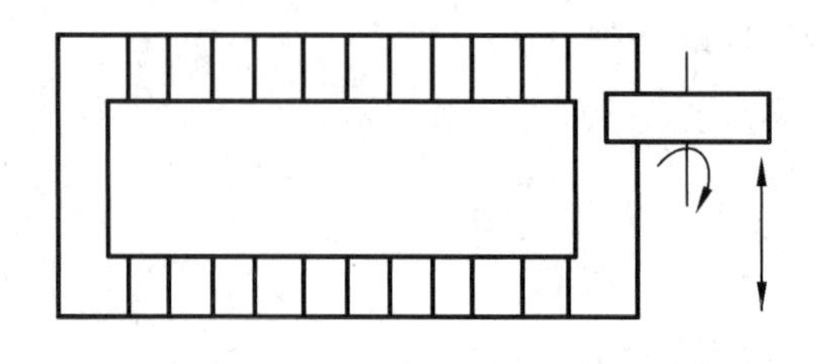

图 5.18　定位面积较大的工件安装

③ 对于装夹高度较高而定位面积较小的工件，安装时应在工件四周放置低于工件厚度且面积较大的挡块，以防止在磨削时工件松动，如图 5.19 所示。

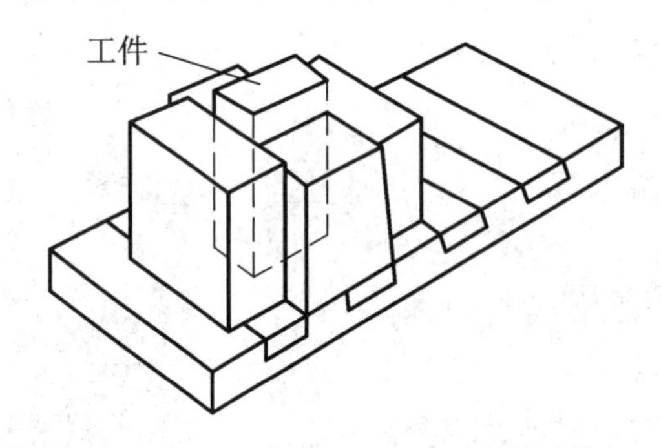

图 5.19　定位面积较小、高度较高的工件安装

2) 用精密平口钳安装工件

精密平口钳在平面磨床上与磁力吸盘配合使用，应用广泛。精密平口钳的几何精度非常高，各装夹面、定位面的平行度、垂直度可达 0.005 mm，可平放也可侧立使用，如图 5.20 所示。

使用时，可先将工件根据需要装夹在平口钳上，再将平口钳吸在磁力吸盘上。

图 5.20　平口钳平放和侧立使用

2. 磨削方法

1) 平行面的磨削

定位面较大的工件可直接安装在磁力吸盘上磨削；定位面较小或较薄的工件可用平口钳装夹后再进行磨削。

磨削步骤如下：

(1) 启动砂轮，修整砂轮。

(2) 将砂轮退出工作台区域，擦净磁力吸盘工作表面，安装工件，确保吸合可靠。

(3) 提前测量工件平行度，在工件磨削面上的高点擦涂粉笔，用于对刀。

(4) 调整砂轮和工件间的位置，确保砂轮在工件上方，调整工作台左右进给行程，并将进给速度调至低速。

(5) 工作台不动，向下移动砂轮，缓慢接近工件，直至砂轮轻轻扫到工件上擦涂的粉笔痕迹。

(6) 以较低速度启功工作台左右方向自动进给运动，工作台完成一次左右往复运动，砂轮再向下进给 0.01 mm，重复多次，直至出现磨削火花，前后移动床鞍，磨削整个表面。

(7) 粗磨时，砂轮每次的切深进给为 0.01 mm，精磨时砂轮每次切深进给为 0.005 mm，必要时可无切深进给多次磨削，直至磨削表面达到精度要求为止。

(8) 第一面磨削完毕后，退出砂轮，卸下工件，擦净工作台和工件，以磨削过的平面为基准安装工件，磨削相对面，磨削至图样要求。

2) 垂直面的磨削

磨削与已磨好平面相邻的垂直平面，可采用精密平口钳按照图 5.21 所示装夹工件。

装夹工件时，根据工件尺寸大小选择规格尺寸合适的平口钳，将已磨平面紧贴固定钳口面与平口钳导轨面，待磨削的两垂直平面分别略露出钳口上平面和平口钳侧面，平口钳平放安装在磁力吸盘上，先磨削上平面，然后将平口钳连同工件一起侧向翻转 90°，使平口钳侧面被吸在工作台面上，磨削另一面。

其余剩下的两个平面的磨削仍可采用磁力吸盘工作台或平口钳定位装夹，分别以磨好的两相互垂直平面为基准，先后磨削与之平行的平面至规定要求。

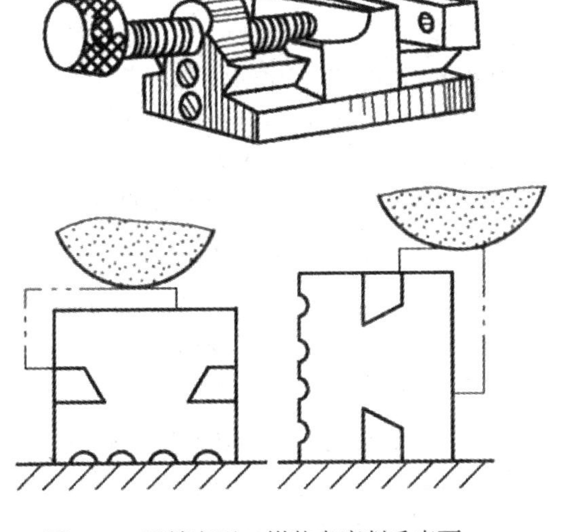

图 5.21　用精密平口钳装夹磨削垂直面

平面的磨削与对刀操作

垂直面的磨削

技能训练

磨削垫块。如图 5.22 所示为垫块零件图。

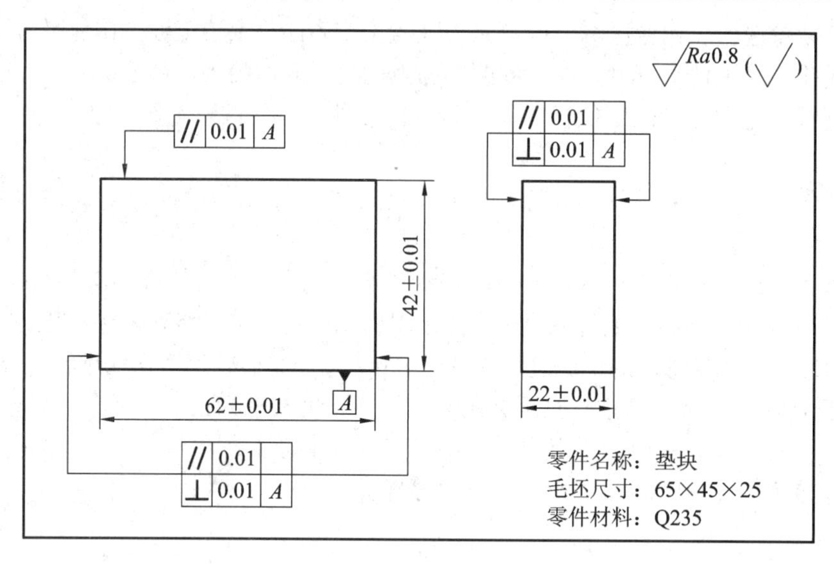

图 5.22　垫块零件图

1. 工艺分析

(1) 图样分析。垫块为典型矩形工件，尺寸精度均为±0.01 mm，各相对平面之间的平行度公差和各相邻平面间的垂直度公差均为 0.01 mm，各平面的表面粗糙度 *Ra* 值均不大于 0.8 μm。材料为 Q235 钢。

(2) 装夹方法。根据零件外形尺寸，磨削 22 mm 尺寸两平面时用磁力吸盘安装工件磨削；磨削 62 mm、42 mm 尺寸平面时，采用精密平口钳装夹磨削，以保证工件的平行度和垂直度。

2. 加工步骤

垫块工件经粗铣、精铣后在卧轴矩台平面磨床上加工，分粗磨和精磨。

(1) 磨削尺寸为 22 mm±0.01 mm 的两平行平面，采用吸在磨床磁力吸盘工作台直接定位安装。安装时，选择两平面中表面粗糙度值较小的平面作为基准，装夹前应注意清除周边毛刺，并擦拭干净。互为基准进行粗磨和精磨，反复加工至图样要求。

(2) 磨削 62 mm、42 mm 尺寸平面时，采用精密平口钳装夹磨削，以保证工件的平行度和垂直度。

(3) 加工完毕后，按照 5S 管理规范要求整理工具、清擦机床、做环境卫生。

3. 注意事项

(1) 安装、拆卸工件时，必须将工作台移动至右侧，砂轮远离工作台区域。清擦工作台，拿取工件时用右手操作，动作不要过大，远离砂轮以防伤手。

(2) 磨削操作时，要戴好护目镜，充分浇注切削液或开启吸尘器，防止砂粒、铁屑伤眼。

(3) 拿取工件时，要注意及时去除工件毛刺和油污，防止伤手。

(4) 对刀操作时，一定要在事先找到的工件高点处对刀。

(5) 磨削时，确认工作台和平口钳精度能保证加工精度要求。

(6) 要及时测量工件。

(7) 要注意对磨削过的表面的保护，不能出现划痕。

(8) 随时观察磨削情况，及时修整砂轮，保证工件加工质量。

本模块考核要求

(1) 学生在练习每个任务时，均应按照教师规定的时间完成(实训教师要考虑学生个体差异规定合理的加工时间)。

(2) 练习完毕后填写实训报告(参见“附录 1 实训报告模板”)。

(3) 练习过程中学生执行安全文明生产规范情况、操作时和操作完毕后执行 5S 管理规范情况、工件加工时间、加工质量，包括劳动态度均作为成绩考核评定的依据。

模块六　数控电火花线切割加工

数控电火花线切割加工是在电火花加工基础上，于20世纪50年代末最早在苏联发展起来的一种新的工艺形式，它是利用丝状电极(钼丝或铜丝)靠火花放电对工件进行切割，简称线切割。

它不仅使电火花加工的应用得到了发展，而且某些方面已取代了电火花穿孔、成形加工。如今，线切割机床已占电火花机床的大部分。高速走丝电火花线切割机是我国独创的电加工机床，在模具制造及零件加工领域内有广泛的应用，现已成为制造业中不可缺少的加工手段。

本模块的任务是使学生掌握数控电加工(线切割)应具备的基础专业操作技能，培养学生理论联系实际、分析和解决生产中一般问题的能力。

本模块以实践为主导，学习时结合“机械制造基础”“电加工技术”等课程里的理论知识，可以更好地指导技能训练，并通过技能训练加深对理论知识的理解、消化、巩固和提高。

通过学习，应达到以下具体要求：

(1) 掌握典型线切割机床(中走丝线切割)的主要结构、传动系统、操作方法和维护保养方法。

(2) 了解线切割机床(中走丝线切割)的使用和维护保养方法。

(3) 掌握数控线切割加工的基础操作技能。

(4) 合理确定简单工件的加工工艺，同时注意吸收、引进较先进的工艺和技术。

(5) 养成安全生产和文明生产的习惯。

因篇幅有限，本章以典型零件为载体，分解成若干任务学习、训练基础的数控电加工技能。

工作任务一　数控电加工(线切割)基础知识认知

训练内容

了解数控电加工技术基础知识。

知识与技能目标

(1) 了解数控电加工(线切割)技术的概念。

(2) 了解数控电加工(线切割)机床的种类、组成、加工的特点及加工范围。

相关理论知识

1. 数控电火花线切割原理

数控电火花线切割机床属电加工范畴，是由苏联拉扎林科夫妇研究开关触点受火花放电腐蚀损坏的现象和原因时，发现电火花的瞬时高温可以使局部的金属熔化、氧化而被腐蚀掉，从而开创和发明了电火花加工方法。线切割机床也于 1960 年发明于苏联，我国是第一个将其用于工业生产的国家。

其基本物理原理是自由正离子和电子在场中积累，很快形成一个被电离的导电通道。在这个阶段，两板间形成电流，导致粒子间发生无数次碰撞，形成一个等离子区，并很快升高到 8000～12 000 ℃的高温，在两导体表面瞬间熔化一些材料，同时，由于电极和电介液的汽化，会形成一个气泡，并且它的压力会规则上升直到非常高。然后电流中断，温度突然降低，引起气泡内向爆炸，产生的动力将熔化的物质抛出弹坑，被腐蚀的材料在电介液中重新凝结成小的球体，并被电介液排走。再通过 NC 控制的监测和管控，由伺服机构执行，使这种放电现象均匀一致，从而达到加工物被加工，使之成为合乎要求的尺寸大小及形状精度的产品。

2. 数控电火花线切割机床的分类

数控电火花线切割机按其电极丝移动方式与走丝速度的不同，可分为：数控低速单向走丝电火花线切割机床，俗称“慢走丝”；数控高速往复走丝电火花线切割机床，俗称“快走丝”。

(1) 慢走丝线切割机床，电极丝以铜线作为工具电极，一般以低于 0.2 m/s 的速度做单向运动，电极与被加工物之间发生火花放电进行加工，电极丝放电后不再使用，而且由于机床结构精密，技术含量高，机床价格高，因此使用成本也较高。

(2) 快走丝线切割机床，以钼丝作为电极丝，走丝速度为 8～10 m/s，电极丝可重复使用，加工速度较高，是我国独创的电火花切割加工模式。经过四五十年的发展，技术已经相当成熟，在我国机械制造行业中占有重要地位。其最大优势在于结构简单、操作方便、使用成本低(一般在 10 万元以内)且加工效率高，拥有良好的性价比。

近些年随着对高速线切割技术研制投入的增加，在机床机械精度、控制系统、脉冲电源的改进等方面均有很大突破，在高速往复走丝电火花线切割机床上实现多次切割功能，提出被俗称为“中走丝线切割”的概念。所谓“中走丝”，是指加工质量介于高速走丝和低速走丝机床之间；走丝原理是在粗加工时采用高速(8～12 m/s)走丝，精加工时采用低速(1～3 m/s)走丝，通过多次切割保证加工质量。中走丝电火花线切割机床比快走丝电火花线切割加工质量有明显提高，加工质量介于高速走丝机床与低速走丝机床之间，并接近于经济型低速走丝线切割机床，这种机床的价格及其消耗远远低于低速走丝电火花线切割机床，故其应用越来越广泛。

3. 数控电火花线切割机床结构

本模块以快走丝机床为例，介绍机床的操作与零件的加工。

1) 快走丝机床工作原理

快走丝机床工作原理如图 6.1 所示。绕在储丝筒上的电极丝(钼丝或钨钼丝)沿运丝筒的回转方向以一定的速度移动，装在机床工作台上的工件由工作台按预定控制轨迹相对于电极丝做成型运动。脉冲电源的一极接工件，另一极接电极丝。在工件与电极丝之间总是保持一定的放电间隙且喷洒工作液，电极之间的火花放电蚀出一定的缝隙，连续不断的脉冲放电就切出了所需形状和尺寸的工件。

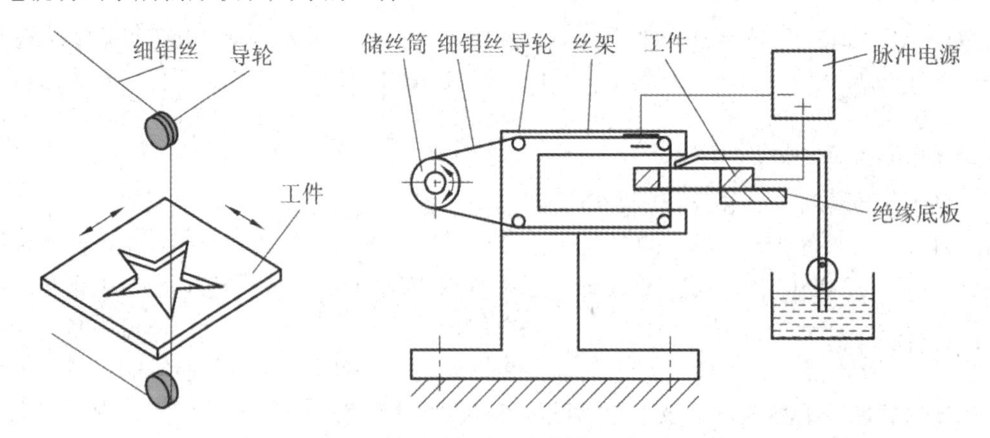

图 6.1　高速走丝线切割机床工作原理

2) 数控高速走丝线切割机床结构

数控高速走丝线切割机床由机床本体、脉冲电源控制柜、微机控制系统、工作液循环系统等部分组成，各主要部位如图 6.2 所示。

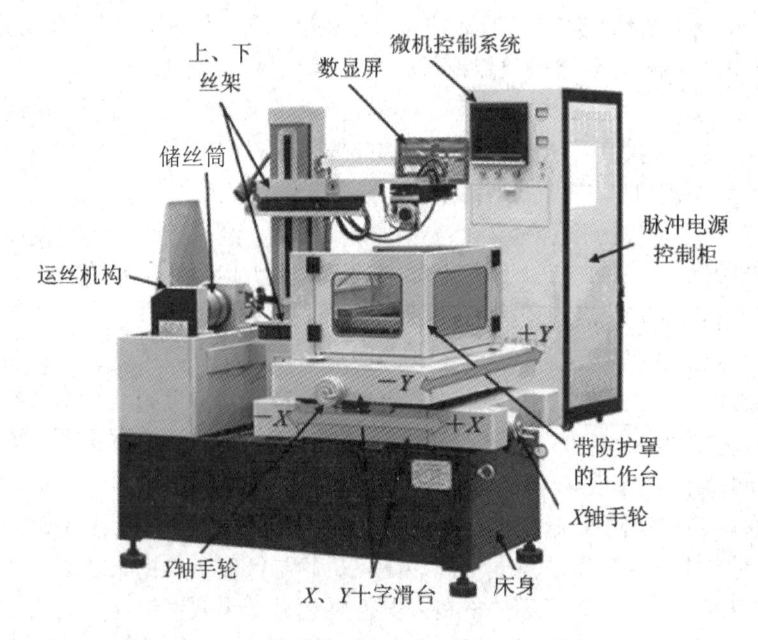

图 6.2　数控高速走丝线切割机床结构

(1) 机床本体：由床身、运丝机构、工作台、丝架和润滑系统等组成。

① 床身：用于支撑和连接工作台、运丝机构等部件，内部安放机床电器和工作液循环系统。

② 运丝机构：由储丝筒、电动机、齿轮副、传动机构、换向装置和绝缘件等部分组成。电动机带动储丝筒交替做正、反向转动，通过丝架导轮将旋转运动转变为往复直线运动；同时，通过换向装置、齿轮副等传动机构，运丝机构整体做左右移动。

③ 工作台：工作台通常由 X、Y 十字滑台，滚动导轨，丝杆运动副，齿轮传动机构等部分组成，主要通过与电极丝之间的相对运动来完成工件加工。

工作台分为上、下两层，分别与 X、Y 向丝杠相连，由两个伺服电机分别驱动。工作台 X 轴、Y 轴的正负方向如图 6.2 所示。

操作者面对机床正面(储丝筒在操作者左侧)，操作者左侧为 X 轴坐标负向，操作者右侧为 X 轴坐标正向；远离操作者方向为 Y 轴坐标正向，靠近操作者方向为 Y 轴坐标负向。可通过摇动 X、Y 轴手轮移动工作台。

注意：X、Y 轴正、负方向的判定是将工作台的运动看作是钼丝在运动，即假定工件不动而钼丝在运动。

工作台上有用于安装工件的支撑梁及防护挡板等，如图 6.3 所示。支撑梁是工件安装的基准，事先须经过校正，支撑梁与工作台之间安装有绝缘块。

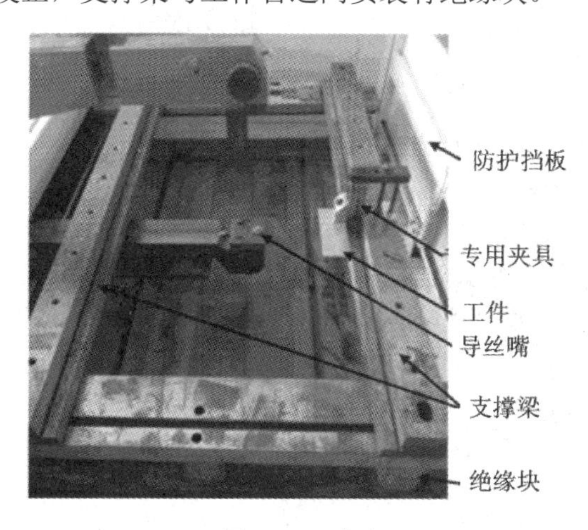

图 6.3　工作台

④ 丝架：单立柱悬臂式丝架分上、下臂，一般下臂是固定的，上臂可做升降移动，导轮安装在丝架上，用来支撑电极丝。前端的锥度机构可使电极丝工作部分与工作台平面形成一定的几何角度，用来切削锥度工件。

(2) 脉冲电源：又称高频电源，其作用是将普通的 50 Hz 交流电转换成高频率的单向脉冲电压。加工时，电极丝接脉冲电源负极，工件接正极。

(3) 微机控制系统。微机控制系统的主要功用有绘图、轨迹控制和加工控制等。

(4) 工作液循环系统。工作液循环系统包括工作液箱、工作液泵、流量控制阀、进液管、回液管及过滤网罩等。工作液起冷却电极丝和工件、排除电蚀产物、提供一定绝缘性能的工作介质的作用。

3) 数控高速走丝线切割机床的特点

(1) 采用电脑控制系统，全中文自动绘图编程、控制软件；加工中有轨迹、时间显示，可随时了解加工情况；中走丝具有多次切割功能。

(2) 编程语言：采用 G 代码、ISO 代码，兼容 3B 代码。

(3) 主要功能：具有绘图、编程功能，镜像、对称、旋转、平移功能，短路自动处理、加工结束自动停机功能，反向加工、任意段加工功能，比例缩放功能，断电保护功能，自动找中心功能，人机对话功能，系统具有自诊断功能。

(4) 通信接口：采用标准 RS-232C 接口、USB 接口。

(5) 采用淬火合金钢导轮，经特殊工艺处理，耐磨性较好，寿命长。

(6) 运丝速度变频可调。

(7) 高频采用微电脑控制，效率高，丝耗低，稳定性好。

4) 数控高速走丝线切割机床的应用范围

线切割机床主要用于各类模具、电极、精密零部件的制造，进行硬质合金、淬火钢、石墨、铝合金、结构钢、不锈钢、钛合金、金刚石等各种导电体的复杂型腔和曲面形体的加工。其具有加工精度高、光洁度高、切割速度快等特点。图 6.4 所示为线切割加工的零件。

图 6.4　线切割加工的精密零件

线切割机床的结构与操作

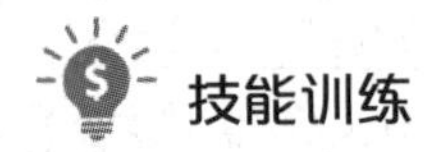

技能训练

熟悉数控线切割机床结构及坐标轴运动方向，以 DK7763 型高速走丝线切割机床为例。

(1) 熟悉机床结构及坐标轴。操作者面对机床正面(储丝筒在操作者左侧)，牢记 *X*、*Y* 轴方向。

(2) 练习移动工作台。分别摇动 *X*、*Y* 轴手轮，观察数显屏坐标值正、负变化，强化坐标轴运动方向的判断。

实施要求：必须理解和牢记机床 *X* 轴、*Y* 轴的运动方向。

工作任务二　高速走丝线切割机床的编程、控制系统

训练内容

熟悉、掌握 AutoCut 线切割编控系统的操作。

知识与技能目标

(1) 熟悉 AutoCut 线切割编控系统界面。
(2) 掌握 AutoCut 线切割编控系统的操作。
(3) 掌握编程轨迹设计。

相关理论知识

1. AutoCut 线切割编控系统

AutoCut 线切割编控系统(以下简称 AutoCut 系统)是基于 Windows XP 平台的线切割编控系统，AutoCut 系统由运行在 Windows 下的系统软件(CAD 软件和控制软件)、基于 PCI 总线的 4 轴运动控制卡和高可靠、节能步进电机驱动主板(无风扇)、0.5 μs 高频主振板、取样板组成。用户用 CAD 软件根据加工图纸绘制加工图形，对 CAD 图形进行线切割工艺处理，生成线切割加工的二维或三维数据，并进行零件加工。在加工过程中，AutoCut 系统能够智能控制加工速度和加工参数，完成对不同加工要求的加工控制。这种以图形方式进行加工的方法，是线切割领域内的 CAD 和 CAM 系统的有机结合。

AutoCut 系统具有切割速度自适应控制、切割进程实时显示、加工预览等操作功能。同时，对于各种故障(断电、死机等)提供了完善的保护，防止因产生故障而致使工件报废。

1) AutoCut 系统的主要特点

(1) 采用图形驱动技术，降低了操作者的劳动强度，提高了工作效率，减小了误操作机率。

(2) 面向 Windows XP 等各版本用户，软件使用简单，即学即会。

(3) 直接嵌入到 AutoCAD、CAXA 等各种软件中，实现了 CAD/CAM 一体化，扩大了线切割可加工对象。

(4) 锥度工件的加工，可采用四轴联动控制技术、三维设计加工轨迹，并可对导轮半径、电极丝直径、单边放电间隙以及大锥度的椭圆误差进行补偿，以消除锥度加工的理论误差。

(5) 采用多卡并行技术，一台电脑可以同时控制多台线切割机床。

(6) 可进行多次切割，带有用户可维护的工艺库功能，智能控制加工速度和加工参数，以提高工件的表面光洁度和尺寸精度，使多次加工变得简单、可靠。

(7) 软件对超厚工件(1 m 以上)的加工进行了优化，使其跟踪稳定、可靠。

2) AutoCut 系统嵌入 AutoCAD 2004

对已经安装过 AutoCAD 2004 软件的系统进行 AutoCut 的插件安装。安装完毕后，打开 AutoCAD 2004 主界面，在菜单中可以看到 AutoCut 的插件菜单和工具条，主界面如图 6.5 所示。

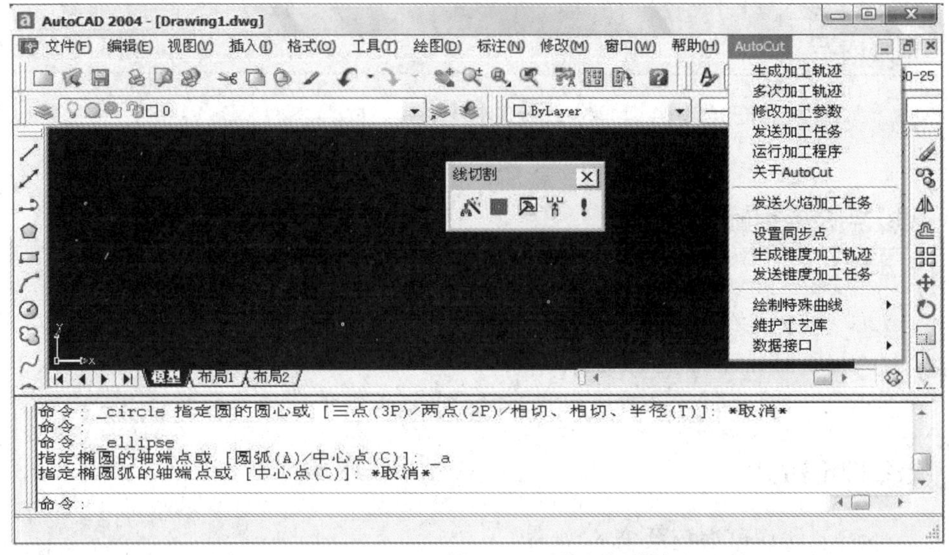

图 6.5　AutoCAD 2004 的 AutoCut 线切割模块主界面

操作者只需具备 AutoCAD 基本绘图能力，即可很容易掌握线切割程序的编制操作。

2. AutoCut 编程操作

1) 生成加工轨迹

在 AutoCAD 线切割模块中有三种设计轨迹的方法：生成加工轨迹、生成多次加工轨迹和生成锥度加工轨迹。我们重点介绍生成加工轨迹的操作。

(1) 用 AutoCAD 软件绘制图形完毕，点击菜单栏上的“AutoCut”下拉菜单，选“生成加工轨迹”菜单项，或者点击工具条上的按钮，会弹出如图 6.6 所示的对话框，这是快走丝线切割机生成加工轨迹时需要设置的参数。

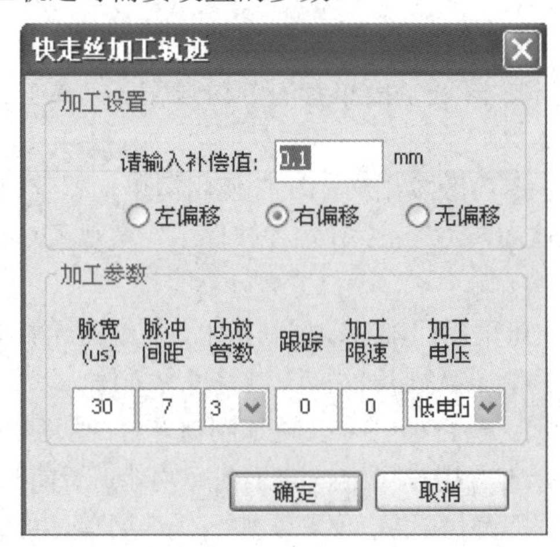

图 6.6　加工轨迹与加工参数设置对话框

线切割左、右补偿类似于数控加工中心的刀具半径补偿，钼丝的直径一般为 0.18 mm，须考虑放电间隙的存在，所以补偿值一般设定为 0.1 mm。

(2) 设置好补偿值和偏移方向后，点击“确定”按钮，将会弹出选择加工轨迹窗口，如图 6.7 所示。

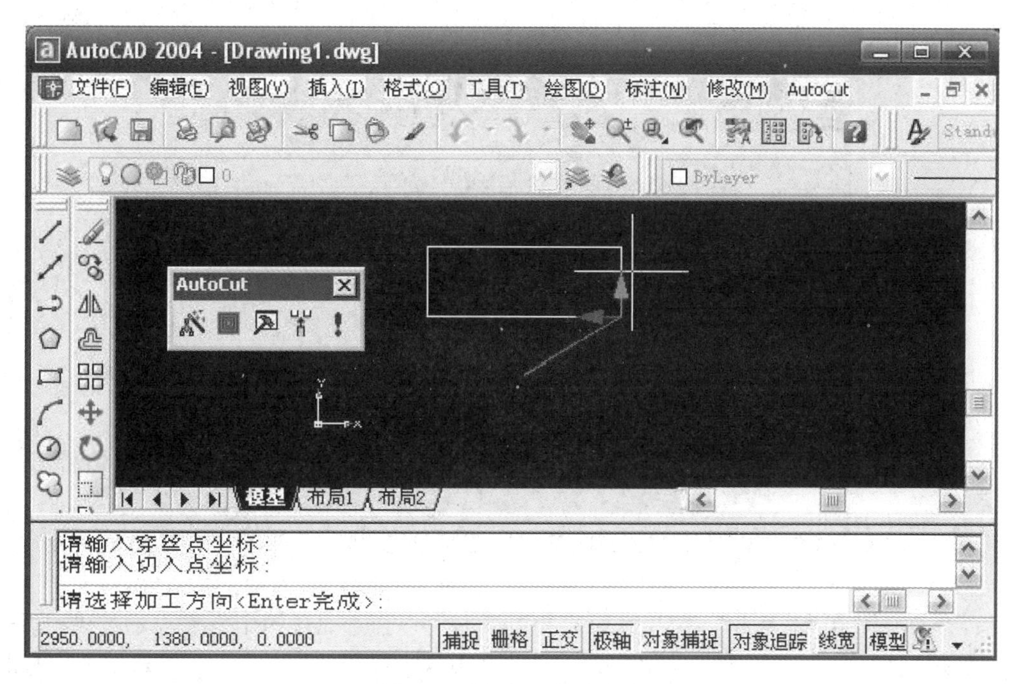

图 6.7　选择加工轨迹方向

在命令行提示栏中会提示“请输入穿丝点(切割运动起始位置)坐标”，可以手动在命令行中用相对坐标或者绝对坐标的形式输入穿丝点坐标，也可以用鼠标在屏幕上点击鼠标左键选择一点作为穿丝点坐标。穿丝点坐标确定后，命令行会提示“请输入切入点(切入工件的位置)坐标”，这里要注意，切入点一定要选在所绘制的图形上，否则是无效的，切入点的坐标可以手工在命令行中输入，也可以用鼠标在图形上选取任意一点作为切入点，切入点最好选择在两条线段的交点处。切入点选中后，命令行会提示“请选择加工方向<Enter完成>:，如图 6.7 所示。

注意：一般情况下，工件图形绘制完后，首先确定从什么位置切割工件，从切入点的位置往图形外画一条短线段，称为导引线，选择导引线在图形外的那一点作为穿丝点(切割运动的起始位置)，选择与图形相交的那一点作为切入点。

如图 6.7 所示，晃动鼠标可看出加工轨迹上红、绿箭头交替变换，在绿色箭头一侧点击鼠标左键，确定加工方向，或者按<Enter>键完成加工轨迹的拾取，轨迹方向将是当时绿色箭头的方向。

注意：生成加工轨迹前，操作者应明确需要加工的是外轮廓还是内轮廓：切割外轮廓时，生成的加工轨迹(粉红色线条)应在工件轮廓外侧；切割内轮廓时，生成的加工轨迹(粉红色线条)应在工件轮廓内侧。

以切割外轮廓为例，如果操作者设定好偏移方向后，例如设定为右偏移，那么选择加工方向时(绿色箭头方向)应为逆时针方向，如图 6.7 所示向上的箭头方向。操作者应根据实际情况选择设定左、右偏移方向和绿色箭头方向，以确保加工轨迹的正确。

2) 轨迹加工

(1) 点击菜单栏上的“AutoCut”下拉菜单，点选“发送加工任务”菜单项，或者点击图形按钮，将会弹出如图 6.8 所示的“选卡”对话框。

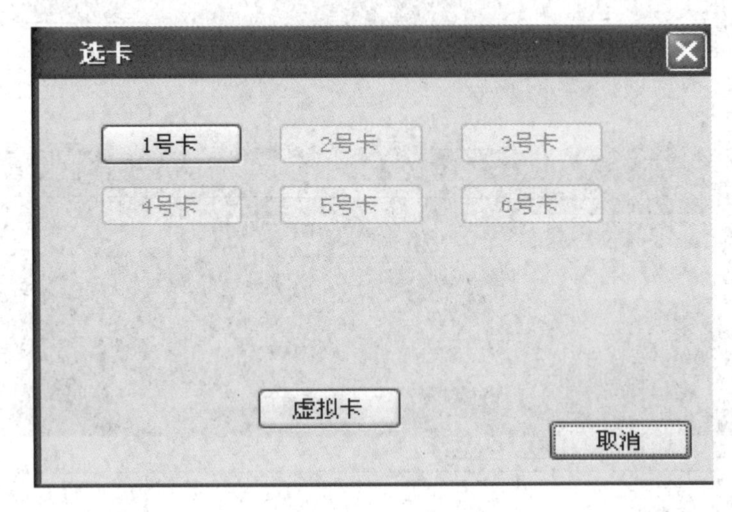

图 6.8　“选卡”对话框

(2) 点击选中“1 号卡”按钮(在没有控制卡时可以点选“虚拟卡”看演示效果)，命令行会提示“请选择对象”，用鼠标左键点选图 6.9 中所示粉色的加工轨迹，再单击鼠标右键，进入如图 6.10 所示的切割加工控制界面，图形显示为黄色。

图 6.9　加工轨迹

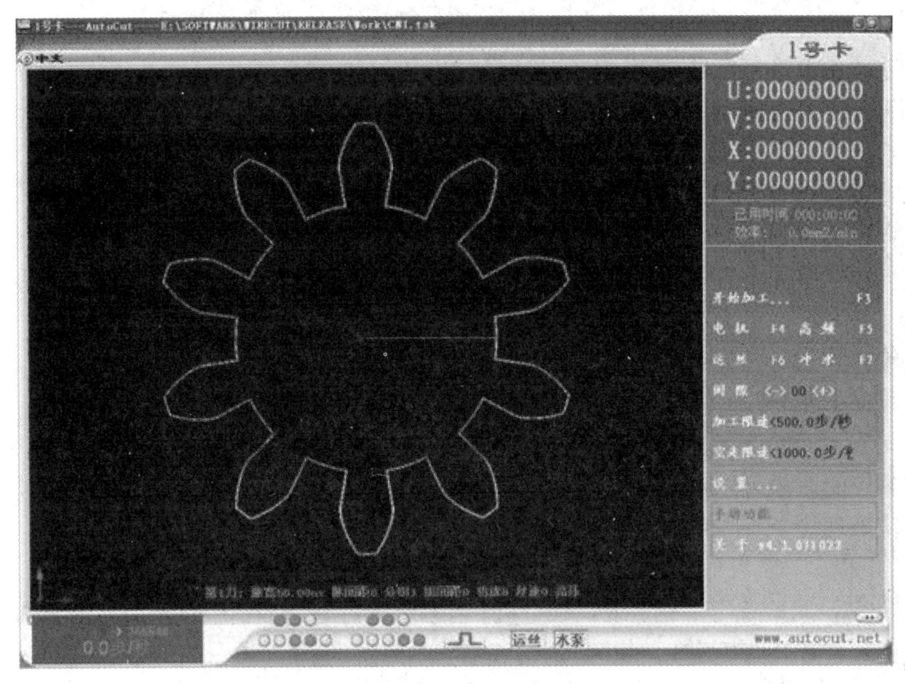

图 6.10　切割加工控制界面

3) 控制界面介绍

(1) 开始加工。点击功能区的“开始加工”，弹出如图 6.11 所示界面。

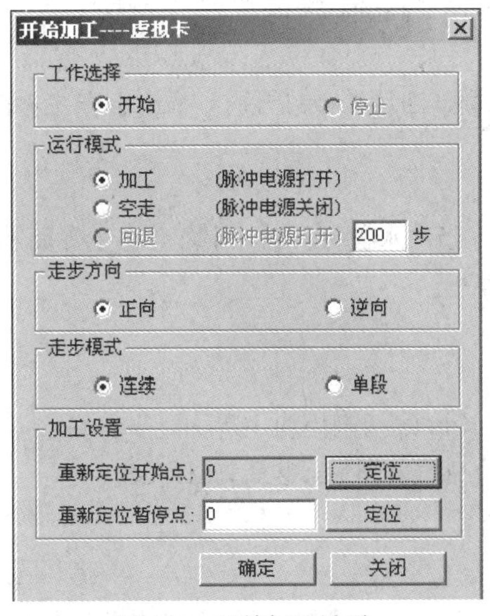

图 6.11　开始加工界面

线切割加工轨迹生成操作

线切割加工任务发送与加工设置操作

① 工作选择：

开始：开始进行加工。

停止：停止目前的加工工作。

注意：正在进行加工时不能退出程序，必须先停止加工，然后才能退出程序。

② 运行模式：

加工：打开高频脉冲电源，实际加工。

空走：不开高频脉冲电源，机床按照加工文件空走。

回退：打开高频脉冲电源，回退指定步数(回退的指定步数可以在设置界面中进行设置，并会一直保存，直到下一次设置被更改)。

③ 走步方向：

正向：实际加工方向与加工轨迹方向相同。

逆向：实际加工方向与加工轨迹方向相反。

④ 走步模式：

连续：加工时，只有一条加工轨迹，加工完才停止。

单段：加工时，一条线段或圆弧加工完时，会进入暂停状态，等待用户处理。

当完成上面的选择，确定开始加工后，原来的“开始加工”按钮会变成“暂停加工”，在需要暂停的时候可以点击该按钮，同样会弹出上面所示的对话框，供用户根据实际情况进行相应处理。

(2) 电机。

电机 F6，此命令用来锁定或解锁电机。当锁定电机时，会在主界面中以绿灯显示出来；否则灯变灰。在有些机床上，此命令为控制柜面板的“使能”按钮。电机锁定时，手动无法摇动 X、Y 轴手轮。

(3) 高频。

高频 F7，此命令用来开关高频脉冲电源。当高频被打开时，⎍ 会在主界面上显示；否则变灰。碰丝(对刀)、加工时必须打开高频脉冲电源。

(4) 运丝。

运丝 F4，此命令用来开关运丝筒。当运丝被打开时，运丝 会在主界面上显示，运丝筒旋转；否则变灰。

(5) 冲水。

冲水 F5，此命令用来开关水泵。当冲水被打开时，水泵 会在主界面上显示；否则变灰。

技能训练

(1) 熟悉 AutoCAD 2004 的 AutoCut 线切割模块主界面。

(2) 熟悉生成加工轨迹操作。绘制简单图形，设计加工轨迹。

(3) 熟悉加工控制界面。

工作任务三　切 割 杠 杆

训练内容

切割如图 6.12 所示杠杆零件。

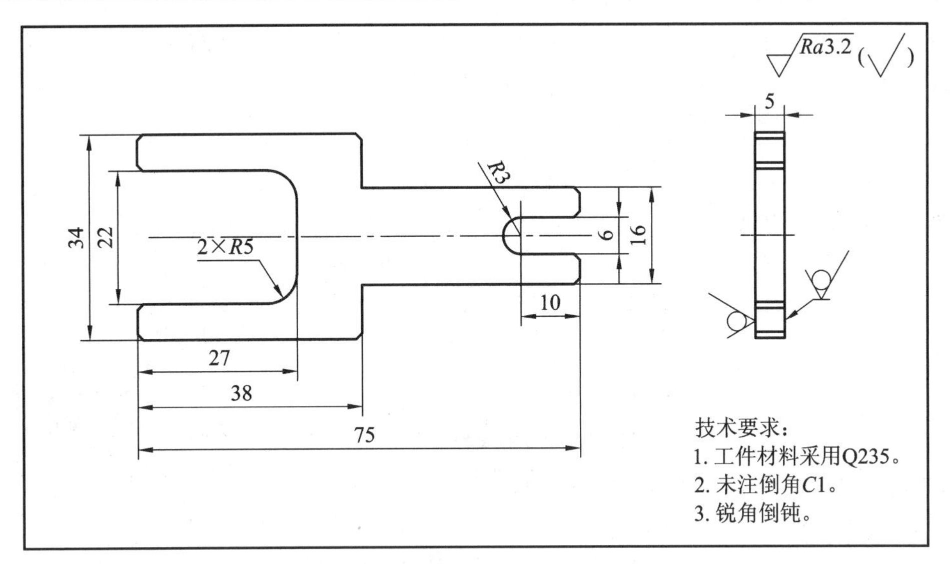

图 6.12　杠杆零件

知识与技能目标

(1) 了解上丝和紧丝操作。

(2) 掌握切割简单零件的操作。

线切割上丝(绕丝)操作

相关理论知识

1. 上丝、穿丝和紧丝

线切割钼丝是线切割机床上的重要组成部分，线切割机正是通过线切割钼丝作为电极向金属工件放电从而达到熔化切割的效果。钼丝在使用后变细无法继续使用以及断丝的情况下，必须要进行上丝、紧丝、穿丝操作。线切割上丝、穿丝、紧丝是每一个从事线切割的人员必备的技能，钼丝上的好与不好会直接影响到线切割效果。

1) 上丝

线切割上丝，又名线切割绕丝，线切割上丝的过程是将线切割钼丝从丝盘绕到快走丝线切割储丝桶上的过程。上丝的具体步骤如下：

(1) 操作者站在储丝筒后面，正对储丝筒。上丝前，取下储丝筒挡板，将左、右行程限位块松开，拨到两边。

(2) 用摇把手动顺时针转动丝筒或启动储丝筒，将储丝筒向左侧移动。

储丝筒左、右两端各有一个钼丝的紧固螺钉，将储丝筒右侧螺钉移动至丝架右侧附近(以丝架上臂的后导轮为参照)。根据上丝的多少，调节储丝筒右侧螺钉距离后导轮的距离：上丝多，距离近一些；上丝少，距离远一些。储丝筒上的钼丝要尽量左右对称缠绕。

(3) 将丝盘用螺母固定在丝架上，并安装在丝盘的转轴上。

(4) 拉出钼丝，将丝头向下经过丝架上臂后导轮槽引到储丝筒右侧紧固螺钉位置，用螺钉紧固。逆时针转动储丝筒，钼丝紧密缠绕在储丝筒上，同时将储丝筒向右侧移动，直至钼丝在储丝筒上缠绕至需要宽度，且左右对称。

(5) 从丝盘上剪断钼丝，卸下丝盘。

2) 穿丝

牵引储丝筒左侧的丝头依次经过丝架上臂的后导轮、两个导电块、上臂前导轮、下臂前导轮、两个导电块、下臂后导轮，从储丝筒下方绕上来，用丝筒左侧紧固螺钉紧固。检查钼丝是否都在导轮槽内，并检查是否与导电块接触良好。

3) 紧丝

线切割穿丝与紧丝操作

(1) 手动顺时针转动储丝筒十几圈，将左侧限位块移动到左侧行程开关(称为“接近开关”)的中心位置并紧固。接着用紧丝轮紧丝(把丝挂在紧丝轮槽里面，然后用左手握住紧丝轮不动，右手去按储丝筒开关。当储丝筒转起来后，要轻轻用力往后拽紧丝轮，储丝筒同时向左移动，将要移动至右侧绕丝起始位置时，关闭储丝筒“启停开关”，手动顺时针转动储丝筒，接近右侧紧固螺钉，松开螺钉，拉紧钼丝重新固定。

(2) 重新调整左右行程开关位置。用摇把逆时针转动储丝筒二十几圈，将右侧限位块移动至右侧行程开关传感器中心位置；再将左侧限位块松开向右移动 2～3 mm；启动储丝筒，保证储丝筒左右往返换向时，储丝筒左右两端的钼丝留有 5～8 mm 宽度的余量。

2. 安装工件

线切割机床主要是利用工作台上的支撑梁，再结合配套的精密平口钳等通用、专用夹具来安装工件。先根据需要将专用夹具安装固定在支撑梁上，安装精度较高的工件时可先用百分表校正夹具，保证夹具的定位精度，如图 6.13、图 6.14 所示。

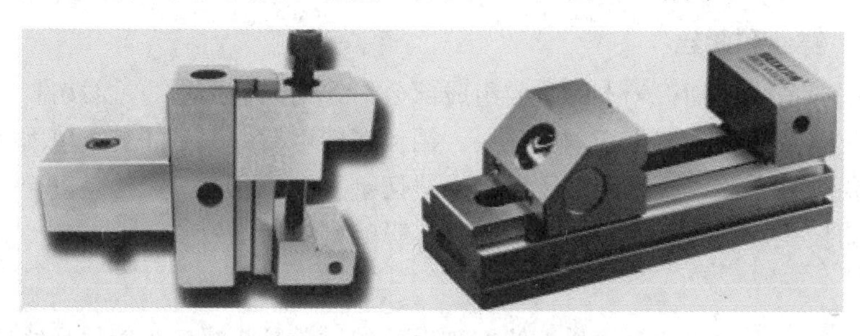

图 6.13　专用夹具和精密平口钳

图 6.14　夹具应用示意图

技能训练

切割图 6.15 所示杠杆零件。

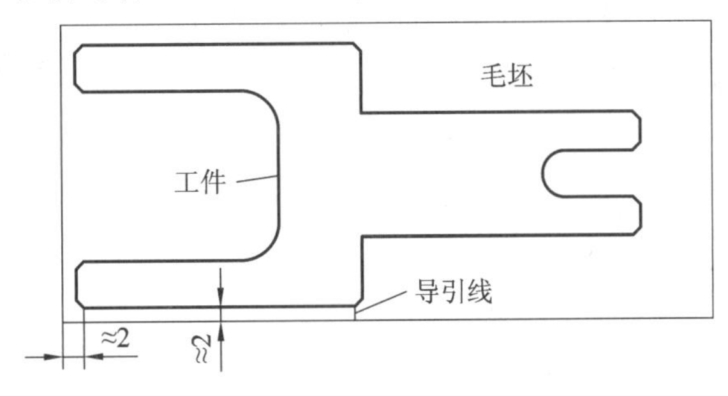

图 6.15　工件图形及导引线

1. 工艺分析

此工件为杠杆类工件，属于切割外轮廓。

2. 加工步骤

(1) 绘制图形和导引线。用 AutoCAD 软件绘制图形，并从工件图形上选择位置作为钼丝切入点，再从此位置向图形外画出导引线，导引线的长度可根据毛坯边缘的平整度画 2～3 mm 长度即可，如图 6.15 所示。

(2) 生成加工轨迹并发送加工任务。

① 点击“生成轨迹”菜单项，选择右补偿，补偿值为 0.1 mm；选择导引线工件图形外侧的端点作为穿丝点，再选择导引线与工件相交的端点作为切入点；左右晃动鼠标，指向右侧箭头变成绿色；点击绿色箭头，按“回车”键，生成粉红色的加工轨迹线，确定加工轨迹线在工件图形外侧。

② 点击“发送加工任务”菜单项，点击“1 号卡”，按鼠标左键选择粉红色加工轨迹线；再按鼠标右键确认，进入“切割加工控制界面”。

(3) 安装工件。用精密平口钳或专用夹具装夹、校正工件毛坯，工件伸出夹具约 80 mm，如图 6.16 所示。

图 6.16　工件安装示意图

(4) 点击“运丝”“高频”，启动储丝筒，摇动工作台手轮，调整工件与钼丝之间的位置，工件前端(*X* 轴负向)与钼丝大致对正，移动工件，与钼丝轻触，出现火花，将数显屏 *X* 轴坐标清零，反向退出工件；向 *Y* 轴正向移动工件，钼丝在 *Y* 轴负向；向 *X* 轴正向移动工件，数显 *X* 轴坐标显示 39 mm 位置；向 *Y* 轴负向移动工件，工件与钼丝轻触出现火花，完成碰丝对刀。

(5) 点击“冲水”，按下“使能”“断丝保护”按钮，再点击“开始加工”，最后点击“确定”按钮，开始加工。

3. 注意事项

(1) 加工过程中不要触碰工件，以防触电。

(2) 工件安装、切割方向应与图形绘制的 *X*、*Y* 坐标方向一致。

本模块考核要求

(1) 学生在每个任务练习时，均应按照教师规定的时间完成(实训教师要考虑学生个体差异规定合理的加工时间)。

(2) 练习完毕后填写实训报告(参见“附录 1　实训报告模板”)。

(3) 练习过程中学生执行安全文明生产规范情况、操作时和操作完毕后执行 5S 管理规范情况、工件加工时间、加工质量(包括劳动态度)均作为成绩考核评定的依据。

模块七　综 合 训 练

以钳工、车削加工、铣削加工为基础工种，加上数控加工、特种加工等先进制造工种，可以构成现代机械制造全工艺流程。掌握并灵活运用各类加工手段，按照设计要求加工出合格的零件并组装成具有一定功能的机械机构，是现代应用技术型大学培养具有工程意识、工程能力、工程素养的应用型人才应具备的基本能力和要求。

通过本模块内容的学习和实训，使学生掌握图纸辨识、工艺分析、常用工具和量具的使用以及钳工、车工、铣工等工种的知识和技能；初步具备典型轴类零件加工和块类零件加工的能力；初步具备一定的机电产品的装配、维修维护技能，并逐步具备机电类产品的改进、改造和设计、创新能力。

本模块是以实践为主导的课程，学习时结合“机械制造基础”课程理论知识，可以更好地指导技能训练，并通过技能训练加深对理论知识的理解、消化、巩固和提高。

通过本模板的学习，应达到以下具体要求：

(1) 能合理选择加工手段和工艺(工种)；合理选择和使用各类夹具、刀具和量具，并掌握其使用和维护保养方法。

(2) 熟练掌握各工种的基础操作技能，并能对工件进行质量分析。

(3) 掌握常用机械设备的主要结构、操作方法和维护保养方法。

(4) 独立制定中等复杂工件的切削加工工艺，并注意吸收、引进较先进的工艺和技术。

(5) 合理选用切削用量和切削液。

(6) 掌握切削加工中相关的计算方法，学会查阅有关的技术手册和资料。

(7) 养成安全生产和文明生产的习惯。

本模块以若干典型机构为载体，以任务的形式学习、训练综合技能。

工作任务一　加工制作杠杆机构

训练内容

杠杆机构是机械传动机构中常见的一种机构，运用车、铣、钳等工艺手段加工出杠杆机构的主要零件并进行组装，实现杠杆机构的功能，如图 7.1 所示。

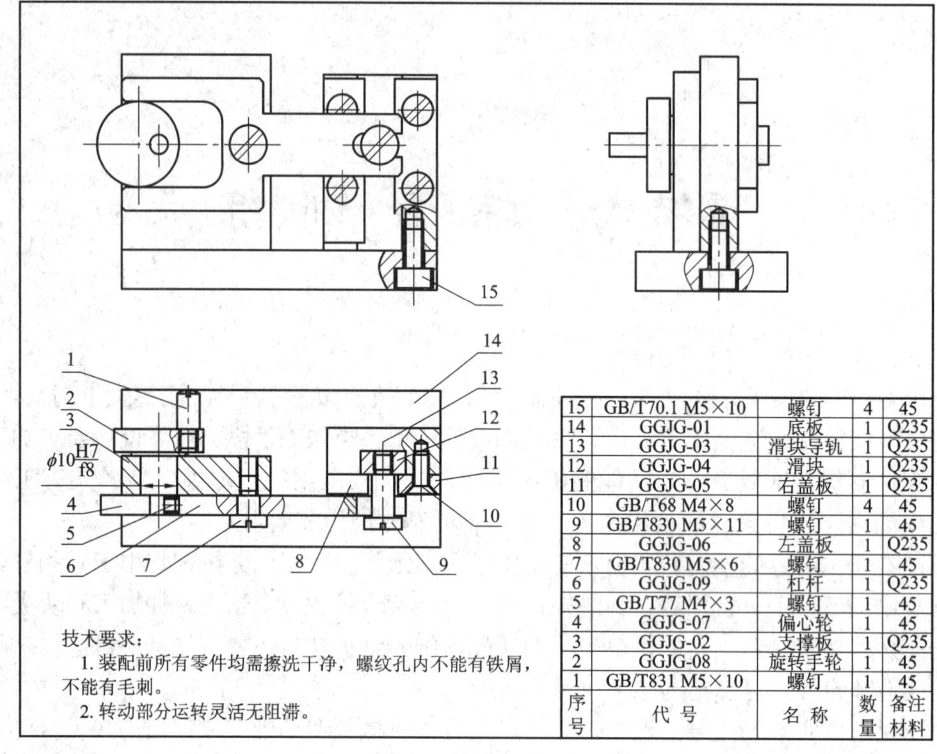

序号	代 号	名 称	数量	备注材料
15	GB/T70.1 M5×10	螺钉	4	45
14	GGJG-01	底板	1	Q235
13	GGJG-03	滑块导轨	1	Q235
12	GGJG-04	滑块	1	Q235
11	GGJG-05	右盖板	1	Q235
10	GB/T68 M4×8	螺钉	4	45
9	GB/T830 M5×11	螺钉	1	45
8	GGJG-06	左盖板	1	Q235
7	GB/T830 M5×6	螺钉	1	45
6	GGJG-09	杠杆	1	Q235
5	GB/T77 M4×3	螺钉	1	45
4	GGJG-07	偏心轮	1	45
3	GGJG-02	支撑板	1	Q235
2	GGJG-08	旋转手轮	1	45
1	GB/T831 M5×10	螺钉	1	45

图 7.1　杠杆机构图

知识与技能目标

(1) 熟练掌握零件的锯削、锉削、钻孔、绞孔、攻螺纹等基本技能。

(2) 掌握并巩固车削端面、外圆、切断等内容的加工方法。

(3) 掌握并巩固铣削外轮廓、直槽等内容的加工方法。

(4) 学会识读简单装配图及简单机构的装配方法。

(5) 了解常见标准件的国标代号及选择。

相关理论知识

1. 装配图的构成

一张完整的装配图应包括以下四个方面的内容：一组视图，必要的尺寸，技术要求，标题栏、零部件编号和明细表。

2. 装配图的表达方法

前面学习过机件的各种表达方法，在表达部件的装配图中也同样适用。但由于部件是由若干零件组成的，而部件装配图主要用来表达部件的工作原理和装配、连接关系，以及主要零件的结构形状，因此与零件图相比，装配图还有其规定画法和特殊画法。

(1) 装配图中的零部件编号及明细表。装配图上对每个零件或部件都必须编注序号，并将其填写在明细表中，以便统计零部件数量，进行生产的准备工作。同时，在看装配图时，也是根据序号查阅明细表，以便了解零件的主要信息，这样便于读装配图、拆画零件图和图样管理等。

(2) 机械制图中的零部件编号序号应标注在图形轮廓线的外边，并将数字填写在指引线的横线上或圆圈内，横线或圆圈及指引线用细实线画出，也可将序号数字写在指引线附近；指引线应从所指零件的可见轮廓线引出，并在末端画一小圆点；序号数字要比装配图中的标注尺寸数字大一号或两号；若在所指部分内不宜画圆点，可在指引线末端画出指向该部分轮廓的箭头。

技能训练

采用合理的加工工艺加工杠杆机构的各零件，并将各零件进行组装实现其功能。

1. 图样分析

(1) 本机构由底板、支撑板、滑块导轨、滑块、杠杆、左压板、右压板、偏心轮、手轮等 9 个零件及若干标准件(螺钉)构成。其中，底板、支撑板、滑块导轨、滑块为典型块类零件，可在铣床上加工；偏心轮、手轮为回转体零件，应在车床上加工；杠杆和左、右压板的厚度较薄，且轮廓简单，可由学生采用钳工工具加工或电火花线切割机床加工；各类孔由学生在钻床上加工。

(2) 标准件确定及领取。学生按照明细表中标注的标准件规格及数量领取并核对。

2. 零件加工

(1) 加工底板。底板零件图如图 7.2 所示。

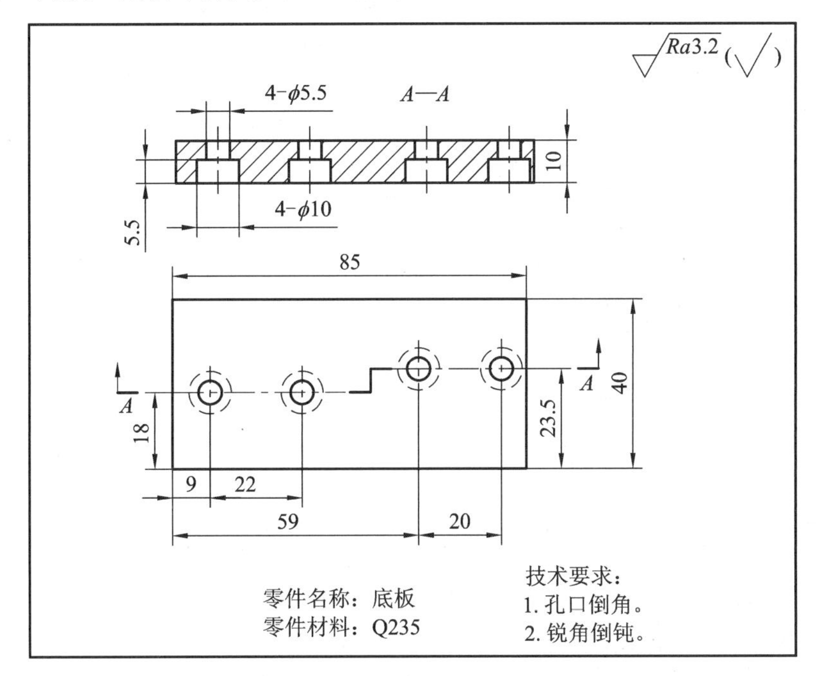

图 7.2　底板

① 用平口钳装夹 10 mm 尺寸两平面，用硬质合金端铣刀铣削 40 mm 尺寸两平面。
② 用平口钳装夹 40 mm 尺寸两平面，用硬质合金端铣刀铣削 10 mm 尺寸两平面。
③ 用平口钳装夹 40 mm 尺寸两平面，用立铣刀圆周刃铣削 85 mm 尺寸两平面。
④ 划线，划 4 个沉孔的位置线，打样冲孔。
⑤ 钻 4-ϕ5.5 mm 通孔；用锪孔钻锪 4-ϕ10 沉孔，深度 5.5 mm。
(2) 加工支撑板。支撑板零件图如图 7.3 所示。

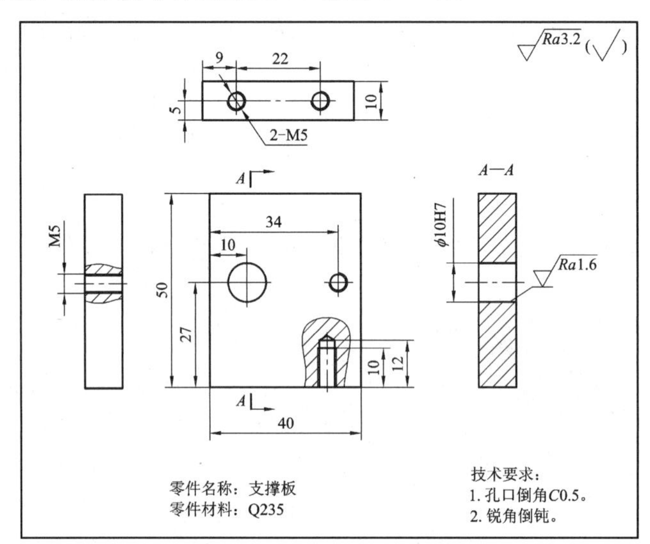

图 7.3　支撑板

加工 90° 沉孔和阶梯沉孔的方法

① 用平口钳装夹 10 mm 尺寸两平面，用硬质合金端铣刀铣削 40 mm 尺寸两平面。
② 用平口钳装夹 40 mm 尺寸两平面，用硬质合金端铣刀铣削 10 mm 尺寸两平面。
③ 用平口钳装夹 40 mm 尺寸两平面，用立铣刀圆周刃铣削 50 mm 尺寸两平面。
④ 划线，划ϕ10H7 孔、3-M5 螺纹孔的位置线，打样冲孔。
⑤ 钻ϕ9.8 mm 通孔；铰ϕ10H7 孔；钻 3-ϕ4.2 螺纹底孔；攻 3-M5 螺纹。
(3) 加工滑块导轨。滑块导轨零件图如图 7.4 所示。

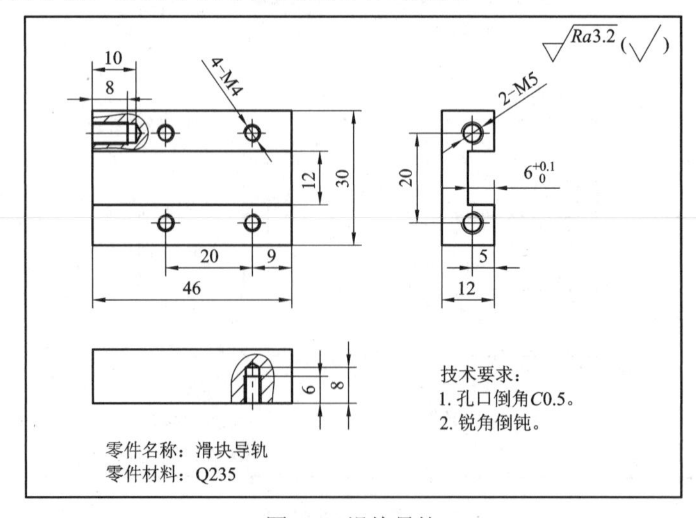

图 7.4　滑块导轨

① 用平口钳装夹 12 mm 尺寸两平面，用硬质合金端铣刀铣削 30 mm 尺寸两平面。

② 用平口钳装夹 30 mm 尺寸两平面，用硬质合金端铣刀铣削 12 mm 尺寸两平面。

③ 用平口钳装夹 30 mm 尺寸两平面，用立铣刀圆周刃铣削 46 mm 尺寸两平面。

④ 划线，划 4-M4、2-M5 螺纹孔的位置线，打样冲孔。

⑤ 钻 4-ϕ3.3 mm 螺纹底孔，深度 8 mm；攻 4-M4 螺纹，保证螺纹深度 6 mm。钻 2-ϕ4.2 mm 螺纹底孔，深度 10 mm；攻 2-M5 螺纹，保证螺纹深度 8 mm。

(4) 加工滑块。滑块零件图如图 7.5 所示。

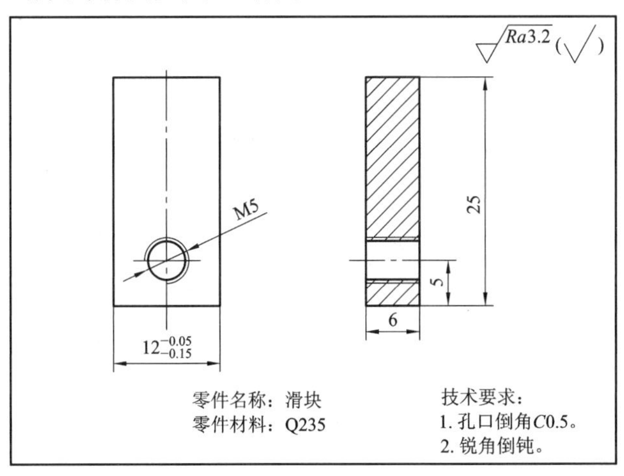

图 7.5　滑块

① 用平口钳装夹 6 mm 尺寸两平面，用硬质合金端铣刀铣削 12 mm 尺寸两平面。

② 用平口钳装夹 12 mm 尺寸两平面，用硬质合金端铣刀铣削 6 mm 尺寸两平面。

③ 用平口钳装夹 12 mm 尺寸两平面，用立铣刀圆周刃铣削 25 mm 尺寸两平面。

④ 划线，划 M5 螺纹孔的位置线，打样冲孔。

⑤ 钻ϕ4.2 mm 螺纹底孔，攻 2-M5 螺纹。

(5) 加工左、右盖板，其零件图如图 7.6 所示。

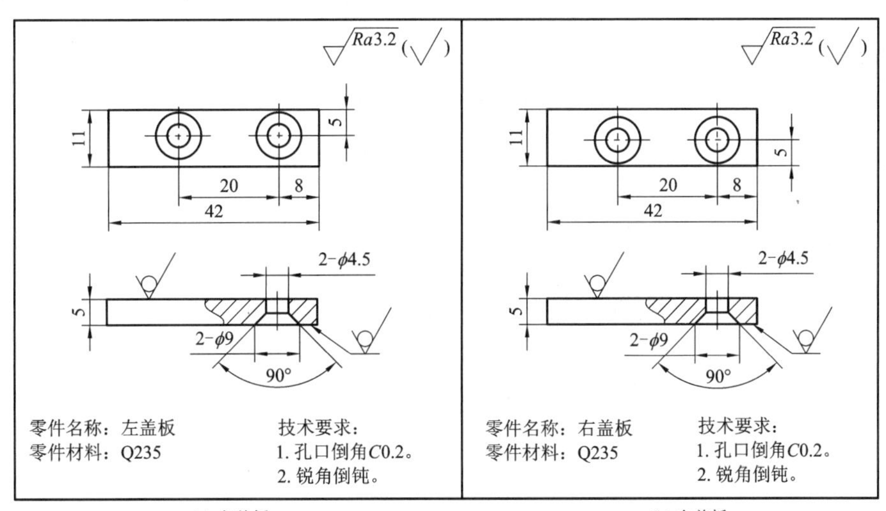

(a) 左盖板　(b) 右盖板

图 7.6　左、右盖板

① 锉削 11 mm 尺寸两平面。

② 锉削 42 mm 尺寸两平面。

③ 划线，划左、右盖板 4-90° 沉孔中心位置线，打样冲孔。

④ 钻左、右盖板 4-ϕ4.5 mm 通孔。

⑤ 用 90° 锪孔钻，锪 4-ϕ9 mm×90° 沉孔。

(6) 加工杠杆，杠杆零件图如图 7.7 所示。

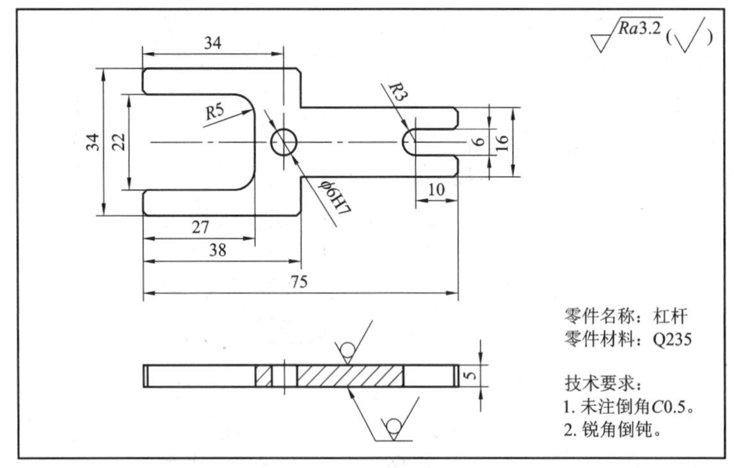

图 7.7　杠杆

① 锉削杠杆 34 mm×75 mm 外轮廓。

② 划线，划 38 mm 尺寸线、16 mm 尺寸线、2-*R*5 mm 圆弧中心位置线、*R*3 mm 圆弧中心位置线、ϕ6H7 孔中心位置线，打样冲孔。

③ 锯割、锉削 16 mm、38 mm 尺寸平面。

④ 钻 2-ϕ10 mm(*R*5 圆弧工艺孔)、ϕ6 mm(*R*3 mm 圆弧工艺孔)工艺孔。

⑤ 锯割、锉削 22 mm、6 mm 槽。

⑥ 钻ϕ5.8 mm 孔、铰ϕ6H7 孔。

⑦ 倒角、去毛刺。

注：此零件亦可用电火花线切割机床切割，过程参见模块六中示例。

(7) 加工旋转手轮，旋转手轮零件图如图 7.8 所示。

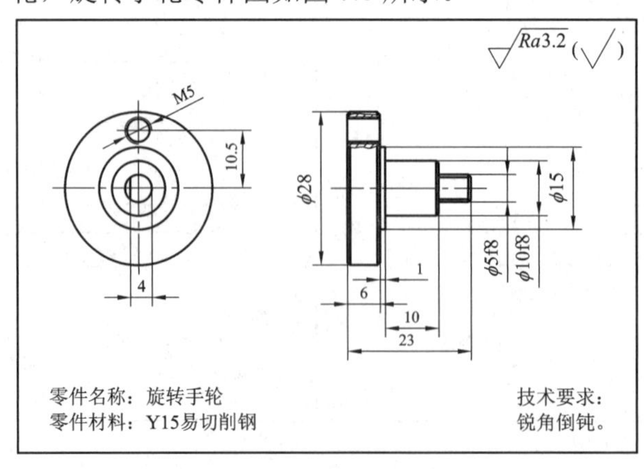

图 7.8　旋转手轮

① 用 90° 偏刀车右端面、粗车各外圆，留 1 mm 精加工余量。

② 用 90° 偏刀精车各外圆及台阶长度至图样尺寸。

③ 用切断刀切断，保证全长 23.5 mm。

④ 用工艺爪装夹ϕ28 mm 外圆，45° 弯头刀车左端面，保证全长 23 mm。

⑤ 划线，划 M5 螺纹孔中心位置线，打样冲孔。

⑥ 钻ϕ4.2 mm 孔，攻 M5 螺纹。

⑦ 锉削ϕ5 mm 外圆上的平面，保证 4 mm 尺寸。

(8) 加工偏心轮，如图 7.9 所示。

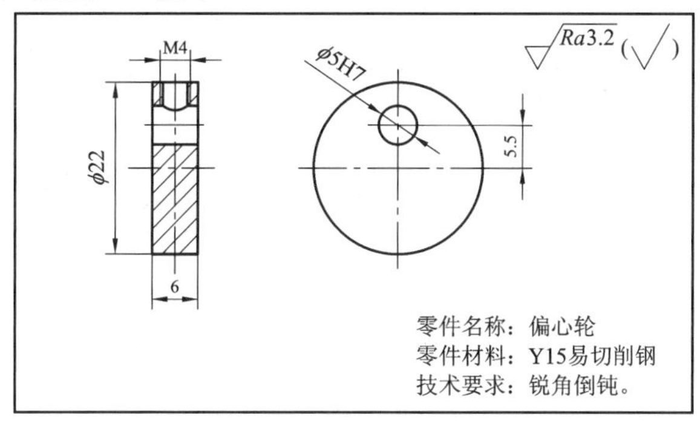

图 7.9　偏心轮

① 用 45° 弯头刀车右端面；粗车、精车ϕ22 mm 外圆至图样要求。

② 切断，用切断刀左侧刀尖与工件右端面轻轻接触，将切断刀沿 X 轴退出，车刀沿 Z 轴向左移动，移动距离为切刀刀宽加 6.5 mm，切断后保证长度为 6.5 mm。

③ 用工艺爪装夹ϕ22 mm 外圆，45° 弯头刀车左端面，保证全长 6 mm。

④ 划线，划ϕ5H7 孔、M4 螺纹孔中心位置线，打样冲孔。

⑤ 钻ϕ4.8 mm 孔，铰ϕ5H7 通孔；钻ϕ3.3 mm 孔，攻 M4 螺纹。

3. 装配及调试

(1) 清理各零件螺纹孔内的铁屑，修整外形，不能有毛刺等缺陷。

(2) 按照装配图将支撑板、滑块导轨用 M5 螺钉固定，先预紧，再调整支撑板、滑块导轨前面与底板前边的平行度，最后紧固。

(3) 安装左、右压板，并调整平行度。

(4) 安装手轮及偏心轮，保证其转动灵活、无阻滞。

(5) 用轴位螺钉将杠杆固定，再将滑块放到滑块导轨的槽中，用轴位螺钉与杠杆连接，转动手轮，保证杠杆在偏心轮的带动下上下摆动，并带动滑块在轨道内上下滑动顺畅无阻滞。

工作任务二　制作卡车模型

训练内容

以图 7.10 所示卡车模型为载体，强化、巩固所学机械加工、钣金、装配技能及看图、识图的能力。

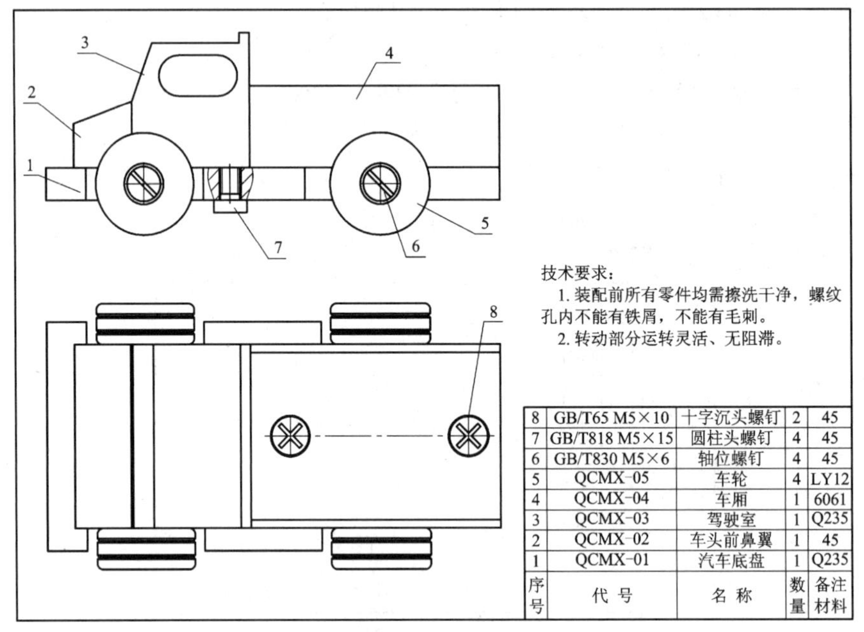

序号	代号	名称	数量	备注材料
8	GB/T65 M5×10	十字沉头螺钉	2	45
7	GB/T818 M5×15	圆柱头螺钉	4	45
6	GB/T830 M5×6	轴位螺钉	4	45
5	QCMX-05	车轮	4	LY12
4	QCMX-04	车厢	1	6061
3	QCMX-03	驾驶室	1	Q235
2	QCMX-02	车头前鼻翼	1	45
1	QCMX-01	汽车底盘	1	Q235

图 7.10　卡车模型

知识与技能目标

(1) 熟练掌握零件的锯削、锉削、钻孔、铰孔、攻螺纹、钣金等基本技能。

(2) 掌握并巩固车削端面、车削外圆、钻扩孔、切断等技能的方法。

(3) 掌握并巩固铣削外轮廓、角度面、直槽、阶台、封闭槽的方法。

(4) 掌握并巩固简单装配图的识读。

(5) 学会简单机构的装配方法。

(6) 了解常见标准件的国标代号及标准件的选择。

技能训练

采用合理的加工工艺加工卡车模型的各零件，并将其进行组装。

1. 图样分析

(1) 本机构由卡车底盘、车头前鼻翼、驾驶室、车厢、车轮等 5 种共 8 个零件及若干标准件(螺钉)构成。其中，卡车底盘、车头前鼻翼、驾驶室为典型块类零件，可在铣床上加工；车厢为铝板折制，可由学生采用钳工工具加工；车轮为回转体零件，应在车床上加工。各类孔由学生在钻床上钻出，螺纹孔采用手动攻丝。

(2) 标准件的确定及领取。学生按照明细表中标注的标准件规格及数量领取并核对。

2. 零件加工

(1) 加工卡车底盘，卡车底盘零件图如图 7.11 所示。

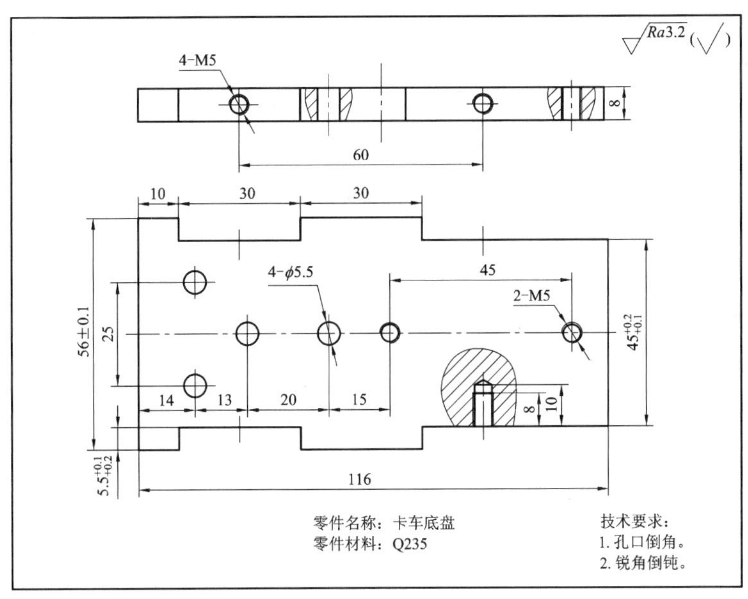

图 7.11　卡车底盘

① 用ϕ16 mm 立铣刀铣 56 mm 尺寸两平面。

② 用ϕ16 mm 立铣刀圆周铣 116 mm 长度尺寸两平面。

③ 用ϕ16 mm 立铣刀粗、精铣 2-30 mm 宽 5.5 mm 深槽、45 mm 尺寸两平面。

④ 在平板上用高度尺划各孔中心位置线；打样冲孔。

⑤ 钻 4-ϕ5.5 mm 通孔；钻 4-ϕ4.3 mm 螺纹底孔，深度为 10 mm；钻 2-ϕ4.3 mm 螺纹底孔，钻透。

⑥ 用 90° 锪孔钻，孔口倒角。

⑦ 攻 6-M5 内螺纹。

(2) 加工驾驶室，驾驶室零件图如图 7.12 所示。

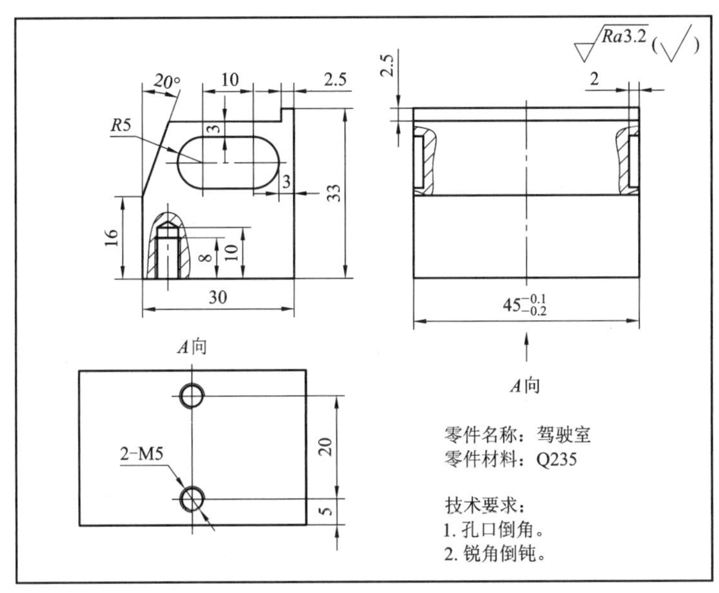

图 7.12　驾驶室

① 用硬质合金端铣刀，铣 30 mm、33 mm、45 mm 外轮廓尺寸(六面)。

② 用立铣刀铣 2.5 mm 深台阶尺寸平面。

③ 用ϕ10 键槽铣刀铣两侧 R5 封闭槽。

④ 用立铣刀铣 20° 斜面，保证 16 mm 尺寸。

⑤ 在平板上用高度尺划各孔中心位置线；打样冲孔。

⑥ 钻 2-ϕ4.3 mm 螺纹底孔，钻深 10 mm。

⑦ 用 90° 锪孔钻进行孔口倒角。

⑧ 攻 2-M5 内螺纹。

(3) 加工车头前鼻翼，车头前鼻翼零件图如图 7.13 所示。

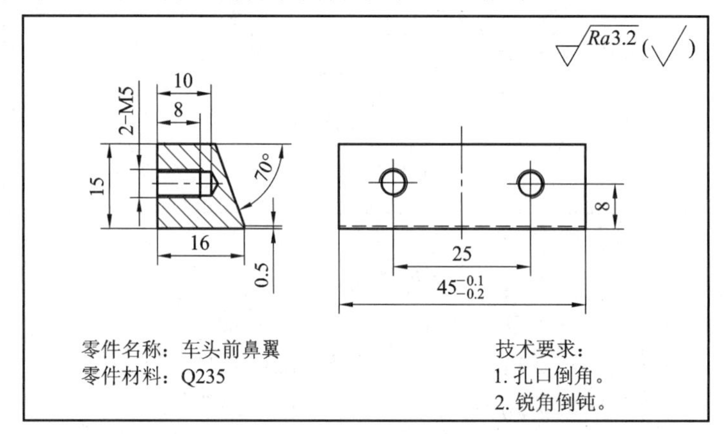

图 7.13　车头前鼻翼

① 用硬质合金端铣刀铣 15 mm、16 mm 外轮廓尺寸(四面)。

② 用立铣刀圆周铣 45 mm 尺寸两平面。

③ 用立铣刀铣 90° 斜面，保证 0.5 mm 尺寸。

④ 在平板上用高度尺划各孔中心位置线；打样冲孔。

⑤ 钻 2-ϕ4.3 mm 螺纹底孔，钻深 10 mm。

⑥ 用 90° 锪孔钻进行孔口倒角。

⑦ 攻 2-M5 内螺纹。

(4) 加工车轮(四件)，车轮零件图如图 7.14 所示。

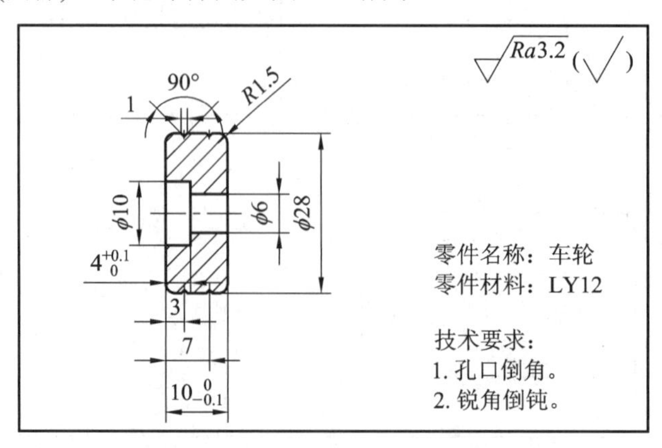

图 7.14　车轮

① 用 45°弯头刀车左端面；粗车、精车ϕ28 外圆至图样要求。

② 用ϕ6 mm 钻头钻深 12 mm，用ϕ10 mm 锪孔钻，锪沉孔深 4 mm 至图样要求。

③ 用 45°弯头刀切 2-90°槽；用圆弧刀倒左侧圆角 R1.5。

④ 切断，用切断刀左侧刀尖与工件右端面轻轻接触，将切刀沿 X 轴退出，车刀沿 Z 轴向左移动，移动距离为切刀刀宽加 10.5 mm，切断后保证长度为 10.5 mm。

⑤ 用工艺爪装夹ϕ28 mm 外圆，45°弯头刀车右端面，保证全长 10 mm。

⑥ 用圆弧刀倒左侧圆角 R1.5 mm。

(5) 加工车厢，车厢零件图如图 7.15 所示。

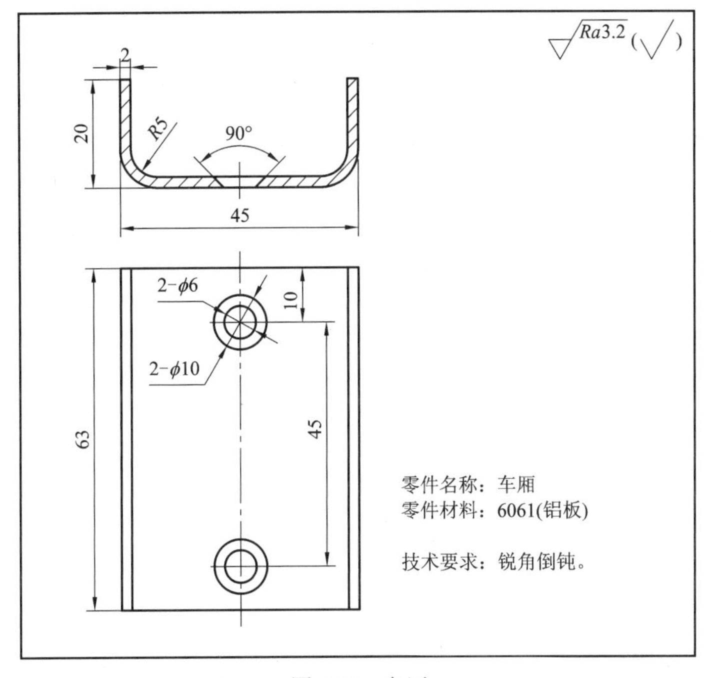

图 7.15　车厢

① 用剪板机下料，75.1 mm × 63 mm，修整外形。

② 划线，按照弯制件圆弧中性层长度和直线部分长度，划出弯曲位置尺寸线及各孔中心位置线。如图 7.16 所示为车厢展开划线图。

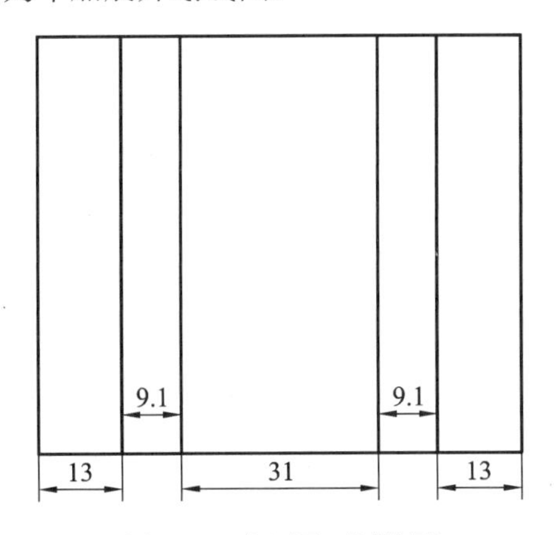

图 7.16　车厢展开划线图

③ 用ϕ6 mm钻头钻2个ϕ6 mm孔；用90° 锪孔钻锪90° 沉孔，保证孔口直径为ϕ10 mm。

④ 按照如图7.17所示尺寸制作图中的规铁。

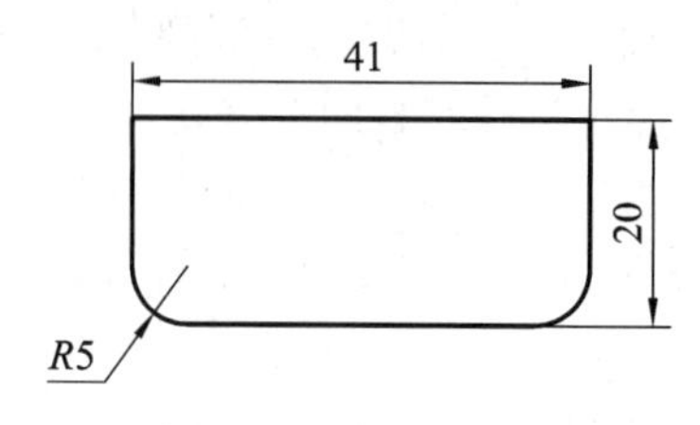

图7.17　规铁尺寸图

⑤ 按照图样尺寸弯制各直角。

3. 装配及调试

(1) 领取标准件。

(2) 用2-M5螺钉将车头前鼻翼安装在底板上。

(3) 用2-M5螺钉将驾驶室安装在底板上。

(4) 用2-M5螺钉将车厢安装在底板上。

(5) 调整车头前鼻翼、驾驶室、车厢的位置。

(6) 用轴位螺钉安装4个车轮，要求车轮转动灵活、无阻滞。

(7) 检查，试运动。

本模块考核要求

(1) 学生在每个任务练习时，均应按照教师规定的时间完成(实训教师要考虑学生个体差异规定合理的加工时间)。

(2) 练习完毕后填写实训报告(参见“附录1　实训报告模板”)。

(3) 练习过程中学生执行安全文明生产规范情况，操作时和操作完毕后执行5S管理规范情况、工件加工时间、加工质量包括劳动态度均可作为成绩考核评定的依据。

附录 1　实训报告模板

实训报告					
日期	班级	学生姓名	车间	零件名称	教师
加工工艺	序号	工序	工序内容	量具	设备、刀具
绘图					
实训体会					

附录 2　钳工实训室日常使用维护记录表(劳动教育记录表)

实验室编号：E5-　　　　班级及专业：　　　　日期：　　　　至　　　　课时：　　　　h

序号	类别	设备名称	点检部位	点检内容	点检标准								备注
1	日检	钳台	钳台	钳台整洁	工具盘中工量具摆放整齐，台面清扫无铁屑、杂物								
2		台虎钳	台虎钳	台虎钳整洁	台虎钳钳口闭合，清扫无铁屑、杂物								
3		地面	地面	地面整洁	地面清扫无铁屑、杂物								
4		工具盘	工具盘	工具盘整洁	工具盘清洁，工量具摆放整齐，无缺失								
5	周检	钻床	开关	正常开合	绿色按钮正常开启，红色按钮正常关闭								
6			钻夹头	钻夹头可靠	钻夹头、钻套不可松动								
7			进给手柄	进给手柄可靠	进给手柄不可松动								
8			机身	钻床整洁	清扫擦拭，无铁屑、杂物								
9			工作台 平口钳	清洁保养	底座、工作台、平口钳清洁上油保养								
10		划线平板	平板面	平台板清洁	平板、方箱、高度尺清洁上油保养								
11		台虎钳	台虎钳	清洁保养	台虎钳里外擦拭，上油保养								
12		工具盘	工具盘	工具盘保养	卡尺、角尺擦拭，上油保养								
13		窗台等	窗台等	整洁	窗台、线槽、黑板等清扫擦拭，无污物								
授课教师：			课程名称：		责任人签字：								

注意事项：1. 每日完成维护保养后，正常打 √，不正常打×，发现异常情况请在备注中注明。
2. 日检安排在每天下班前实施；周检安排在每班课程结束后实施。
3. 责任人为上课班级的小组组长。

附录 3　车工实训室日常使用维护记录表(劳动教育记录表)

实验室编号：E5-　　　　班级及专业：　　　　日期：　　　　至　　　　课时：　　　　h

序号	类别	设备名称	点检部位	点检内容	点检标准								备注
1	日检	车床	电器部分	电源开关和电机开关	开合顺畅，正常结合、断开								
2			床身部分	导轨	导轨涂油润滑到位								
3				尾座	车床尾座转动自如								
4		地面	地面	地面整洁	地面清扫无铁屑、杂物								
5	周检	车床	电器部分	电源开关和电机开关	开合顺畅，正常结合、断开								
6			床身部分	润滑系统	各润滑油窗油位正常								
7				传动系统	丝杠、光杠、离合器杠(操纵杠)运转正常、无卡滞								
8				切削系统	大拖板、中拖板、小拖板运转自如无卡滞、对应数显轴准确								
授课教师：			课程名称：		责任人签字：								

注意事项：1.每日完成维护保养后，正常打√，不正常打×，发现异常情况请在备注中注明。

2.日检安排在每天下班前实施；周检安排在每班课程结束后实施。

3.责任人为上课班级的小组组长。

附录 4　铣工实训室日常使用维护记录表(劳动教育记录表)

实验室编号：E5-　　　　班级及专业：　　　　日期：　　　　至　　　　课时：　　　　h

序号	类别	设备名称	点检部位	点检内容	点检标准								备注
1	日检	铣床	机身	铣床整洁	清理干净机床内部切屑								
2			面板	铣床面板正常	保持控制面板清洁无油污，操作面板开关正常								
3			油泵	油泵油位	检查润滑油泵油位必须在正常油位线内，是否有泄漏，需要添加时及时反馈给实验室管理人员(实验教师)								
4			电机	电机正常	保持机床外表(机床电箱，机床前端)，电机可见部位干净								
5			油盘	油盘清洁	保持机床周围区域及油盘无机油和脏污								
6		工具箱	工具箱	工具箱整洁	整理工具箱，保持工具箱内物品放置整齐								
7		地面	地面	地面整洁	地面清扫无铁屑、杂物								
8	周检	铣床	冷却液泵	冷却液泵正常	检查冷却液泵工作正常，冷却液液位正常(正常出水)								
9			线路、管路	线路、管路正常	检查线路保护管、冷却管是否破损								
授课教师：			课程名称：		责任人签字：								

注意事项：1. 每日完成维护保养后，正常打 √，不正常打×，发现异常情况请在备注中注明。

2. 日检安排在每天下班前实施；周检安排在每班课程结束后实施。

3. 责任人为上课班级的小组组长。

参 考 文 献

[1] 钟翔山. 图解钳工入门与提高[M]. 北京，化学工业出版社，2015.
[2] 柴增田. 钳工实训[M]. 2 版. 北京：机械工业出版社，2019.
[3] 厉萍，曹恩芬. 钳工工艺与技能训练. 北京：机械工业出版社，2019.
[4] 人力资源和社会保障部教材办公室. 车工工艺与技能训练[M]. 2 版. 北京：中国劳动社会保障出版社，2015.
[5] 郭秀明，张富建. 车工理论与实操(入门与初级考证)[M]. 2 版. 北京：清华大学出版社，2014.
[6] 崔兆华，闫篡文. 车工(初级、中级)[M]. 北京：机械工业出版社，2014.
[7] 谷定来. 图解车工入门[M]. 北京：机械工业出版社，2017.
[8] 王增强. 普通机械加工技能实训[M]. 北京：机械工业出版社，2015.
[9] 胡家富. 铣工(初级)[M]. 2 版. 北京：机械工业出版社，2012.
[10] 社会保障部教材办公室. 铣工工艺与技能训练[M]. 2 版. 北京：中国劳动社会保障出版社，2014.
[11] 张富建. 普通铣工理论与实践[M]. 北京: 清华大学出版社，2018.
[12] 何贵显. FANUC 0i 数控车床编程技巧与实例[M]. 北京：机械工业出版社，2017.
[13] 何贵显. FANUC 0i 数控铣床/加工中心编程技巧与实例[M]. 北京：机械工业出版社，2015.
[14] 翟瑞波. 图解数控铣/加工中心加工工艺与编程(从新手到高手)[M]. 北京：化学工业出版社，2019.
[15] 周旭光，佟玉斌，卢登星. 线切割及电火花编程与操作实训教程[M]. 北京：清华大学出版社，2012.
[16] 孙庆东. 数控线切割操作工培训教程[M]. 北京：机械工业出版社，2019.
[17] 刘风军. 磨工(初级中级)[M]. 北京：机械工业出版社，2014.
[18] 薛源顺，国家职业资格培训教材编审委员会. 磨工(初级)[M]. 北京：机械工业出版社，2012.